新工科建设·网络工程系列教材

网络通信技术应用

阳西述　编著

电子工业出版社

Publishing House of Electronics Industry

北京·**BEIJING**

内 容 简 介

本书从网络通信基础到提高、从传统 IPv4 网络到新型 IPv6 网络,将网络通信原理与华为技术案例和思科技术案例相结合。第 1 章阐述了 OSI 与 TCP/IP 模型、以太帧与交换机、IP 协议、子网划分与网络聚合、思科和华为常用网络命令及仿真软件(Packet Tracer、eNSP)、实物网络设备登录与管理等基础知识。第 2 章按照从易到难、从简单到复杂、前后关联的认知规律,全面阐述了双绞线网线与RJ45 信息插座模块制作、IP 地址规划设计、路由器网络互联、直连路由与静态路由、交换机地址自动学习与 VLAN 划分、多 VLAN 多网段主机间通信、交换机冗余链路、IPv6 地址设计与静态路由、RIP动态路由、OSPF 动态路由、网络地址转换、DHCP 协议与应用、路由器交换机混合网络组建、访问控制列表(ACL)、BGP 动态路由等网络通信技术。每一项技术都详细阐述了基本原理,并配有作者独立开发的华为与思科/锐捷技术应用案例,所有案例都经实验检验。此外,本书还提供 PPT 课件等教学资源,可登录华信教育资源网获取。

本书可作为高等院校理工科相关专业的网络通信技术、路由与交换技术、现代通信网络技术、计算机网络应用技术等课程的教材,也可作为网络通信专业技术人员的工具书或参考书。

图书在版编目(CIP)数据

网络通信技术应用 / 阳西述编著. -- 北京 : 电子
工业出版社, 2025. 4. -- ISBN 978-7-121-49905-0

Ⅰ. TN915

中国国家版本馆 CIP 数据核字第 2025AS4446 号

责任编辑:张小乐
印　　刷:北京天宇星印刷厂
装　　订:北京天宇星印刷厂
出版发行:电子工业出版社
　　　　　北京市海淀区万寿路 173 信箱　　邮编:100036
开　　本:787×1092　1/16　印张:14.75　字数:378 千字
版　　次:2025 年 4 月第 1 版
印　　次:2025 年 4 月第 1 次印刷
定　　价:49.80 元

前　言

　　现代通信网络已经形成了一个多网络并存的复杂系统，包括因特网、移动通信网、固定电话网和有线电视网等。这些网络以因特网为核心，通过互联互通形成了一个遍布全球的庞大网络体系。因特网由众多网络自治系统（AS）、多个层级的因特网服务提供商（ISP）和无数个人主机联网组成，并按照 TCP/IP 模型构建（也遵循 OSI 模型），其核心是 IP 协议（IPv4 和 IPv6）。如何规划、设计和建设以 IP 协议为核心的因特网（包括网络自治系统和 ISP 广域网络），是高等院校网络工程、通信工程类专业面临的重要且艰巨的任务。为了完成这一使命，高等院校通过开设相关课程（如网络通信技术、路由与交换技术、计算机网络应用技术、现代通信网络技术等）来培养学生的专业知识和技能。通过学习这些课程使学生理解网络通信的原理，掌握实用的网络通信技术。为了适应信息社会对网络通信人才的需求，需要全面掌握国际和国内网络通信技术，只有这样才能真正胜任网络通信工作。在网络通信领域，经过长期的发展与竞争，已经形成了以思科（Cisco）和华为（Huawei）为代表的两大主流网络通信技术体系，这两大技术体系不仅在技术创新方面处于领先地位，而且其对应的网络通信设备也被广泛应用于各种场景中。纵观目前市面上已出版的网络通信技术类教材，大多仅以思科/锐捷网络通信技术为范例，或者仅以华为网络通信技术作为范例来阐述，尚没有将网络通信基础、思科/锐捷网络通信技术与华为网络通信技术相结合的网络通信技术类教材。本书将网络通信技术的基本原理与作者独立设计开发的思科/锐捷网络通信技术案例及华为网络通信技术案例有机结合，实现了基础理论与国际、国内主流技术的深度融合，填补了现有教材在综合性网络通信技术方面的空白。

　　作者是湖南第一师范学院教授、H3C（华为）高级网络工程师，通晓思科高级网络通信技术和华为高级网络通信技术，长期在一线从事现代通信网络技术、数据通信与计算机网络、计算机网络应用技术、路由与交换技术等课程的教学与实践，曾参与多个中大型网络通信工程的设计、实施、验收和实际运营管理，具有深厚的网络通信理论功底和丰富的网络通信工程实践经验。作者在工程实践和教学实际中，开发了大量实践案例，同时探索出一条符合当下大学生认知规律的网络通信技术学习路线。本书正是按照这一技术路线，基于作者的教学与研究成果来编写的。第 1 章为网络通信基础，教师可以根据实际情况选择部分内容进行教学，其余作为参考资料供学生自学；第 2 章按照从易到难、前后关联、层层推进的原则，全面阐述了网络通信各项技术与应用，每节都将技术原理与华为网络通信技术、思科/锐捷网络通信技术结合起来阐述，并配有习题和实验以便于检验学习效果。

　　本书是湖南省双一流重点建设专业通信工程、湖南省重点实验室三维场景可视化与智能教育（2023TP1038）和湖南省自然科学基金项目复杂网络环境下大学生社交网络状况研究（2016JJ4024）的研究成果。

本书可作为网络通信技术、路由与交换技术、现代通信网络技术、计算机网络应用技术等课程的教材，也可作为网络通信专业技术人员的工具书或参考书。

对书中存在的不足和错误之处，敬请批评指正。

阳西述

2025.1 于长沙湘江之滨

目　　录

第1章 网络通信基础

1.1 OSI 模型与 TCP/IP 模型

1.1.1 OSI 模型

国际标准化组织（International Standard Organization，ISO）提出了一个关于计算机网络体系的理论标准——开放系统互联参考模型（Open System Interconnection Reference Model，OSI/RM），简称 OSI 模型。要实现不同网络之间的互联通信，需要遵守 OSI 模型的规定。

由于网络上的主机和设备差异很大，将这些差异巨大的主机和设备联网通信需要解决许多复杂的问题。OSI 模型按照网络的功能将其在逻辑上分为七层：物理层、数据链路层、网络层、传输层、会话层、表示层和应用层，如图 1-1-1（a）所示。各层的功能如下。

物理层定义各种设备接口的机械特性、电气特性、功能特性和规程特性。物理层过物理介质传输比特流（0 和 1），物理层为数据链路层提供了通过具体物理介质进行比特数据传输的服务。主要接口标准（协议）有 RS232、RJ45、EIA/TIA-568、SC（LC、ST）、Serial 等。

数据链路层负责通信链路的建立、数据帧的传输与链路的释放，具体包括数据帧的界定、透明传输、帧的差错检测，以及设备接口的硬件地址（又称物理地址或 MAC 地址）的定义与寻址。在某些特定环境（如无线局域网）中，数据链路层提供可靠的数据传输服务，但在大多数网络中不提供可靠传输服务。数据链路层可以分为介质访问控制子层（MAC 子层）和逻辑链路控制子层（LLC 子层）。数据链路层以帧为单位传输数据，为网络层提供屏蔽底层链路差异的数据传输服务。数据链路层的主要协议有 PPP、HDLC、CSMA/CD、DIX Ethernet V2、IEEE 802.3、CSMA/CA、VLAN（IEEE 802.1q）、STP（IEEE 802.1d）等。

网络层负责点到点（节点到节点）的数据通信，定义和划分网络逻辑地址（IP 地址），将上层传下来的数据报文进行分片处理，形成 IP 数据报，以及提供 IP 路由。OSI 模型规定网络层应提供面向连接和面向无连接两种服务，但在实际网络中，网络层主要提供面向无连接的服务。网络层传输数据的形式是 IP 数据报，并为传输层提供屏蔽底层网络差异的报文传输服务。网络层的主要协议有 IP、ARP、ICMP、IGMP、OSPF 等。

在 OSI 模型中，通常将物理层、数据链路层和网络层合称为底层。

传输层负责端到端（端点到端点）的数据通信，提供面向连接和面向无连接两种服务，还提供可靠传输、流量控制和拥塞控制等服务。在 OSI 模型中，传输层也称为中间层，它利用底层提供的服务实现端到端的通信，从而为高层服务。传输层的主要协议有 UDP、TCP 等。

会话层主要负责通信会话的建立、维持与释放。

表示层主要负责数据的格式化、加密与压缩等。

应用层负责向用户提供各种网络的应用服务，如 WWW（万维网）服务、文件传输（FTP）服务、电子邮件（E-mail）服务、域名解析（DNS）服务、远程登录（Telnet）服务、简单网络管理服务等。应用层的主要协议有 HTTP、HTTPS、DNS、SMTP、POP3、SNMP、Telnet、FTP、TFTP 等。

在 OSI 模型中，会话层、表示层和应用层通常被合称为高层，有时统称为应用层。

1.1.2 TCP/IP 模型

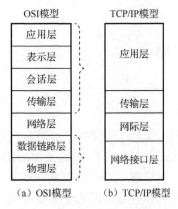

图 1-1-1 OSI 模型与 TCP/IP 模型

TCP/IP 模型是由美国国防部高级研究计划局（ARPA）在研究和实施 ARPANET 时逐步探索和发展出来的一种计算机网络标准。TCP/IP 模型现已成为构建互联网的标准和规范。

TCP/IP 模型将计算机网络从逻辑上分为 4 层：网络接口层、网际层、传输层和应用层，如图 1-1-1（b）所示。

TCP/IP 模型与 OSI 模型的对应关系如下。

TCP/IP 模型的网络接口层大致相当于 OSI 模型的物理层和数据链路层的 MAC 子层（省去了数据链路层的 LLC 子层）；TCP/IP 模型的网际层大致相当于 OSI 模型的网络层；TCP/IP 模型的传输层大致相当于 OSI 模型的传输层；TCP/IP 模型的应用层大致相当于 OSI 模型的会话层、表示层和应用层的组合。

OSI 模型与 TCP/IP 模型各有优点。OSI 模型的理论性强，能够清晰、科学地解释计算机网络各层的功能、原理及各种网络现象，是计算机网络的国际标准。TCP/IP 模型的实践性强，它是从实践中总结出来的模型，因特网就是基于 TCP/IP 模型构建的。尽管其理论提炼不如 OSI 模型完善，但在解释某些具体网络现象和问题时更为直接明了。

1.2 以太帧与交换机

1.2.1 以太网标准 IEEE 802.3 与 DIX Ethernet V2

根据通信链路是独享的还是共享的，可将数据链路分为点对点式链路和广播式链路。遵循 PPP（或 HDLC）协议的链路是点对点式链路，遵循 CSMA/CD 协议的链路是广播式链路。采用 CSMA/CD 协议的局域网是以太局域网，简称以太网（Ethernet）；采用 CSMA/CA 协议的无线局域网（WiFi 网络）也是以太网。当前绝大多数局域网都是以太网。

有线以太网的标准有两个：IEEE 802.3 标准和 DIX Ethernet V2 标准。IEEE 802.3 标准是国际标准化组织认可的有线以太网标准，而 DIX Ethernet V2 标准是由美国 DEC、Intel 和 Xerox 公司联合设计开发的以太网标准，广泛应用于互联网中的以太网实现。两种以太网标准都遵循 CSMA/CD 协议，实现多点接入、共享同一链路的通信。不同之处主要是以太帧的区别。本书主要探讨有线以太网技术，想了解无线以太网技术相关知识，可查阅相关书籍。

1.2.2 以太帧

以太数据帧（简称以太帧）由帧首部、数据（DATA）和帧校验（FCS）三部分组成，如图 1-2-1 所示。帧首部为 14 字节（B），其中目的 MAC 地址为 6 字节、源 MAC 地址为 6 字节、类型或长度字段为 2 字节；数据部分为 46～1500 字节；帧校验为 4 字节。

帧首部	DATA	FCS
14B	46～1500B	4B

图 1-2-1　以太帧的一般格式

由于存在两个以太网标准,因此以太帧也分为 DIX Ethernet V2 以太帧和 IEEE 802.3 以太帧两种。两种以太帧的主要区别在于,帧首部第 13、14 字节(类型/长度字段)的数值大小及含义不同。对于 DIX Ethernet V2,该字段表示类型,即以太帧的数据属于哪种协议类型的报文。例如,值为 0x0800,表示 IPv4 报文;值为 0x0806,表示 ARP 报文;值为 0x86dd,表示 IPv6 报文。对于 IEEE 802.3,该字段表示数据的长度,其值必须小于 0x0600,因为以太帧的最大数据长度为 1500 字节,转换成十六进制数为 0x05dc(小于 0x0600)。两种以太帧的结构对比如图 1-2-2 所示。

DIX Ethernet V2以太帧

目的MAC地址	源MAC地址	类型	DATA	FCS
6B	6B	2B	46～1500B	4B

IEEE 802.3以太帧

目的MAC地址	源MAC地址	长度	DATA	FCS
6B	6B	2B	46～1500B	4B

图 1-2-2　DIX Ethernet V2 以太帧和 IEEE 802.3 以太帧

图 1-2-3 所示是使用 Wireshark 工具在实验中抓取到的两个以太帧。其中,图 1-2-3(a)所示的以太帧首部第 13、14 字节的值为 0x0800,表明该帧是 DIX Ethernet V2 以太帧,且数据部分是一个 IPv4 报文;图 1-2-3(b)所示的以太帧首部第 13、14 字节的值为 0x0069(小于 0x0600),表明这是一个 IEEE 802.3 以太帧,数据长度为 0x0069 字节,即从第一行第 15 字节开始,到最后一行末尾共 105 字节。注意,Wireshark 抓取的数据帧不显示帧校验(FCS)的内容。

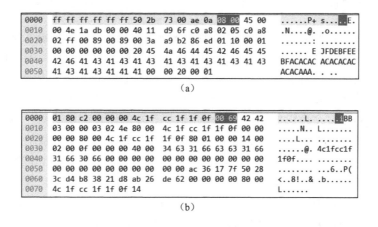

图 1-2-3　DIX Ethernet V2 以太帧和 IEEE 802.3 以太帧抓包结果示例

现实局域网中的以太帧大多数是 DIX Ethernet V2 以太帧,少数是 IEEE 802.3 以太帧。主机或其他设备发送出来的以太帧类型取决于设备的配置。如果网卡驱动程序安装了 DIX

Ethernet V2 协议，则发出的是 DIX Ethernet V2 以太帧；如果网卡驱动程序安装了 IEEE 802.3 协议，则发出的是 IEEE 802.3 以太帧。Windows 操作系统的以太网接口卡驱动程序大多默认安装了 DIX Ethernet V2 协议。

1.2.3 以太网交换机

以太网交换机（Ethernet Switch）是一种多接口的网桥（Bridge），简称交换机（Switch）。交换机属于数据链路层设备，每个交换机接口形成一个独立的冲突域，在未划分 VLAN 的情况下，所有接口共享同一个广播域。相比之下，集线器（Hub）是物理层设备，其所有接口共享一个冲突域和广播域。

交换机的外形及其仿真符号如图 1-2-4 所示。手绘交换机符号时，可用一个内含符号"×"的小矩形框表示。

常用的交换机为二层交换机（具有物理层和数据链路层功能），此外还有三层交换机（具有部分网络层的功能），二者的仿真符号有所不同，如图 1-2-4（b）所示。

交换机主要有三大功能。

（1）交换表与自动 MAC 地址学习。交换机工作时，会在内存（RAM）中动态维护一个 MAC 地址表。每条记录包含端口号、连接设备的 MAC 地址及其所属 VLAN 等信息。这些信息是交换机在转发数据帧过程中自学得到的。图 1-2-5 所示是一台思科交换机的交换表（MAC 地址表，使用 show mac-address-table 命令查看）。

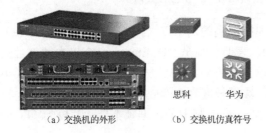

Mac Address Table			
Vlan	Mac Address	Type	Ports
1	0000.0c96.742c	DYNAMIC	Fa0/1
1	0090.2174.9ad5	DYNAMIC	Fa0/4
20	0002.16ab.5c4a	DYNAMIC	Fa0/2
20	0060.3ec0.2a52	DYNAMIC	Fa0/3

（a）交换机的外形　　（b）交换机仿真符号

图 1-2-4　交换机的外形与仿真符号　　　　图 1-2-5　思科交换机的交换表（MAC 地址表）

MAC 地址自学过程如下：交换机启动时，交换表为空。当一个帧进入交换机时，交换机会读取帧首部的源 MAC 地址，并将其与接收端口的信息一起写入交换表。这个过程不断重复，直到交换表包含了所有连接设备的 MAC 地址。MAC 地址记录通常会在几分钟（大约 5 分钟）内过期，若在这段时间内没有相关的帧传输，该记录将被删除。

（2）数据帧转发。交换机内部有一个用于数据转发的硬件交换结构。当一个以太帧进入交换机后，交换机提取以太帧首部的目的 MAC 地址，并根据交换表将帧转发至相应端口；如果交换表中不存在这个目的 MAC 地址，则将该帧广播到除输入端口外的所有其他端口。

（3）VLAN 功能。VLAN 是网管型交换机（智能交换机）的基本功能。交换机的所有接口原本属于同一个广播域，通过人为地划分 VLAN，可以将一个大的广播域分割成多个较小的广播域，每个 VLAN 对应一个独立的广播域，以太帧的广播只在同一个 VLAN 内发生。划分 VLAN 后，以太帧在其头部增加了一个 4 字节的 VLAN 标签（TAG）。交换机的接口（或端口）分为三种类型：access 接口（只允许特定 VLAN 的帧通过）、trunk 接口（允许多种 VLAN 帧的通过）和 hybrid 接口（结合了 access 接口与 trunk 接口的功能，这是华为交换机特有的接口类型）。

1.3　IP 协议与路由器

IP（Internet Protocol）协议是网络层的主要协议。IP 协议分为 IPv4 和 IPv6 两种，IPv4 是传统的 IP 协议，而 IPv6 则是为了解决 IPv4 地址耗尽问题而出现的新一代 IP 协议。与 IP 协议配套的网络层协议还有 ICMP、ARP、IGMP 等，以及动态路由协议 OSPF 等。

IP 协议主要包括三部分：IP 地址、IP 数据报、IP 路由。

实现网络层功能的主要设备是路由器，三层交换机也具有一定的网络层功能（IP 地址和 IP 路由功能）。

1.3.1　IP 地址

IP 地址是 IP 协议中最基本的内容。IP 地址分为 IPv4 地址和 IPv6 地址，IPv4 地址是一个 32 位的二进制数，而 IPv6 地址是一个 128 位的二进制数。每个连接到网络上的设备都必须有一个唯一的 IP 地址，路由器的每个接口也需要一个不同的 IP 地址。通常所说的 IP 地址指的是 IPv4 地址。IPv4 地址（以下简称为 IP 地址）又有分类 IP 地址和无分类 IP 地址之分。

1. 分类 IP 地址

分类 IP 地址根据前几位的特征、网络号和主机号位数的不同进行分类，分为 A、B、C、D、E 五类。其中，A、B、C 类地址中的每个 IP 地址均由网络号（net-id）和主机号（host-id）组成，如图 1-3-1 所示；D、E 类地址不分段。A、B、C 类地址是通用 IP 地址，D 类地址是组播 IP 地址，E 类地址一般用于实验测试。

| net-id | host-id |

图 1-3-1　A、B、C 类地址的组成

A 类 IP 地址：第 1 位是 0，网络号为 8 位，主机号为 24 位；

B 类 IP 地址：前 2 位是 10，网络号为 16 位，主机号为 16 位；

C 类 IP 地址：前 3 位是 110，网络号为 24 位，主机号为 8 位；

D 类 IP 地址：前 4 位是 1110；

E 类 IP 地址：前 4 位是 1111。

IP 地址的表示。32 位的 IP 地址分为 4 个字节，每个字节用一个十进制数（0～255）表示，并用点"."隔开，形成点分十进制形式。例如，一个 IP 地址的二进制形式如下：

11000010 10101000 00001010 10000001

其点分十进制表示为 194.168.10.129。

这个 IP 地址是一个 C 类地址，其中网络号（net-id）是 11000010 10101000 00001010（点分十进制形式为 194.168.10）主机号（host-id）是 10000001（十进制形式为 129）。

从 IP 地址的十进制形式来看，第 1 个字节在 0～126 范围内的 IP 地址是 A 类 IP 地址（第 1 字节为 127 的 IP 地址为回环测试地址）；第 1 个字节在 128～191 范围内的 IP 地址是 B 类地址；第 1 个字节在 192～223 范围内的 IP 地址是 C 类地址；第 1 个字节在 224～239 范围内的 IP 地址是 D 类地址；第 1 个字节在 240～255 范围内的 IP 地址是 E 类地址。

网络号相同的 IP 地址属于同一个网络。在同一个网络内，所有 IP 地址的网络号相同，但每个 IP 地址的主机号不同。

A、B、C 类网络各有多少个？一个网络内有多少个 IP 地址？有多少个可指派的 IP 地址？下面进行分析。

在同一个网络内，每个 IP 地址的网络号相同，但主机号不同，因此，一个网络内的 IP 地址数由 IP 地址中主机号的位数决定。根据排列组合法计算，如果一个 IP 地址的主机号为 h 位，则其所在网络共有 2^h 个 IP 地址。

在一个网络的所有 IP 地址中，有 2 个特殊 IP 地址：

① 主机号全 0 的 IP 地址——网络地址。

② 主机号全 1 的 IP 地址——广播地址。

网络地址和广播地址不能被指派给任何具体网络设备（主机、路由器等）使用，其他 IP 地址则可被指派给具体网络设备使用。网络地址唯一代表一个网络，在路由、访问控制列表、网络地址转换中具有重要作用；广播地址用于向整个网络发布广播消息。

例如，一个 C 类网络的网络号为 192.168.10，主机号全为 0 的 IP 地址 192.168.10.0 就是该网络的网络地址；主机号全为 1 的 IP 地址 192.168.10.255 是该网络的广播地址。

除了网络地址和广播地址，网络内的其他 IP 地址都可被指派给主机或路由器接口使用，称为可指派的 IP 地址。因此，每个网络里可以指派的 IP 地址数为 $2^h - 2$ 个（h 为 IP 地址中主机号的位数）。

由此可得出：

① 每个 A 类网络（IP 地址中主机号为 24 位），有 $2^{24} = 16777216$ 个 IP 地址，有 $2^{24} - 2 = 16777214$ 个可以指派的 IP 地址。

② 每个 B 类网络（IP 地址中主机号为 16 位），有 $2^{16} = 65536$ 个 IP 地址，有 $2^{16} - 2 = 65534$ 个可以指派的 IP 地址。

③ 每个 C 类网络（IP 地址中主机号为 8 位），有 $2^8 = 256$ 个 IP 地址，有 $2^8 - 2 = 24$ 个可以指派的 IP 地址。

不同网络号代表不同网络。已知 A、B、C 三类地址的网络号位数分别为 8 位、16 位和 24 位，但由于 A 类 IP 地址的前 1 位固定为 0，B 类 IP 地址的前 2 位固定为 10，C 类 IP 地址的前 3 位固定为 110，因此 A、B、C 三类网络可变化的网络号位数分别为 7 位、14 位和 21 位，即

① A 类网络共有 126 个（$2^7 - 2 = 126$，除去 0 号、127 号网络）。

② B 类网络共有 16384 个（$2^{14} = 16384$）。

③ C 类网络共有 2097152 个（$2^{21} = 2097152$）。

2．私有 IP 地址与公有 IP 地址

由于 IPv4 地址资源有限，因特网管理委员会从 A、B、C 三类网络中分别拿出 1 个 A 类、16 个 B 类、256 个 C 类网络作为私有网络。具体分配如下。

① A 类私有 IP 地址范围：10.0.0.0～10.255.255.255（可表示为 10/8）。

② B 类私有 IP 地址范围：172.16.0.0～172.31.255.255（可表示为 172.16/12）。

③ C 类私有 IP 地址范围：192.168.0.0～192.168.255.255（可表示为 192.168/16）。

例如，10.1.1.1 是一个 A 类私有 IP 地址，172.16.8.19 是一个 B 类私有 IP 地址，192.168.20.20 是一个 C 类私有 IP 地址。

在 A、B、C 三类网络的 IP 地址中，除了私有 IP 地址和回环地址 127.0.0.0/8，其余 IP 地址都是公有 IP 地址（也称全局 IP 地址或全球 IP 地址）。

例如，68.72.192.36 是一个 A 类公有 IP 地址，128.33.69.78 是一个 B 类公有 IP 地址，202.18.222.79 是一个 C 类公有 IP 地址。

公有 IP 地址既可以在公网（因特网）上使用，也可以在网络自治系统（AS）内部使用，须由全世界统一安排、分配使用。

私有 IP 地址可以在每个 AS 内部使用，但公网不能直接识别私有 IP 地址。因此，在每个 AS 内部可以根据需要使用上述 A 类、B 类或 C 类私有 IP 地址。通常情况下，使用私有 IP 地址的主机只能与本 AS 内部的主机通信，若需要与公网上的主机通信，则必须通过网络地址转换（NAT）将私有 IP 地址转换为公有 IP 地址。

3. 掩码与网络地址计算

IPv4 地址由网络号和主机号组成，可以分为 A、B、C、D、E 类。其中，A、B、C 类地址的网络号分别为 8 位、16 位、24 位。IPv6 地址也分为网络前缀号和主机号两部分，但是 IPv6 地址却不分类，其网络前缀号的位数可为 1～128 位。在 IPv4 地址分类中，为了明确一个 IPv4 地址中哪些位是网络号、哪些位是主机号，引入了一个新的量——掩码（mask）。

（1）IPv4 地址的掩码

每个 IPv4 地址都有一个对应的 32 位掩码。掩码的特点是前面连续若干个 1，后面连续若干个 0。例如，11111111 11111111 00000000 00000000。掩码从左到右出现第一个 0 后，后面的所有位都为 0。掩码中 1 的位数等于其对应 IP 地址的网络号的位数。

对于 A、B、C 类 IP 地址，默认掩码分别如下。

A 类 IP 地址：11111111 00000000 00000000 00000000，即 255.0.0.0

B 类 IP 地址：11111111 11111111 00000000 00000000，即 255.255.0.0

C 类 IP 地址：11111111 11111111 11111111 00000000，即 255.255.255.0

IPv4 掩码的记法有两种。

① 点分十进制形式。

掩码通常采用点分十进制形式记录，格式如下：

m1.m2.m3.m4   //m? 取值范围为 0～255（未划分子网时取值为 0 或 255）

A、B、C 三类 IP 地址的默认掩码分别可以表示为 255.0.0.0、255.255.0.0 和 255.255.255.0。

例如：一个 C 类 IP 地址为 11000010 10101000 00001010 10000001

其伴随的掩码为 11111111 11111111 11111111 00000000

该 IP 地址用点分十进制形式表示为 194.168.10.129，伴随的掩码为 255.255.255.0。

② 斜线法 "/M"。

斜线法的形式为 x.x.x.x/M，其中 M 表示 1 的位数，取值范围为 0～32。例如，上述 IP 地址及其掩码可以简便地表示为 194.168.10.129/24。在这种记法中，掩码 255.255.255.0 等价于 /24。未划分子网时，A、B、C 三类 IP 地址的掩码分别可以表示为/8、/16 和/24。

（2）网络地址的计算与可变长子网掩码

每个网络有一个唯一的网络地址，它是 IP 地址中主机号全为 0 的地址。网络地址虽然不能被指派给具体设备使用，但它代表了整个网络，在路由设计中具有重要作用。计算网络地址的方法是"位与"运算。将某个 IP 地址（二进制形式）与其伴随的掩码（二进制形式）作按位逻辑与（&）的运算，得到的结果就是该 IP 地址所在网络的网络地址。

1 位数的逻辑"与"（&）运算的基本法则：

$$0 \& 0 = 0,\ 0 \& 1 = 0,\ 1 \& 0 = 0,\ 1 \& 1 = 1$$

IP 地址和掩码作"位与"运算时，将两个 32 位的二进制数按数位对齐，然后进行按位相"与"运算。由于掩码的特点是前面连续多个 1，后面连续多个 0，可以简化运算过程，将多位二进制数的逻辑"与"运算法则修改为如下"位与"运算口诀：

1"位与"任何数得原数，0"位与"任何数得0。

这个口诀没有改变"与"运算规则，但使得IP地址与掩码的"位与"运算变得更简单。例如，对于一个C类IP地址193.78.202.131/24，其掩码的点分十进制形式为255.255.255.0，其中255对应的二进制数为11111111，0对应的二进制数为00000000。

按照"位与"运算口诀，以字节（8位）为单位的两个二进制数的"位与"运算如下：

$$\begin{array}{r} \text{xxxxxxxx} \\ \&\ \underline{11111111} \\ \text{xxxxxxxx} \end{array} \qquad \begin{array}{r} \text{xxxxxxxx} \\ \&\ \underline{00000000} \\ 00000000 \end{array}$$

上述IP地址和掩码作"位与"运算，写成十进制数后的计算竖式如下：

$$\begin{array}{r} 193.\ 78\ .202.131 \\ \&\ \underline{255.255.255.0} \\ 193.\ 78\ .202.0 \end{array}$$

写成横式为193.78.202.131&255.255.255.0 = 193.78.202.0，即IP地址193.78.202.131/24所在网络的网络地址为193.78.202.0。

采用"位与"运算口诀，不仅可以计算A、B、C类IP地址的网络地址，还可以方便地计算可变长子网掩码（Variable Length Subnet Mask，VLSM）的网络地址。划分子网时，掩码称为子网掩码。

可变长子网掩码并不是指32位的子网掩码的总位数发生变化，而是指掩码前面1的位数不一定是8位、16位或24位，而是0～32之间的任意整数。例如，二进制形式的子网掩码11111111 11111111 11111111 11000000，采用斜线法表示/26，采用点分十进制形式表示为255.255.255.192。

一个IP地址及子网掩码为172.18.19.220/26，试计算出该IP地址所在网络的网络地址。

计算过程：IP地址最后一个字节220对应的二进制数为11001010。按照"位与"运算口诀，有

$$\begin{array}{r} 172.\ 18\ .19\ .\ (11001010)_2 \\ \&\ \underline{255.255.255.\ (11000000)_2} \\ 172.\ 18\ .19\ .\ (11000000)_2 \end{array}$$

写成横式为172.18.19.202 & 255.255.255.192 = 172.18.19.192，即IP地址172.18.19.220/26所在网络的网络地址为172.18.19.192，该IP网络可用172.18.19.192/26表示。

路由器设备能够自动使用这种运算规则计算各接口IP地址所在网络的网络地址。

4．IPv6地址

由于IPv4地址只有32位，即总共只有2^{32}个IPv4地址，且早已分配完毕。随着互联网的不断扩张，特别是物联网（IoT）时代的到来，联网的每个设备（终端）都需要一个IP地址，这就需要更多的IP地址资源。扩展IP地址的位数是解决这一问题的有效方法，每增加1位，IP地址的数量就会翻倍。IPv6协议将IP地址的位数从32位扩展到128位，理论上可以提供2^{128}个IP地址，这是一个极其庞大的数字，可以满足全世界各种网络对IP地址的需求。

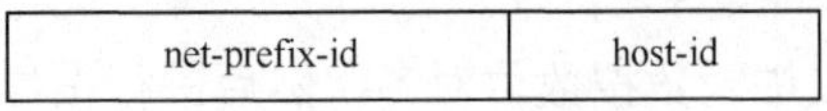

net-prefix-id	host-id

图1-3-2　IPv6地址的组成

128位的IPv6地址由网络前缀（net-prefix-id）和主机号（host-id）组成，如图1-3-2所示。

由于128位的IPv6地址较长，直接使用二进制数或

点分十进制形式表示都不便于书写和记忆。因此，采用以下方法来表示 IPv6 地址。

① 按 2 字节分组。将 128 位的 IPv6 地址分为 8 组，每组 2 个字节（16 位）。

② 十六进制数表示。将每组转换为 4 位十六进制数，组与组之间用 ":" 分隔。当 4 位十六进制数全为 0 时，可以简写为单个 0；当 4 位十六进制数部分为 0 时，第 1 个非零数字前面的 0 可以省略。例如，一个 IPv6 地址 FDB9:0000:78AB:0003:0000:0000:025C:7600 可以写为 FDB9:0:78AB:3:0:0:25C:7600。

③ 零压缩记法（::）。使用双冒号 "::" 来代替连续的多个 0，但是一个 IPv6 地址只能使用一次零压缩符号。

例如，FDB9:0:78AB:3:0:0:25C:7600 可进一步缩写为 FDB9:0:78AB:3::25C:7600。再如，IPv6 地址 8BA:0:0:0:0:0:0:D1 采用零压缩记法可缩写为 8BA::D1。

5. IPv6 掩码与网络地址

IPv6 地址（128 位）同样由网络前缀和主机号组成，每个 IPv6 地址也有一个伴随掩码，该掩码也是 128 位，其特征是前面连续若干个 1，后接连续若干个 0。掩码中 1 的位数等于其对应的 IPv6 地址中的网络前缀位数。

IPv6 掩码一般采用斜线法表示，记为 "/M"（M 为十进制数，取值范围为 0～128）。例如，一个 IPv6 地址及其掩码为 880f:120d::a011/120，表示该 IPv6 地址的前 120 位是网络前缀，后 8 位是主机号。

每个网络都有一个唯一的网络前缀，同一个网络内的所有 IP 地址具有相同的网络前缀和不同的主机号。IPv6 网络也遵循这一规则。

每个 IPv6 网络都有一个网络地址和一个广播地址（多播地址）。IPv6 的网络地址是主机号全为 0 的 IPv6 地址，广播地址是主机号全为 1 的 IPv6 地址。网络地址和广播地址不可被指派给具体设备，但是网络地址在路由设计中具有重要作用。

当一个 IPv6 地址的伴随掩码记为 "/M" 时，该 IPv6 地址的主机号位数为 $128-M$。设 $h=128-M$，则该 IPv6 地址所在的网络内共有 2^h 个 IPv6 地址，可指派给设备使用的 IPv6 地址有 2^h-2 个（减去的 2 是指网络地址和广播地址）。

IPv6 地址的计算方法与 IPv4 地址的计算方法一样。

例如，IPv6 地址 880f:120d::a011/120（注意，IPv6 地址是十六进制数，掩码 120 是十进制数），按照 "位与" 运算口诀，将掩码写成十六进制数后的计算竖式如下：

880f:120d::a011

& ffff : ffff … ff00

880f:120d::a000

其中，…代表若干个 f。因此，IPv6 地址 880f:120d::a011/120 所在网络的网络地址为 880f:120d::a000，该 IPv6 网络可用 880f:120d::a000/120 表示；该 IPv6 地址所在网络的广播地址为 880f:120d::a0ff。

该 IPv6 地址的主机号占 8（=128－120）位，其所在网络共有 256（=2^8）个 IPv6 地址，254（=2^8-2）个可指派的 IPv6 地址（范围为 880f:120d::a001～880f:120d::a0fe）。

6. IPv6 地址分类

IPv6 地址可以分为单播地址、组播地址、任播地址等。

单播地址（Unicast Address）：对应一个接口，发往单播地址的数据报会被对应的接口接收。单播地址又分为链路本地地址、网点本地地址和全局单播地址。链路本地地址的特点是

IPv6 地址的前 10 位是 1111111010,网点本地地址的特点是 IPv6 地址的前 10 位是 1111111011。

组播地址（Multicast Address）：对应一组接口，发往组播地址的数据报会被该组的所有接口接收。组播地址的特点是 IPv6 地址的前 8 位是 11111111。

任播地址（Anycast Address）：对应一组接口中的一个，发往任播地址的数据报会被这组接口中的一个接口接收，具体哪个接口接收由具体的路由协议决定。

此外，还有回环地址、未指定地址等特殊地址。其中，::1 是回环地址，相当于 IPv4 地址中的 127.0.0.1。

几类 IPv6 地址的特点如表 1-3-1 所示。

表 1-3-1　IPv6 地址分类

IPv6 地址类型	网络前缀（二进制数）	IPv6 标识
未指定地址	00…0　（128bit）	::/128
环回地址	00…1　（128bit）	::1/128
组播地址	11111111	FF00::/8
链路本地地址	1111111010	FE80::/10
网点本地地址	1111111011	FEC0::/10
全局单播地址	（其他）	—

7. 无分类 IP 地址

为了与 IPv6 地址统一，也为了灵活使用 IPv4 地址块，可采用无分类域间路由（Classless Inter-Domain Routing，CIDR）技术，即不对 IPv4 地址分类。每个 IPv4 地址都由网络前缀和主机号组成（与 IPv6 地址类似），如图 1-3-3 所示。

net-prefix-id	host-id

图 1-3-3　无分类 IPv4 地址的组成

CIDR 允许网络前缀长度在 0～32 之间任意取值，采用斜线记法/M 表示掩码位数。

例如，66.77.88.99/7、100.43.62.0/13、192.168.10.10/25、172.16.16.40/29、10.1.1.1/30。

CIDR 掩码可以用点分十进制形式表示。例如，/7、/13、/25、/30 分别对应 254.0.0.0、255.248.0.0、255.255.255.128、255.255.255.252。

CIDR 掩码必须遵守前面连续若干个 1、后面连续若干个 0 的规则。在掩码的点分十进制形式中，每个字节只能为特定值之一，它们的对应关系如下。

二进制数：00000000，1000000，11000000，11100000，11110000，11111000，11111100，11111110，11111111

十进制数：0，128，192，224，240，248，252，254，255

思考题：斜线记法的掩码/11、/23、/26、/27、/28 对应的点分十进制形式的掩码分别是什么？

当 IP 地址采用 CIDR 技术后，一个网络的所有 IP 地址构成一个地址块。例如，地址块 192.168.10.0/24，地址块 172.16.0.0/12（也可写成 172.16/12），地址块 10.0.0.0/7（也可写成 10/7）等。

1.3.2　IP 数据报

IP 数据报（也称 IP 数据包、IP 报文或 IP 分组）分为 IPv4 数据报和 IPv6 数据报两种。

基于 IPv4 协议的网络层数据报是 IPv4 数据报，基于 IPv6 协议的网络层数据报是 IPv6 数据报。

1. IPv4 数据报

IPv4 数据报分为首部和数据两部分，首部的固定部分为 20B，首部的可变部分为 0～40B，如图 1-3-4 所示。

IPv4 首部固定部分的各字段含义如下。

版本（4 位）：二进制数值为 0100，表示第 4 版。

首部长度（4 位）：二进制数值范围为 0000～1111（十进制数值范围为 0～15），以 4 个字节为一个数据单位。

区分服务（8 位）：前 3 位表示优先级（值越大，优先级越高），中间 4 位分别表示对时延（D）、吞吐量（T）、可靠性（R）、服务费用（C）的要求，最后 1 位未定义。默认全为 0（0x00）。

总长度（16 位）：最大值为 0xffff，单位为字节（B），即 IP 数据报最大总长度为 65535B（64KB）。

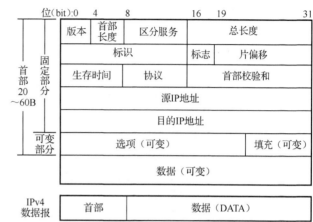

图 1-3-4　IPv4 数据报基本格式

标识（16 位）：IP 数据报的 ID。

标志（3 位）：第 1 位未定义；第 2 位 DF 表示此 IP 数据报是否可分片（0 表示可分片，1 表示不可分片）；第 3 位 MF 表示此 IP 数据报是否是最后一个分片（1 表示后面还有分片，0 表示这是最后一个分片）。

片偏移（13 位）：表示此分片报文的数据部分的第 1 个字节在原始未分片时报文中的字节序号，以 8 个字节为一个数据单位。

生存时间（TTL，8 位）：初始值根据源主机系统平台不同设置为 255、128 或 64，IP 数据报被路由器每转发一次就减 1，直至 TTL 值变为 0 后不再转发。

协议（8 位）：指明 IP 数据报的数据部分使用的协议，常见的协议及协议号包括 ICMP（1）、TCP（6）、UDP（17）、OSPF（89）等。

首部校验和（16 位）：采用二进制反码运算求和的方法计算出 IP 数据报首部的校验和。二进制反码运算求和是先将 IP 数据报按照每 16 位为一个字进行划分，再计算第 1、2 个字的二进制和（采用循环进位法），将计算结果与第 3 个字相加，直至所有字都加完，再将结果按位反（1 变 0，0 变 1）。

源 IP 地址（32 位）：发送 IP 数据报源主机的 IP 地址。在路由器转发过程中一般保持不变，除非经过路由器时进行了地址转换。

目的 IP 地址（32 位）：接收该 IP 数据报的目的主机 IP 地址。在路由器转发过程中一般保持不变，除非经过路由器时进行了地址转换。

选项：为了增加 IP 数据报的功能而设置，但同时也使得 IP 数据报的首部长度成为可变的，增加了每台路由器处理数据报的开销，实际上这些选项很少被使用。

填充：填充若干位的 0，是为了确保首部长度为 4 字节的整数倍。选项+填充的长度为 0～40 字节，且必须为 4 字节的整倍数。

图 1-3-5 所示为使用 Wireshark 抓取的一个 IPv4 报文。其首部各字段值及含义如下：

0x45 表示版本号为 4，首部长度为 5（5×4B＝20B）。

0x00 表示区分值全为 0，即无优先级，不区分服务。

0x003c 表示 IP 数据报总长度为 0x3c（十进制数表示为 60B）。

0xb193 表示该 IP 数据报的 ID。

0x4000 前 3 位为 010，DF＝1 表示不分片，MF=0 表示这是最后一片；后 13 位全为 0，表示片偏移为 0。

0x7f 表示生存时间（TTL），十进制数为 127。

0x01 表示协议号为 1，该 IP 数据报的数据部分是 ICMP 协议的报文。

0xaabe 是该 IP 数据报的首部校验和。

0xc0a8 0a0a 表示源 IP 地址，点分十进制形式是 192.168.10.10。

0xc0a8 1414 表示目的 IP 地址，点分十进制形式是 192.168.20.20。

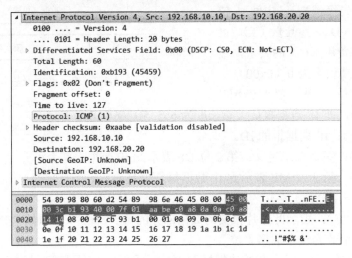

图 1-3-5　一个 IPv4 报文

说明：图 1-3-5 所示的报文最前面 14 个字节（0x5489…0800）为以太帧首部的信息，最后 40 个字节（0x0800…2627）为 ICMP 报文。

2．IPv6 数据报

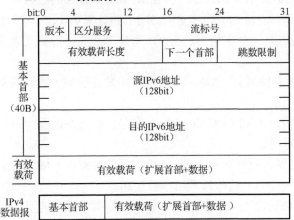

图 1-3-6　IPv6 数据报基本格式

IPv6 数据报由基本首部和有效载荷（扩展首部+数据）组成。基本首部为 40B，有效载荷是可变部分，最大可达 64KB（65535B），如图 1-3-6 所示。

IPv6 数据报的基本首部各字段的含义如下。

版本（4 位）：二进制数值为 0110，表示第 6 版。

区分服务（8 位）：与 IPv4 区分服务字段相同。

流标号（20 位）：为源站点到目的站

点的一系列数据报指定一个随机流标识符（1~$2^{20}-1$之间的一个随机数），流标号为0时表示未采用流标号。

有效载荷长度（16位，第5、6字节）：有效载荷的长度，最大为64KB（65535B）。

下一个首部（8位，第7字节）：第一个扩展首部的协议号。如没有扩展首部，该字段的值为数据部分所属协议的协议号，如TCP（6）、UDP（17）、ICMPv6（58）等。

跳数限制（8位，第8字节）：表示该数据报还能允许的跳数，跳数的初始值由源站点设置（一般为255、128或64），路由器每转发一次该值减1，当该值变为0时，路由器不再转发。

源IPv6地址（128位，第9~24字节）：指明该数据报发送站点的IPv6地址。

目的IPv6地址（128位，第25~40字节）：指明接收该数据报的站点的IPv6地址。

扩展首部不是必需的，扩展首部可以是以下6种之一（RFC2460定义）：①逐跳选项；②源路由选择；③分片与重装；④数据完整性与鉴别；⑤封装安全有效载荷；⑥目的站点可选信息。

下面来分析一个实际的IPv6报文。图1-3-7所示为通过Wireshark抓取的一个IPv6报文，其固定首部各字段值及含义如下。

0x6000 0000：前4位为0110，说明版本号为6；区分服务（8位）全0，说明不区分服务；流标号（20位）全0，说明不设流标号。

0x0028：有效载荷（包括扩展首部与数据）长度为40B（0x28）。

0x3a：下一个首部58号协议，58是ICMPv6协议，属于数据部分，说明没有扩展首部。

0xfe：跳数限制为254（与IPv4中的TTL相似，比255少1，说明已经历过一跳）。

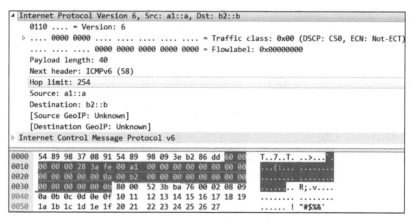

图1-3-7　一个IPv6报文

0x00a1 0000 0000 0000 0000 0000 0000 000a：源IPv6地址为a1::a。

0x00b2 0000 0000 0000 0000 0000 0000 000b：目的IPv6地址为b2::b。

在图1-3-7所示的IPv6报文中，最前面的14字节（0x5489…86dd）是以太帧的首部，最后的40字节（0x8000…2627）是ICMPv6报文。

1.3.3　IP路由

IP路由是为路由器指明如何转发已收到的IP数据报而设计的，IP路由是IP协议的重要内容之一。IP路由一般包括目的网络地址、掩码（或子网掩码）、下一跳地址（或接口）、优先级（或开销）等信息。

路由器将所有的路由保存在一张表中，这张表称为路由表。例如，一台路由器的路由表中有以下 2 条路由：

目的网络地址	子网掩码	下一跳地址（或接口）
172.18.18.0	255.255.255.0	1.1.1.2
192.168.20.128	255.255.255.192	10.1.1.1

按照路由形成方式的不同，IP 路由可分为直连路由、静态路由和动态路由。

1．直连路由

直连路由（Directly Connected Route）是与路由器直接相连的网络的路由，路由器会自动发现其直连网络的路由。路由器发现直连路由的方法是将路由器接口的 IP 地址与掩码作"位与"运算。华为网络技术将直连路由简称为"D"路由（Direct Route），思科网络技术将直连路由简称为"C"路由（Connected Route），两者都是指直连路由。

每一条直连路由包括目的网络地址、掩码（子网掩码）、路由器接口等信息。例如，图 1-3-8（a）所示的路由器 R1 有 3 个接口，每个接口有一个 IP 地址，每个接口直连一个不同的网络。

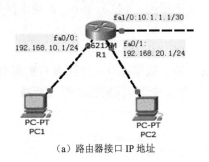
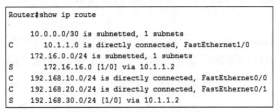

（a）路由器接口 IP 地址　　　　　　（b）路由表中的直连路由与静态路由

图 1-3-8　路由器的直连路由与静态路由

路由器 R1 的直连网络有 3 个：192.168.10.0/24、192.168.20.0/24、10.1.1.0/30。路由表如图 1-3-8（b）所示，其中标有"C"的路由就是直连路由，即

```
C    192.168.10.0/24        fa0/0
C    192.168.10.0/24        fa0/1
C    10.1.1.0/30     fa1/0
```

在所有路由中，直连路由的优先级最高。

2．静态路由

实际的网络中往往不止一台路由器，可能有多台路由器连接多个网络段，路由器能自动发现直连网络的路由。可是还有一些网络不直接与路由器相连，这样的网络称为非直连网络，路由器不能自动发现非直连网络的路由。

让路由器获得非直连网络的路由的办法之一，就是让工程技术人员在路由器上给每个非直连网络配置一条路由命令，从而使路由器获得非直连网络的路由，这样的路由就是静态（Static）路由。每一条静态路由包含网络地址、子网掩码、下一跳地址（或接口）等信息。图 1-3-8（b）中 2 条标有"S"的路由就是路由器 R1 获得的静态路由，即

```
S    172.16.16.0/24        10.1.1.2
S    192.168.30.0/24        10.1.1.2
```

技术人员在给路由器配置静态路由之前，必须先分析该路由器的非直连网络有哪些，找出该路由器每个非直连网络的网络地址、子网掩码、下一跳地址，再按照路由命令的格式，分别给每个非直连网络设计一条静态路由命令，然后在适当的模式或视图下配置该命令。思科配置静态路由命令须在全局模式下进行，华为配置静态路由命令须在系统视图下进行。

设计静态路由时，须关注路由器的每条非直连网络。

3. 动态路由

让路由器获得非直连网络的路由的办法之二，是采用动态路由的方式。

动态路由的实施需要先有一个动态路由算法，按照这个算法编程形成动态路由协议，在网络内每台路由器上运行同一种动态路由协议（进程），在每个进程内发布本路由器的所有直连网络；然后，相邻路由器之间不断交换有关路由信息的协议报文（BPDU，协议数据单元），直至每台路由器都获得所有非直连网络的路由。

常用的动态路由协议有 RIP（RIPv2、RIPng）、OSPF（OSPFv2、OSPFv3）和 BGP（BGP4）等。

在图 1-3-9 所示的 3 个路由表中，图（a）路由表中标有"R"的路由是 RIP 动态路由，图（b）路由表中标有"O"的路由是 OSPF 动态路由，图（c）路由表中标有"B"的路由是 BGP 动态路由。这些形式的动态路由将在后文中详细介绍。

```
R2#show ip route

     10.0.0.0/30 is subnetted, 1 subnets
C       10.1.1.0 is directly connected, FastEthernet1/0
     172.16.0.0/24 is subnetted, 1 subnets
C       172.16.16.0 is directly connected, FastEthernet0/1
R    192.168.10.0/24 [120/1] via 10.1.1.1, 00:00:01, FastEthernet1/0
R    192.168.20.0/24 [120/1] via 10.1.1.1, 00:00:01, FastEthernet1/0
C    192.168.30.0/24 is directly connected, FastEthernet0/0
```

（a）RIP 动态路由

```
R1#show ip route

     10.0.0.0/30 is subnetted, 1 subnets
C       10.1.1.0 is directly connected, FastEthernet1/0
     172.16.0.0/24 is subnetted, 1 subnets
O       172.16.16.0 [110/2] via 10.1.1.2, 00:01:05, FastEthernet1/0
C    192.168.10.0/24 is directly connected, FastEthernet0/0
C    192.168.20.0/24 is directly connected, FastEthernet0/1
O    192.168.30.0/24 [110/2] via 10.1.1.2, 00:01:05, FastEthernet1/0
```

（b）OSPF 动态路由

```
     10.0.0.0/30 is subnetted, 1 subnets
C       10.1.1.0 is directly connected, FastEthernet0/1
     11.0.0.0/25 is subnetted, 2 subnets
S       11.1.1.0 [1/0] via 10.1.1.2
C       11.1.1.128 is directly connected, FastEthernet0/0
     22.0.0.0/24 is subnetted, 1 subnets
B       22.1.1.0 [20/0] via 50.1.1.2, 00:00:14
     33.0.0.0/24 is subnetted, 1 subnets
B       33.1.1.0 [20/0] via 50.1.1.2, 00:00:14
     50.0.0.0/30 is subnetted, 1 subnets
```

（c）BGP 动态路由

图 1-3-9 三种动态路由

在实际网络中，通常采用动态路由与静态路由相结合的路由方案。

1.3.4 路由器与网络互联

1. 路由器

路由器是 OSI 模型中第三层（网络层）的设备，能识别和支持网络层的所有标准协议（如 IP、ICMP、OSPF、RIP 等协议）。路由器的外观与仿真符号如图 1-3-10 所示。

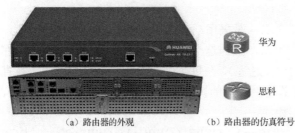

(a) 路由器的外观　　(b) 路由器的仿真符号

图 1-3-10　路由器的外观与仿真符号

手绘路由器符号时，可以先画一个小圆圈，然后在小圆圈内画一个"×"。

路由器的主要功能：连通不同的网络，选择信息传送的线路并转发数据分组（报文），自动过滤网络广播。路由器的每个接口是一个冲突域，路由器的每个接口也是一个广播域，也就是说，路由器内没有广播信息——隔离广播域。

路由器的结构：从物理组成上看，由 CPU、ROM、RAM、接口（Interface）、线路（Line）等组成；从逻辑功能上看，由路由选择和分组转发两部分组成。路由选择部分包括路由选择处理机（CPU）、路由选择协议、路由表等；分组转发部分包括交换结构、转发表、输入/输出端口等，如图 1-3-11 所示。

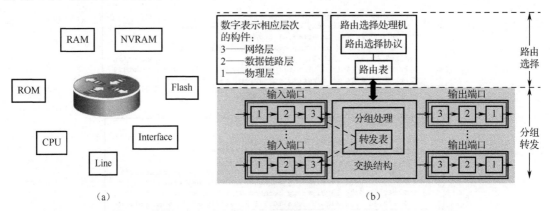

（a）　　　　　　　　　　　　（b）

图 1-3-11　路由器的结构

转发表的内容来自路由表，但路由器最终按照转发表来转发数据分组（数据报）。

路由器的输入/输出处理流程：输入端口从线路接收分组，接着进行物理层处理、数据链路层处理、网络层处理，然后将分组发送到交换结构；输出端口从交换结构获取分组，接着进行网络层处理、数据链路层处理和物理层处理，然后发送到线路，如图 1-3-12 所示。

2. 路由器 IP 地址与网络互联

路由器是实现网络互联的设备。路由

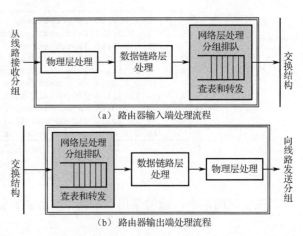

（a）路由器输入端处理流程

（b）路由器输出端处理流程

图 1-3-12　路由器的输入/输出处理流程

器的每个接口必须连接不同的网络，每个接口必须配置一个 IP 地址。按照 IP 协议，路由器接口 IP 地址的配置须遵守规定以下规则。

（1）路由器内每个接口的 IP 地址应分别属于不同的网络（子网），且分别是其所属网络（子网）内一个可指派的 IP 地址，有经验的技术人员常常给路由器接口分配所属网络（子网）内最小或最大可指派 IP 地址；

（2）主机与路由器接口相连接时，主机的 IP 地址和路由器接口的 IP 地址必须是同一个网络（子网）内可指派的两个不同 IP 地址，并且路由器接口的 IP 地址就是该主机的默认网关（gateway，gw）；

（3）两台路由器直接相连，或通过一台二层交换机连接时，这两台路由器相连接的两个接口 IP 地址必须是同一个网络（子网）内可指派的不同 IP 地址；

（4）进入接口模式（思科）或接口视图（华为）后，才能配置 IP 地址和掩码，配置完 IP 地址后，需要激活该接口，路由器的接口默认未被激活。

在图 1-3-13 所示的网络图中，按照 IP 协议原则，路由器 AR2 的 g0/0/0、g0/0/2 接口应分别配置怎样的 IP 地址？主机 PC1～PC4 的默认网关应分别是什么？

首先为路由器 AR2 的 g0/0/0 接口配置 IP 地址。根据路由器接口 IP 地址配置规则第（3）条，路由器 AR2 的 g0/0/0 接口的 IP 地址必须与路由器 AR1 的 g0/0/0 接口的 IP 地址为同一个网络（子网）内不同的可指派 IP 地址。由对端 IP 地址 5.1.1.1/30，掩码为/30 可知，该子网内可指派的 IP 地址只有 2 个（$2^{32-30} - 2 = 4 - 2 = 2$），其中一个是已使用的 IP 地址 5.1.1.1，另一个可指派 IP 地址就是 5.1.1.2 了。所以，应给路由器 AR2 的 g0/0/0 接口配置 IP 地址和掩码为 5.1.1.2/30。

其次，为路由器 AR2 的 g0/0/2 接口配置 IP 地址。根据路由器接口 IP 地址配置规则第（1）、（2）条，路由器 AR2 的 g0/0/2 接口的 IP 地址必须与 g0/0/0、g0/0/1 接口的 IP 地址分别属于不同的网络，g0/0/2 接口的 IP 地址应与其相连接的 PC4 的 IP 地址为同一个网络内不同的可指派 IP 地址。由 PC4 的 IP 地址为 40.1.1.40/24 可知该网络内可指派的 IP 地址范围是 40.1.1.1～40.1.1.254，因此可在该范围内选一个 IP 地址（40.1.1.40 除外）分配给 g0/0/2 接口，例如，为 g0/0/2 接口配置 IP 地址 40.1.1.1/24。

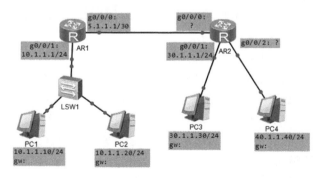

图 1-3-13　路由器接口 IP 地址与主机默认网关的设计

最后，设计各主机的默认网关（gw）。根据路由器接口 IP 地址配置规第（2）条，主机的 gw 必须是与主机直接相连或间接（通过一个二层交换机）相连的路由器接口的 IP 地址，因此，PC1 和 PC2 的 gw 应为 AR1 的 g0/0/1 接口 IP 地址 10.1.1.1，PC3 的 gw 应为 AR2 的 g0/0/1 接口 IP 地址 30.1.1.1，PC4 的 gw 应该是 AR2 的 g0/0/2 接口 IP 地址 40.1.1.1。

1.3.5　习题

1．已知一个 IPv4 地址和掩码为 68.177.48.187/27，试问该 IPv4 地址所在网络（地址块）的 IP 地址数、IP 地址范围、可指派 IP 地址数、可指派 IP 地址范围，以及该网络（地址块）的网络地址、广播地址。

2．已知一个 IPv6 地址和前缀长度为 3fc::b9:1a/125，试问该 IPv6 地址所在网络（地址块）的 IP 地址数、IP 地址范围、可指派 IP 地址数、可指派 IP 地址范围，以及该网络（地址块）的网络地址、广播地址。

3．试分析判断以下 IP 地址中的哪几个 IP 地址属于同一个网络（子网）？

31.62.44.7/23、31.62.43.88/23、31.62.45.202/23、32.62.44.17/23、

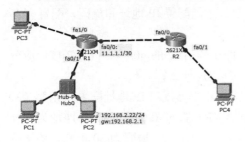

31.61.44.8/23、31.62.44.127/24、31.0.4.8/25

4．已知一个网络原理图如图 1-3-14 所示。

（1）试为 PC1、PC3、PC4 设计 IP 地址（$x.x.x.x/M$ 形式）和默认网关；

（2）分别为 R1 的 fa0/1 和 fa1/0 设计 IP 地址（$x.x.x.x/M$ 形式）；

（3）分别为 R2 的 fa0/0 和 fa0/1 设计 IP 地址（$x.x.x.x/M$ 形式）。

图 1-3-14　网络原理图示例

1.4　子网划分与网络聚合

将一个网络（地址块）划分为几个较小的子网（小地址块）的过程，就是子网划分。

IP 地址由网络前缀（网络号）和主机号组成，子网划分的实质是将 IP 地址中原主机号的前几位变为子网号，将原来的网络前缀和新子网号变为新的网络前缀。这样，IP 地址中的新网络前缀位数增加了，新的主机号位数减少了，但总位数保持不变，如图 1-4-1 所示。

子网划分前 IP 地址的构成：

网络前缀（原）	主机号（原）

子网划分后 IP 地址的构成：

网络前缀（新）	主机号（新）

子网号

图 1-4-1　子网划分前后 IP 地址的构成

子网划分后，IP 地址中的网络前缀变长了，主机号变短了，所以掩码（子网掩码）1 的位数增加了、0 的位数减少了，掩码/M 中的 M 变大了。由于新主机号位数（h_2）比原主机号位数（h_1）小，子网划分后任何一个子网里的 IP 地址数都要小于原网络的 IP 地址数，不同子网里的 IP 地址不能相同、互相包含、互相重叠或相互交叉，因此子网的 IP 地址数加起来也不能超过原网络的 IP 地址总数。

子网划分后，子网号的位数（s）决定了划分出的子网数（2^s），新的主机号位数（h_2）决定了子网内 IP 地址数（2^{h_2}）和子网内可指派的 IP 地址数（$2^{h_2}-2$）。IP 协议最初规定，2^s 个子网中，子网号全 0（二进制数）的子网和子网号全 1（二进制数）的子网不可被指派，于是可指派的子网数为 2^s-2 个。但 CIDR（无分类域间路由）技术出现后，规定划分的 2^s 个子网都可被指派（路由器支持 CIDR 技术即可），现在华为与思科的路由器都支持 CIDR 技术，现实中划分出来的每个子网都可被指派。

子网划分的目标主要有两个：

（1）满足子网数的要求；

（2）满足每个子网内可指派 IP 地址数的要求。

子网划分的结果通常包括：

（1）每个子网的网络地址和子网掩码（必须求出）；

（2）每个子网的 IP 地址数、IP 地址范围；

（3）每个子网可以指派的 IP 地址数、可以指派的 IP 地址范围；

（4）共计有多少个子网，每个子网的子网号。

其中，（2）（3）（4）可根据题目需要选择计算。

子网划分分为平均子网划分和变长子网划分。

1.4.1 平均子网划分

平均子网划分是将一个网络（地址块）平均划分为几个 IP 地址数相等的子网（小地址块）。平均子网划分后，每个子网的 IP 地址数相同，每个子网的子网掩码相同，但每个子网的 IP 地址范围不同，子网号也不同。

子网划分首先须满足每个子网对可指派 IP 地址数的需求。一般来说，子网内有多少台主机，该子网至少需要多少个可指派 IP 地址；其次，要考虑子网数是否能满足要求。

采用平均子网划分时，只要子网内可指派 IP 地址数能够满足具有最多主机数的子网，其他子网就都能满足了。设划分子网后 IP 地址中主机号位数为 h，则 h 应满足如下条件：

$$2^h - 2 \geqslant 子网最多可容纳主机数$$

由此计算出 h 后，就可以得到子网掩码，从而得到子网号的位数 s（$= h_0 - h$）。

子网掩码前面 1 的位数 $M = 32 - h$，每个子网的掩码都用斜线法记录为 /M（或者用点分十进制形式表示）。

接着，计算出每个子网的网络地址（主机号全 0 的 IP 地址），将每个子网表示为"子网网络地址/M"的形式。然后，根据需要写出每个子网的 IP 地址范围、可指派 IP 地址的范围等参数。注意，各个子网的 IP 地址互不包含、互不重叠、互不交叉。

【例 1】 已知某单位得到一个 IP 网络（地址块）为 192.168.80.0/24，该单位有 4 个部门，每个部门拥有的主机数分别为 7、16、50、37。为满足 4 个部门上网的需求，请将该 IP 地址块划分为 4 个子网分，配给 4 个部门（已知设备支持 CIDR 技术）。

解： 已知地址块 192.168.80.0/24，该网络中 IP 地址的网络号（网络前缀）为 24 位、主机号为 8 位（32 − 24 = 8）。

找出具有最多主机的部门（部门三：50 台主机），设分配给该部门的子网的 IP 地址中主机号的位数为 h 位，则 h 须满足如下条件：

$$2^h - 2 \geqslant 50$$

解得：$h \geqslant 56$，取 $h = 6$。

采用平均子网划分法划分后，每个子网的 IP 地址数计算如下。每个子网里 IP 地址的主机号位数都是 6 位，IP 地址的网络前缀位数为 32 − 6 = 26。由于采用平均子网划分，因此每个子网的子网掩码都是 /26，或 255.255.255.192；每个子网内 IP 地址数都为 $2^6 = 64$，每个子网可指派 IP 地址数都为 62；每个子网里第一个最小的 IP 地址（网络地址）是 6 位主机号全为 0 的 IP 地址，最大的 IP 地址（广播地址）是 6 位主机号全为 1 的 IP 地址。各个子网所不同的是子网号。

子网数与子网号。原地址块中 IP 地址的主机号为 8 位，平均子网划分每个子网 IP 地址的主机号为 6 位，所以子网号位数 $s = 8 - 6 = 2$，采用平均子网划分法可以划分 $2^2 = 4$ 个子网（子网号分别为 00、01、10、11），由于设备支持 CIDR 技术，4 个子网都可以使用，刚好满足要求。

因此，采用平均子网划分法划分得到的 4 个子网如下：

子网号（部门）	子网（网络地址/子网掩码）	IP 地址范围
00（部门一）	192.168.80.0/26	192.168.80.0～192.168.80.63
01（部门二）	192.168.80.64/26	192.168.80.64～192.168.80.127
10（部门三）	192.168.80.128/26	192.168.80.128～192.168.80.191
11（部门四）	192.168.80.192/26	192.168.80.192～192.168.80.255

若要计算每个子网可指派的 IP 地址范围，只要将该子网 IP 范围内第一个最小的 IP 地址（网络地址）和最后一个最大的 IP 地址（广播地址）去掉即可。

1.4.2　变长子网划分

变长子网划分是将一个较大的网络（地址块）划分为若干 IP 地址数不相等的子网（小地址块）的过程。变长子网的含义：每个子网的子网掩码不同，即每个子网内 IP 地址的主机号位数不同，每个子网的 IP 地址数不同。

为了使划分出的子网互不重叠、互不交叉、互不包含，采用变长子网划分时，应按子网内主机数从多到少的顺序，逐个划分子网。划分前，应先将各个子网按照主机数多少（可指派 IP 地址数）排序。先划分最大的子网，按以下步骤进行：

（1）根据 $2^h - 2 \geqslant$ 子网内主机数，计算出 h，得到掩码/M（$M = 32 - h$）；

（2）写出该子网的网络地址（该 IP 地址中的主机号全 0）和地址块表示形式；

（3）写出该子网的 IP 地址数、IP 地址范围；

（4）写出该子网的可指派 IP 地址数、可指派 IP 地址范围。

然后，重复步骤（1）～（4），计算出下一个次大子网，直到计算出所有子网。

特别注意，要按从多到少的顺序划分子网，才能保证采用变长子网划分得到的各个子网互不包含、互不重叠、互不交叉。

【例 2】格式已知某单位得到一个 IP 网络（地址块）为 192.168.80.0/24，该单位有 5 个部门，每个部门拥有的主机数分别为 7、16、50、37、28。为满足 5 个部门的需求，请将该 IP 地址块划分为 5 个子网，配给 5 个部门（已知网络设备支持 CIDR 技术）。

解： 从已知地址块 192.168.80.0/24 可知，该网络中的 IP 地址的网络号为 24 位，主机号为 8 位。首先找到具有最多主机的部门（部门三：50 台），设分配给该部门的子网中 IP 地址的主机号位数为 h 位，则 h 须满足如下条件：

$$2^h - 2 \geqslant 50$$

解得：$h \geqslant 6$，取 $h = 6$。

原地址块 IP 地址主机号位数为 8 位（共有 256 个 IP 地址），其中最大子网的 IP 地址主机号为 6 位，于是子网号位数 $s = 8 - 6 = 2$ 位，如果采用平均子网划分（每个子网 IP 地址主机号为 6 位），则只能划分出 $2^2 = 4$ 个子网，而题目里有 5 个子网，不能满足要求。因此，只能采用变长子网划分法，按照从多到少的顺序逐个划分出每个子网。

上面计算 $2^h - 2 \geqslant 50$ 得出了 $h = 6$，第 1 个子网 IP 地址的主机号为 6 位，该子网的网络前缀为 $32 - 6 = 26$ 位，因此，第 1 个子网的子网掩码是/26（或 255.255.255.192），子网号为 00，最小的 IP 地址（网络地址）6 位主机号全为 0，即 192.168.80.0，所以第 1 个子网可表示为 192.168.80.0/26；其最大的 IP 地址 6 位主机号全为 1，即广播地址为 192.168.80.63；该子网的 IP 地址总数为 $2^6 = 64$ 个，可指派的 IP 地址数为 $64 - 2 = 62$ 个。

于是，得到的第 1 个子网如下。

子网号：00（部门三）；子网：192.168.80.0/26；IP 地址范围：192.168.80.0～192.168.80.63

按照同样的方法可划分出其余 4 个子网如下。

子网号：01（部门四）；子网：192.168.80.64/26；IP 地址范围：192.168.80.64～192.168.80.127；

子网号：100（部门五）；子网：192.168.80.128/27；IP 地址范围：192.168.80.128～192.168.80.159；

子网号：101（部门二）；子网：192.168.80.160/27；IP 地址范围：192.168.80.160～192.168.80.191；

子网号：1100（部门一）；子网：192.168.80.192/28；IP 地址范围：192.168.80.192～192.168.80.207。

若要写出每个子网可指派的 IP 地址范围，只需要去掉每个子网 IP 地址范围内的第一个和最后一个 IP 地址即可。

在子网划分时，子网的网络地址（点分十进制形式）的正确形式很难一眼就看出来（即便看出来了，有可能错误）。因此要坚持将 IP 地址写成二进制形式，即先确定 IP 地址的网络前缀位数（网络号和子网号），再将 IP 地址的主机号各位全部写为 0，然后将二进制形式的网络地址变换为点分十进制形式的网络地址。这样做不容易出错。

1.4.3　网络聚合

网络聚合是将几个较小的网络（小地址块）组合成一个较大网络（大地址块）的过程，也称为构造超网。网络聚合是子网划分的逆过程。

网络聚合的前提是知道每个较小网络的网络地址和网络前缀位数（掩码）；网络聚合的方法比较简单，具体步骤如下。

（1）先将每个小网络的网络地址转换成二进制形式（如果所有网络地址某个字节的十进制形式都相同，则可以不转换）。

（2）找到几个小网络网络地址的网络前缀位相同的二进制位（从第 1 位开始），这些相同的二进制位就是聚合后的网络前缀，相同的二进制位数 M 就是聚合后网络的掩码位。

（3）将 IP 地址中余下的位数（新的主机位）全部变为 0。

（4）将（2）、（3）的结果组合在一起，构成聚合后新的网络地址，即

聚合后新的网络地址/M

聚合后的新网络（大地址块）包含参与聚合的每个小网络（小地址块）的全部 IP 地址，聚合后网络的网络前缀位数减少了，主机号位数增加了。

网络聚合的最终结果要求至少写出聚合后网络（地址块）的网络地址和掩码；根据需要，还可写出 IP 地址范围（IP 地址数）、可指派 IP 地址范围（可指派 IP 地址数）等。

【例 3】已知两个 C 类网络分别为 192.168.9.0/24、192.168.10.0/24，请将这两个网络聚合为一个新的网络。

解：先将这两个网络的网络地址写成二进制形式（整个字节相同的可不转换），并按数位对齐，即

192.168.(00001001.00000000)$_2$

192.168.(00001010.00000000)$_2$

可以看出，这两个网络相同的前缀位是 192.168.(000010)$_2$，相同位数为 22bit，这就是聚

合后网络的前缀位，即确定了聚合后的掩码为/22；IP 地址后面的 10bit 就是聚合后网络的主机号，将后面 10bit 的主机号全部写为 0，得到的 IP 地址就是聚合后网络的网络地址，即 192.168.(00001000.00000000)$_2$，写成点分十进制形式为 192.168.8.0。

于是，聚合后的网络（地址块）为

192.168.8.0/22

聚合后网络的广播地址（主机号全为 1）为 192.168.(00001011.11111111)$_2$，即 192.168.11.255。

聚合后网络的 IP 地址范围为 192.168.8.0～192.168.11.255（IP 地址数为 1024 个）。

可指派 IP 地址范围为 192.168.8.1～192.168.11.254（可指派 IP 地址数为 1022 个）。

【例 4】已知 3 个 IP 地址块分别为 65.32.40/24、65.33.64/18、65.34.80/20，将这 3 个地址块聚合为一个大的 IP 地址块。

解：先将 3 个 IP 地址块的网络地址以二进制形式写出来（前几个字节整字节相同的可不转换），并按数位对齐，即

65.(00100000.00101000.00000000)$_2$

65.(00100001.01000000.00000000)$_2$

65.(00100010.01010000.00000000)$_2$

可以看出，3 个网络相同的前缀位是 65.(001000)$_2$，有 14bit，这就是聚合后网络的前缀位，聚合后的掩码为/14；后面不相同的有 18bit，这就是聚合后网络的主机号，将主机号全部写为 0，得到的 IP 地址就是聚合后的网络地址，即 65.(00100000.00000000.00000000)$_2$，写成点分十进制形式为 65.32.0.0。

因此，3 个地址块聚合后的地址块为

65.32.0.0/14（或 65.32/14）

其 IP 地址范围为 65.32.0.0～65.35.255.255（IP 地址数为 $2^{18}=262144$ 个）。

可指派的 IP 地址范围为 65.32.0.1～65.35.255.254（可指派的 IP 地址数为 262142 个）。

网络聚合过程的关键是：将网络地址转换为二进制形式，按数位对齐，查找从左边开始的相同位。

子网划分、网络聚合是 网络通信中极为常用和重要的网络规划与设计基础技术，如果掌握不好，会导致后续网络通信实验与项目失败！

1.4.4 习题

1. 已知一个 IPv4 地址块 172.18.18.0/24，要将其分配给 4 个部门，部门一有 33 台计算机、部门二有 8 台计算机、部门三有 18 台计算机、部门四有 41 台计算机。将这个地址块平均划分为 4 个子网（小地址块），分配给 4 个部门。已知网络设备支持 CIDR 技术。（表示为 *x.x.x.x/M* 形式，*x.x.x.x* 为网络地址，*M* 为前缀长度。）

2. 某单位得到了一个 C 类 IPv4 地址网络 192.168.78.0/24，该单位有 5 个部门，部门一～部门五分别拥有的计算机数为 3、28、78、10、5，用变长子网划分法将这个 C 类 IP 网络划分为 5 个子网，分配给 5 个部门。已知网络设备支持 CIDR 技术。

3. 已知一个 IPv6 地址块 21ab::/120，将其平均划分为 4 个子网（小地址块），分别写出每个子网（有关 IPv6 地址的详细内容，还可参见 2.7 节）。

4. 已知网络 1:192.16.19.0/24 和网络 2:192.16.20.0/24，将二者聚合为一个网络。

1.5 思科网络设备的工作模式与 Packet Tracer 仿真

1.5.1 思科网络设备的工作模式及转换

思科（Cisco）网络设备（路由器、交换机等）的命令有几十条，每条命令都需要在一定条件下才能使用，将该条件称为工作模式。思科网络设备常见的工作模式有用户模式、特权模式、全局模式、接口模式、VLAN 模式、线路模式等。国产锐捷（Ruijie）网络设备的工作模式与其相似。

1．思科/锐捷网络设备工作模式提示符

（1）用户模式提示符：R1>　　　　　　//用户模式（最低级模式），R1 是路由器名称

（2）特权模式提示符：R1#

（3）全局模式提示符：R1**(config)#**

（4）接口模式提示符：R1**(config-if)#**

（5）VLAN 模式提示符：S1**(config-vlan)#**　　//只有交换机才具有

（6）子接口模式提示符：R1**(config-subif)#**　　//只有路由器才具有

（7）线路模式提示符：R1**(config-line)#**

用户模式是最低级的工作模式，也是设备启动成功后的第一个工作模式。每一级工作模式都有一些可执行的网络命令，执行某条网络命令之前，应先令设备进入相应的工作模式。

全局模式是能够改变思科/锐捷网络设备配置参数的起点。要改变网络设备的配置参数，首先要到达全局模式或更高级的工作模式才可以。

2．思科/锐捷网络设备工作模式的转换

1）低级工作模式到高级工作模式的转换命令

注意，从低级工作模式到高级工作模式须逐级转换，不能跨级提高。

（1）从用户模式转换到特权模式的命令：

enable　或　**en**

（2）从特权模式转换到全局模式的命令：

configure terminal　或　**conf　t**

（3）从全局模式转换到 VLAN 模式的命令：

vlan n　　　//创建 vlan n（n 为 2～4094 之间的某个整数）

（4）从全局模式转换到接口模式的命令：

interface 接口名　或　int 接口名　　　//接口名包含接口板类型和接口序号，如 g0/1、fa0/1、s0/0 等

（5）从全局模式转换到子接口模式的命令：

interface 接口名.n　或　int 接口名.n　//将网络设备的一个接口划分为几个逻辑子接口，n 为正整数

例如，将接口 fa0/1 划分为 2 个子接口：

int　fa0/1.1　　　　**int　fa0/1.2**

（6）从全局模式转换到线路模式的命令：

line vty 0 ?　　　　//?的取值范围为 1～4

线路模式主要用于给网络设备配置远程登录，指定可同时登录几条线路，命令如下：

line vty 0 4　　　　//指定可同时登录 0、1、2、3、4 共 5 条线路

2）高级工作模式到低级工作模式的转换命令

（1）从较高一级工作模式返回较低一级工作模式的命令：exit 或 ex。

（2）从任意高级工作模式返回特权模式的命令：end。

思科/锐捷交换机工作模式的转换示意图如图 1-5-1 所示，图中 S1 为交换机名称。

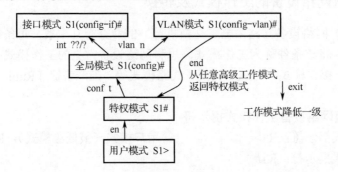

图 1-5-1　思科/锐捷交换机工作模式的转换示意图

图 1-5-2 给出了思科/锐捷交换机工作模式提示符及工作模式转换的示例。交换机也有线路模式（图中未画出）。

```
Switch>
Switch>en
Switch#conf t
Enter configuration commands, one per line.  End with CNTL/Z.
Switch(config)#vlan 22
Switch(config-vlan)#exit
Switch(config)#int fa0/2
Switch(config-if)#switch acc vlan 22
Switch(config-if)#end
Switch#
%SYS-5-CONFIG_I: Configured from console by console

Switch#
```

图 1-5-2　思科/锐捷交换机工作模式转换示例

思科/锐捷路由器的工作模式转换示意图如图 1-5-3 所示，图中 R1 为路由器名称。

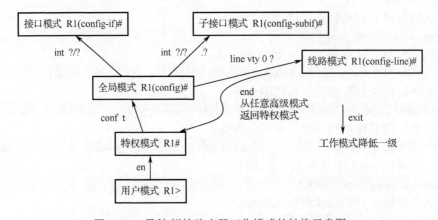

图 1-5-3　思科/锐捷路由器工作模式的转换示意图

从图 1-5-3 可以看出，思科/锐捷路由器有子接口模式和线路模式。思科/锐捷交换机也有线路模式，但没有子接口模式。

图 1-5-4 给出了思科/锐捷路由器工作模式提示符及工作模式的转换示例，图中 w 是保存命令（write）的简写形式，在特权模式下执行。

```
Router>en
Router#conf t
Enter configuration commands, one per line.  End with CNTL/Z.
Router(config)#int g0/1
Router(config-if)#exit
Router(config)#exit
Router#
%SYS-5-CONFIG_I: Configured from console by console

Router#w
Building configuration...
[OK]
Router#
```

图 1-5-4　思科/锐捷路由器工作模式转换示例

1.5.2　思科路由器、交换机常用命令

1．基本命令
（1）显示命令（特权模式下）：

```
show run          //显示（查看）设备的当前配置参数
show mac-address-table 或 show mac-  //显示交换机 MAC 地址表（交换表）（见图 1-2-5）
show arp          //显示 ARP 缓冲区（ARP 表）内容
show ip route     //显示路由表
show ipv6 route   //显示 IPv6 路由表
show interface 接口名 或 show int 接口名    //显示接口状态
show vlan         //显示 VLAN 的情况
```

（2）修改设备名称命令（全局模式下）：

```
hostname XXX     //修改设备名称为 XXX
```

（3）配置地址命令（接口模式下）：

```
ip address x.x.x.x m.m.m.m 或 ip add x.x.x.x m.m.m.m
//给接口配置 IP 地址 x.x.x.x 和子网掩码 m.m.m.m
```

（4）保存配置命令（特权模式下）：

```
write 或 w
```

（5）激活接口命令（接口模式下）：

```
no shutdown 或 no shut    //激活当前接口
```

（6）发送 ICMP 报文命令（特权模式下）：

```
ping x.x.x.x       //向 IP 地址为 x.x.x.x 的主机或路由器发送 ICMP 报文
```

（7）命令查询：

```
?         //查询命令或参数的通配符，如 show ?
```

（8）命令补全：

```
<Tab>    //补全命令字符（注意：命令名不区分字母大小写）
```

（9）撤销命令：

```
no       //撤销某配置
```

2．交换机 VLAN 配置基本命令
交换机最主要的命令是 VLAN 有关命令。
（1）创建 VLAN：

```
vlan n    //创建 vlan n，n 为 2～4094
```

使用一个 VLAN 之前，要先创建该 VLAN。交换机 VLAN 的 ID 为 1～4094，1 是系统默认已存在的 VLAN ID，无须创建，其他 VLAN 须创建。

思科/锐捷交换机有 access 和 trunk 两种接口，access 接口只允许一种 VLAN 的帧通过，trunk 接口则允许多种 VLAN 的帧通过。思科/锐捷交换机默认所有接口都是 access 接口，而且是激活的。

（2）指定某 access 接口允许哪种 VLAN 帧：

interface 接口名或 int 接口名　　//进入接口模式
switchport access vlan n 或 switch acc vlan n　　//指定该接口允许哪种 VLAN 的帧通过

例如：int　fa0/8　　　　　　//进入接口 fa0/8

　　　switch acc vlan 20　//指定该接口允许 vlan 20 的帧通过

（3）指定接口为 trunk 并规定允许哪些 VLAN 帧：

interface 接口名或 int 接口名
switchport mode trunk 或 switch mode trunk　　//指定该接口为 trunk 模式
switchport trunk allowed vlan n1[, n2，n3…]　　//指定该接口允许哪些 VLAN 的帧通过
或　switch mode trunk vlan n1[, n2，n3…]

例如：int fa0/24　　　　//从全局模式转换到接口模式

　　　switch mode trunk　　//如果无下一条命令，则允许所有 VLAN 的帧通过

　　　switch trunk allowed vlan 10,20

3．路由器基本配置命令

路由器的工作模式及其转换与交换机的相似。

路由器不能配置 VLAN，路由器也不广播信息，但路由器的接口可以配置 IP 地址和子网掩码。

（1）路由器以太网接口配置命令：

interface 接口名或 int 接口名　　　　//进入某接口
ip address x.x.x.x m.m.m.m　　　　//为接口配置 IP 地址和掩码
或 ip add x.x.x.x m.m.m.m
ipv6 address xx::x:xx/M　　　　//为接口配置 IPv6 地址和掩码
no shutdown 或 no shut　　　　//激活该接口，路由器的接口默认未激活

例如：int　fa0/1

　　　ip　add 192.168.20.1 255.255.255.0

　　　no　shut

（2）路由器串行（Serial）接口配置命令：

interface 接口名　　　　//进入某 Serial 接口
clock rate nnnn　　　　//nnn：时钟频率，如 4800、64000 等
　　　　　　　　　　　　//注意，只有 DCE 端口要配置时钟频率，DTE 端口不要
ip address x.x.x.x m.m.m.m　　//为接口配置 IP 地址，在接口模式下执行
no shutdown　　　　//激活该接口，在接口模式下执行

例如：int　s1/0

　　　clock rate 64000　//接口时钟频率不能随意设定，用 clock rate ?命令查看可用值

　　　ip add 192.168.15.1 255.255.255.0

　　　no shut

（3）路由器静态路由配置与路由表的查看命令：

ip route x.x.x.x m.m.m.m　　nexthop　　//为某目标网段（路由器非直连网段）指定下一跳路由
//x.x.x.x 是网络地址，m.m.m.m 是其掩码，nexthop 是下一跳地址，在全局模式下执行
show ip route　　　　　　　//查看路由器的路由表，在特权模式下执行
show ipv6 route　　　　　　//查看路由器的 IPv6 路由表

例如：conf t　　　　　　　//从特权模式转换到全局模式
　　　ip route 192.168.30.0 255.255.255.0　　10.10.7.2
　　　exit　　　　　　　　//返回到特权模式
　　　show ip route　　　　//查看路由表
　　　show ipv6 route　　　//查看 IPv6 路由表

　　思科/锐捷命令关键词不区分大小写，但只能使用英文半角字符，不能使用全角字符。

　　思科/锐捷网络命令关键词的缩写规则：只要不会引起同级别命令关键词的混淆，即可用前面几个字母取代整个命令关键词。例如：enable 可用 en 代替；interface 可用 inter 或 int 代替；shutdown 可用 shut 或 shu 代替；mac-address 可用 mac-或 mac-add 代替，但不能用 mac 代替，因为这会与其他关键词混淆。

1.5.3　Packet Tracer 网络仿真软件

　　思科网络仿真软件有 Packet Tracer、Boson、GNS 等几种，其中 Packet Tracer（简称 PT）较为常用。在 PT 中可添加路由器、交换机等网络设备，还可添加主机，并用网络连线将设备和主机连接起来；可为设备添加板卡，可以给路由器、交换机和主机配置各种参数，如交换机、路由器工作模式转换、交换机 VLAN 配置、路由器基本配置、静态和动态路由、主机 IP 参数配置等。PT 具有实时、仿真两种运行模式。

　　Packet Tracer 7.0 的工作界面如图 1-5-5 所示。最上面是菜单栏，菜单栏下面是一般工具栏，一般工具栏下面是仿真实验区，仿真实验区下面是设备工具栏，右侧是辅助工具栏。

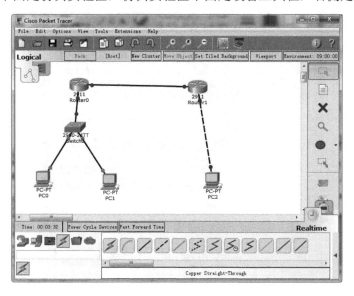

图 1-5-5　Packet Tracer 7.0 的工作界面

　　在设备工具栏中，有多种型号的网络设备（路由器、交换机、集线器、无线设备、防火

墙、WAN 云等）、终端设备（主机、Home 等），以及多种通信线路（串行线、平行双绞线、交叉双绞线、光纤等）用来连接设备。

在辅助工具栏中，有选择、文本注释、删除、放大、作图、重选、添加简单 PDU、添加复杂 PDU 按钮，以及 Realtime（实时）运行/Simulation（仿真）运行模式选择按钮。实时运行模式按真实设备的方式运行，仿真运行模式下可以抓取数据报、分析各种协议报文。

需要添加设备时，可直接将网络设备（路由器、交换机等）、主机等拖入仿真实验区中，可单击辅助工具栏中的✖按钮（或按<Del>键）删除已选设备。可以给路由器添加/删除接口板卡；选择不同的通信线路可将网络设备的接口连接起来。每个设备都具有配置参数的命令环境，每个设备的参数都可以保存，也可以用 File 菜单中的 Save 命令将整个仿真实验保存为一个文件，保存的顺序是先保存每个设备的参数，再保存整个仿真实验（下次打开后可再次编辑、修改和调试）。

在仿真实验区，单击路由器（如 Router0）或交换机实例，系统会弹出路由器（或交换机）参数设置窗口，其中包括 Physical、Config、CLI 和 Attributes。

在 Physical 标签页，可选择并添加（或删除）接口板卡（须在断电状态下操作），如图 1-5-6（a）所示；在 Config 标签页可查看 VLAN、静态路由和 RIP 动态路由、各个物理接口，能可视化地给各个接口配置 IP 地址等参数并激活，还可以配置静态路由、RIP 动态路由等，如图 1-5-6（b）所示；CLI 标签页为命令行界面，在这里可以输入、运行各种思科网络命令，如图 1-5-6（c）所示。

在仿真实验区单击主机（如 PC0），系统将弹出主机参数界面，包括 Physical、Config、Desktop 等标签页。单击 Desktop 标签页的"IP Configuration"选项可打开 IP 参数配置界面，在这里可以配置 IP 地址、子网掩码等参数，以及 IPv6 地址和掩码；单击 Desktop 标签页的"Command Prompt"选项可打开 DOS 命令行界面，可执行 DOS 命令（如 ipconfig 等），如图 1-5-7 所示。

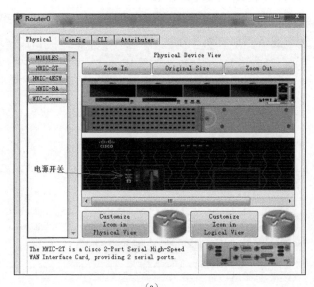

（a）

图 1-5-6　路由器的参数设置界面

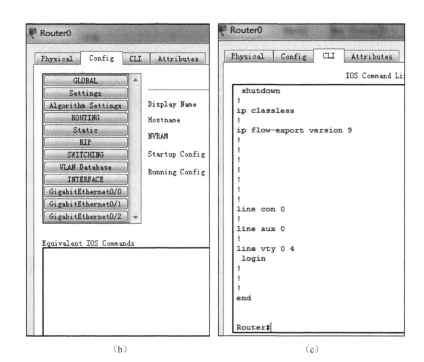

（b） （c）

图 1-5-6 路由器的参数设置界面（续）

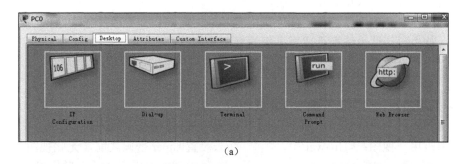

（a）

（b）

图 1-5-7 主机参数配置与查看

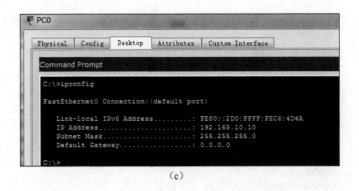

(c)

图 1-5-7　主机参数配置与查看（续）

1.6　华为网络设备的工作视图与 eNSP 仿真

思科设备命令行操作注重不同的工作模式，华为设备命令行操作注重不同的工作视图。

华为网络技术有几十条命令，分别在不同的工作视图下运行。华为网络设备的工作视图较多，主要有用户视图、系统视图、VLAN 视图、接口视图、用户接口视图，此外还有超级用户视图、ACL 视图、RIP 视图、OSPF 视图、BGP 视图等。其中，用户视图是最低级的工作视图，网络设备启动成功后即进入用户视图。

系统视图是改变华为路由器、交换机配置参数的起点，即要改变华为路由器、交换机的配置参数，首先要到达系统视图或更高级的视图才可以。

1.6.1　华为网络设备的工作视图及转换

1．华为路由器、交换机的基本视图提示符

（1）用户视图：\<Huawei\>　　　　　　　　//用户视图是最低级视图

（2）超级用户视图：\<Huawei\>　　　　　　//未设置 super 密码之前，无此视图

（3）系统视图：[Huawei]　　　　　　　　//系统视图对应于思科的全局模式

（4）VLAN 视图：[Huawei-vlan]　　　　　//交换机具有的视图，路由器无此视图

（5）接口视图：[Huawei-xx/x]

（6）子接口视图：[Huawei-xx/x.x]　　　　//路由器具有的视图，交换机无此视图

（7）用户接口视图：[Huawei-ui-vty0-4]　　//用户接口视图对应于思科的线路模式

上述提示符中，Huawei 是路由器或交换机名称，可以用 sysname xxx 修改设备名称。除以上基本视图外，还有 RIP 视图、OSPF 视图、ACL 视图、BGP 视图等，后面将具体介绍。

每一级工作视图都有一些可执行的网络命令。要执行某条网络命令，一般应先进入相应的工作视图。不过，有些命令可以在多种视图下使用，例如，**disp** xxxx（查看当配置参数）命令可以在用户视图、系统视图、超级用户视图或接口视图下使用，特别是可以使用 **disp this** 查看当前视图下的配置参数。

2．华为交换机、路由器工作视图的转换

1）低级视图到高级视图的转换

华为交换机（Sw）、路由器（AR1）工作视图转换示意图分别如图 1-6-1 所示、图 1-6-2 所示。

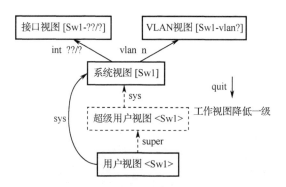

图 1-6-1　华为交换机工作视图转换示意图

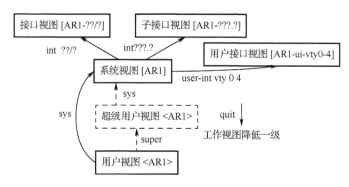

图 1-6-2　华为路由器工作视图转换示意图

华为路由器、交换机的超级用户（super）视图不一定存在，只有设置了超级用户密码后才会有超级用户。华为路由器、交换机默认没有超级用户视图，在默认状态下可以从用户视图直接转换到系统视图；设置了超级用户密码后即存在超级用户，需先从用户视图转换到超级用户视图，再转换到系统视图。

从低级视图到高级视图需要逐级转换，一般不能跨级转换。

（1）从用户视图转换到超级用户视图的命令：

```
super          //当输入 super 并回车后，系统提示要求输入 super 密码
password:****
```

（2）从超级用户视图转换到系统视图的命令：

```
system　或　sys
```

从用户视图直接转换到系统视图的命令（默认超级用户不存在）：

```
system　或　sys      //当超级用户不存在时
```

（3）从系统视图转换到 VLAN 视图的命令：

```
vlan　nnn      //新建一个 VLAN（nnn：2～4094），同时转换到 VLAN 视图
```

例如：vlan 100

　　　　vlan 200

（4）从系统视图转换到接口视图的命令：

```
interface 接口名    或 int 接口名
```

例如：**int　g0/0/1**

（5）从系统视图转换到用户接口视图的命令：

```
user-interface vty 0 n
```

例如：user-int vty 0 4

2）高级视图到低级视图的转换、撤销配置命令

（1）从较高一级工作视图返回较低一级工作视图的命令：quit 或 q。

（2）撤销某条配置的命令：undo。

图 1-6-3 展示了华为设备几种主要工作视图的转换过程。

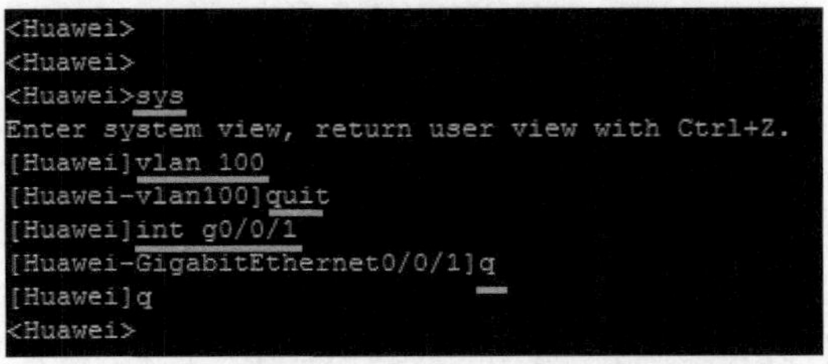

```
<Huawei>
<Huawei>
<Huawei>sys
Enter system view, return user view with Ctrl+Z.
[Huawei]vlan 100
[Huawei-vlan100]quit
[Huawei]int g0/0/1
[Huawei-GigabitEthernet0/0/1]q
[Huawei]q
<Huawei>
```

图 1-6-3　华为设备工作视图的转换过程

1.6.2　华为路由器、交换机常用命令

1. 基本命令

（1）显示命令：

display current 或 disp curr	//显示设备当前配置参数，可在各种工作视图下执行
display mac-address	//显示交换机的交换表（MAC 地址表）
display arp	//显示 ARP 表
display ip routing-table	//显示路由器或三层交换机的路由表
display vlan	//显示交换机 VLAN
display interface	//显示各接口信息

上述命令名 display 可缩写为 disp。

（2）修改设备名称命令（系统视图下）：

sysname XXX

（3）配置地址命令（接口视图下）：

ip address x.x.x.x m.m.m.m 或 ip add x.x.x.x M //给当前接口配置 IP 地址和子网掩码
ipv6 address xx::xx:xx M //给当前接口配置 IPv6 地址和网络前缀位数

（4）激活接口命令（接口视图下）：

undo shutdown 或 undo shut　　//激活路由器当前接口（默认路由器接口未激活）

例如：int g0/0/1

　　　ip add 192.168.10.1 24 或 ip add 192.168.10.1/24

　　　undo shut

（5）保存配置命令（用户视图下）：

save 或 sa

（6）命令补全：

<Tab>　　//补全命令关键字快捷键

（7）命令查询：

?　　　//查询命令或参数名的通配符，例如 disp ?

2. 路由器的静态路由命令与路由表的查看

（1）静态路由配置命令（系统视图下）：

ip route-static x.x.x.x m.m.m.m（或 M）nexthop

//指定到达目标网络段 x.x.x.x/M 的下一跳路由器的地址；x.x.x.x/M 是路由器的非直连网络段
ipv6 route-static xx::xx:xx M nexthop   //配置 IPv6 静态路由

（2）显示路由表命令：

display ip routing-table 或 disp ip rout   //显示路由表内容
display ipv6 routing-table 或 disp ipv6 rout   //显示 IPv6 路由表内容

华为命令关键词不区分大小写，但必须使用英文半角字符。

华为网络命令关键词的缩写规则：只要不引起同级别命令关键词的混淆，即可用前面几个字母代替整个关键词。例如，system 可用 sys 代替，quit 可用 q 代替，interface 可用 inter 或 int 代替，display 可用 disp 代替，current 可用 curr 代替，shutdown 可用 shut 代替，但 ipv6 不能用 ip 代替。

1.6.3　eNSP 网络仿真软件

华为网络设备最新的仿真软件是 eNSP。eNSP 是与实际网络极为相似的仿真软件，eNSP 软件里的路由器/交换机的操作系统与华为实际路由器/交换机的操作系统是相同的。

1．eNSP 的安装与界面

eNSP 的安装分为 3 步。

（1）安装 winpcap4.1.3 或 Wireshark2.x（Wireshark 中包含 winpcap）。

（2）安装 virtualbox5.2.x。

（3）安装 eNSP1.x。

按以上步骤安装完成后，eNSP 的运行界面如图 1-6-4 所示。

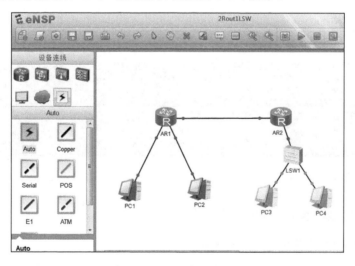

图 1-6-4　eNSP 的运行界面

eNSP 的运行界面包括基本工具栏、设备工具箱、仿真工作区、状态栏等。基本工具栏有新建、保存、鼠标、拖动、删除、文本、调色板、开启、停止、设置、帮助等功能按钮。

在左侧的设备工具箱中有不同型号的路由器、交换机和终端（如 PC），如图 1-6-5 所示。

2．eNSP 的使用

将设备工具箱中的某种型号的路由器、交换机、主机等拖入仿真工作区，即可生成一个实例，然后选择某种通信线路（网线、光纤、串行线等）来连接设备，形成仿真网络（见图 1-6-4）。

 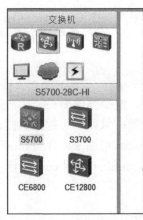 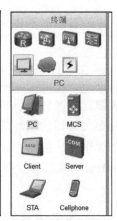

图 1-6-5　设备工具箱中的路由器、交换机和终端选项

eNSP 允许添加网络设备、主机，以及给路由器添加板卡（关电时）。eNSP 提供多种连接线路（注意，双绞线不区分平行线、交叉线，统一用平行线）。此外，还可对网络设备实例进行参数配置，包括交换机、路由器的视图转换，交换机基本配置与 VLAN 划分，路由器基本参数配置，静态或动态路由配置等。

eNSP 中的设备（路由器、交换机、主机等）默认没有开启电源。右键单击设备实例，在弹出的快捷菜单中选择"设置"，可以看到路由器的物理面板，在这里可以给路由器添加接口板（断电后）。添加方法是从左下方选择一块接口板，将其拖入上方的某个接口卡槽中，如图 1-6-6 所示。

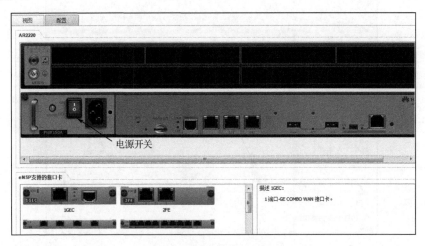

图 1-6-6　eNSP 路由器的物理面板

仿真设备实例的启动方法：右键单击设备实例，在弹出的快捷菜单中选择"启动"，或者选择实例后，单击基本工具栏中的开启按钮 ▷。设备启动成功后，设备图符显示为亮色。例如，图 1-6-4 中的 LSW1、PC3 和 PC4 为已启动成功的设备（实物显示为亮色），AR1、AR2、PC1 和 PC2 则处于未启动状态（实物显示为暗色）。

路由器的一块路由板上常常有 2～4 个接口，每个路由接口都可以配置 IP 地址，路由接口默认未被激活，接口配置好 IP 地址后，需要使用 undo shut 命令激活。

eNSP 中的路由器实例不仅有路由板，还有交换板（与交换机的接口板相似，可以给交换接口配置 VLAN，但不能配置 IP 地址）。注意，AR201 型号的路由器只有一块交换板，没有路由板。如何判断路由器的哪些接口板是交换板，哪些接口板是路由板？使用 disp curr 命令查看，若一块接口板上的接口数量小于或等于 4 个，则为路由板，例如，接口板 g0/0 上有 g0/0/0、g0/0/1、g0/0/2 和 g0/0/3 共 4 个接口，这些接口就是路由接口；若一块接口板上的接口数量大于或等于 8 个，则为交换板，例如，接口板 e0/0 上有 e0/0/1、e0/0/2、…、e0/0/8 共 8 个接口，这些接口全为交换接口。

每个设备一般都具有配置参数的命令环境。右键单击仿真工作区中的路由器或交换机，在弹出的快捷菜单中选择 CLI，或者双击某个设备，即可打开该设备的命令行界面，如图 1-6-7 所示。

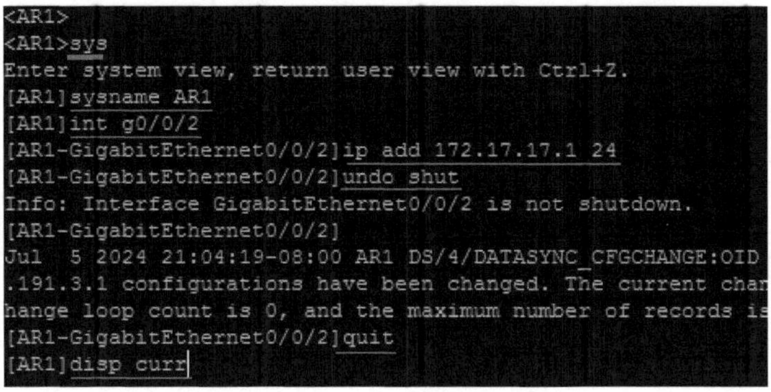

图 1-6-7　eNSP 路由器的命令行界面

双击仿真工作区中的主机，系统会弹出对话框，用于主机的基础配置、命令行等。在"基础配置"标签页可以配置 IP 地址、子网掩码、网关等，配置完成后，单击右下角的"应用"按钮，配置即生效，如图 1-6-8 所示。在"命令行"标签页可以运行各种 DOS 命令（如 ipconfig、ping、tracert），如图 1-6-9 所示。使用 ipconfig 命令可查看主机操作系统是否已接受配置给主机的参数。

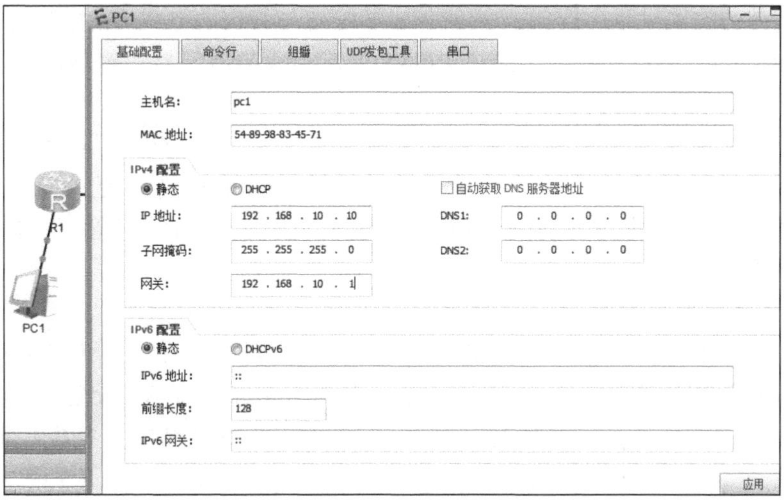

图 1-6-8　主机的"基础配置"标签页

图 1-6-9　主机的"命令行"标签页

配置好参数后，可以将整个仿真实验保存下来，保存仿真实验的步骤如下：

（1）在每台路由器或交换机的命令配置界面中执行 save 命令（用户视图下）；

（2）主机参数界面中，单击"应用"按钮；

（3）在基本工具栏中，单击"保存"或"另存为"（🖫 🖫）按钮。

仿真实验被保存为文件后，可再次打开、调试或编辑修改。

1.6.4　习题

1．在计算机上安装好 Packet Tracer，写出思科/锐捷网络设备工作模式的特点及模式转换命令。

2．在计算机上安装好 eNSP，写出华为网络设备工作视图的特点及视图转换命令。

1.7　路由器/交换机实物登录与管理

1.7.1　路由器/交换机的带外管理

路由器/交换机的带外管理，是指在网络链路未建立时（还没有网络内部链路带宽），采用链路带宽以外的方式对路由器/交换机进行参数配置与管理的方式。路由器/交换机一般提供一个 CONSOLE（或 AUX）接口，通过 CONSOLE（或 AUX）接口对路由器/交换机实施临时管理的方式即为带外管理。

交换机分为网管型（智能型）交换机和非网管型（傻瓜型）交换机，有 CONSOLE（或 AUX）接口的交换机为网管型交换机；无 CONSOLE（或 AUX）接口的交换机为非网管型交换机（自动交换机），非网管型交换机不能配置参数，且不能进行网络管理。本书后面用到的交换机都是网管型交换机。

1．带外管理的基本条件

路由器、交换机虽然具有主板、CPU、内存、接口等核心部件和操作系统、各种协议软件，但是没有显示器、键盘和鼠标等外围部件。技术人员如何将网络配置命令输入、传送给路由器/交换机？又如何显示路由器/交换机里的参数信息？这些需要三个基本条件。

（1）路由器/交换机需提供一个特殊接口，这个接口就是 CONSOLE（或 AUX）接口，CONSOLE（或 AUX）接口为 8pin 接口，外形与 RJ45 以太电接口相似，如图 1-7-1（a）所示。

（2）一台配置用的计算机，该计算机应具有一个 RS232 串口（或 USB 接口），如图 1-7-1（b）所示。还需要在计算机上安装一个通信终端软件，既可以是 Windows 自带的通信终端软件（默认未安装，安装系统时需选择），也可以另外安装 SecureCRT 软件等。

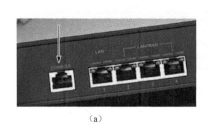 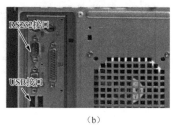

（a）　　　　　　　　　　　　　　　（b）

图 1-7-1　路由器/交换机的 CONSOLE 接口与计算机的 RS232 接口、USB 接口

（3）一条配置线（调试线）。传统的配置线是
DB9-RJ45 配置线［见图 1-7-2（a）］，DB9 插头是
9 孔插头，RJ45 插头是制作网线所用的插头。将
DB9 插头插在计算机的 RS232 插座上（9 针插座），
将 RJ45 插头插入路由器/交换机的 CONSOLE 接
口。还有一种 USB-RJ45 配置线［见图 1-7-2（b）］，
将配置线的 USB 插头插入计算机的 USB 接口，将
RJ45 插头插入路由器/交换机的 CONSOLE 接口。

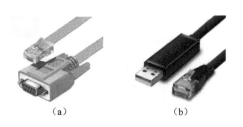

（a）　　　　　（b）

图 1-7-2　DB9-RJ45 配置线与 USB-RJ45 配置线

现在的计算机大多没有 RS232 接口，但有 USB 接口，这时就只能采用 USB-RJ45 配置线。
但是 RS232 是物理层最基本的串行接口标准（±15V，负逻辑），也是路由器、交换机和计算
机默认的串行接口标准；而 USB 则是扩展串行接口标准（±5V，正逻辑），两者的工作电平
不同、电平转换的逻辑不同，需要将 USB 信号转换成 RS232 信号才能被路由器/交换机所识
别。USB-RJ45 配置线实际上是 USB-RS232-RJ45 配置线，中间有一个 USB-RS232 转换芯片
（PL2303 或 CH340 等），因此计算机上需要安装 PL2303 或 CH340 驱动程序，才能将该接口
识别为逻辑 RS232 接口。

2．路由器/交换机的带外管理过程

（1）大多数计算机有 USB 接口，没有 RS232 接口，所以采用 USB-RJ45 配置线来管理路
由器和交换机。用配置线连接计算机的 USB 接口和路由器的 CONSOLE 接口，如图 1-7-3 所示。

配置线

图 1-7-3　用配置线连接计算机的 USB 接口与路由器的 CONSOLE 接口

（2）查看虚拟 COM 接口。在计算机上安装好 USB-RS232 驱动程序（随配置线配备），
Windows 操作系统将连接 USB 接口的 RS232 配置线识别为 COM 接口，如果计算机上原本有
一个 RS232 接口（Windows 操作系统将其默认为 COM1），Windows 操作系统会在 RS232 驱动
程序的帮助下，将 USB 接口连接的 RS232 配置线识别为 COM2（或 COM3、COM4、COM5
等）。查看方式如下：右键单击桌面上的"计算机"（或"我的计算机"）→"属性"→"设备
管理器"→"端口（COM 和 LPT）"，如图 1-7-4 所示。可以看到该虚拟 COM 接口为 COM5。

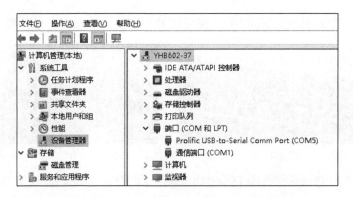

图 1-7-4　查看 USB-RS232 转换的虚拟 COM 接口

（3）SecureCRT 连接设备。安装并打开 SecureCRT 软件，如图 1-7-5 所示。

图 1-7-5　SecureCRT 工作界面

先在 SecureCRT 中找到 COM5。单击菜单"文件"，打开"快速连接"对话框，"协议"选择"Serial"，然后单击"连接"按钮；"端口"选择"COM5"，波特率设为 9600，并选中"流控制"栏中的"RTS/CTS"，选中"保存会话"，再单击"连接"按钮，如图 1-7-6 所示。设置完成后，后续使用不需要再次设置，只要单击"文件"菜单下的"连接"按钮，即出现图 1-7-7 所示的对话框。选择 Serial-COM5，单击"连接"按钮，系统会弹出一个保存日志的对话框，单击"保存"按钮，即可连接到路由器/交换机。

图 1-7-6　SecureCRT 快速连接设置　　　图 1-7-7　SecureCRT 连接指定 COM 接口

（4）登录设备。SecureCRT 连接上网络设备后，会直接显示用户模式（思科/锐捷）提示符或用户视图（华为）提示符，说明登录成功了。若连接的是华为路由器，SecureCRT 界面如图 1-7-8（a）所示。

华为设备一般会要求输入登录用户名（username）和密码（password），验证正确后才会出现用户视图提示符。华为路由器默认用户名为 admin，密码为 Admin@huawei。注意：①输入密码第一个字符 A 时，不能采用组合键<Shift>+<A>输入，而要先按<CapsLock>键切换为大写字母后输入 A，再按<CapsLock>键切换为小写字母后输入其他字符；②输入密码时，每一次按键都要迅捷，不能拖泥带水，否则系统会误认为输入了多个字符。输入正确，即可登录成功，如图 1-7-8（b）所示。华为交换机的默认用户名为 admin，密码为 admin@huawei.com（也可能没有密码），登录后直接进入用户视图状态。

思科/锐捷设备一般没有初始登录密码，连接成功即为登录成功。

（5）给设备配置参数。用户登录到路由器/交换机后，即可查看或配置参数，如图 1-7-8（c）所示。

图 1-7-8　SecureCRT 登录设备及配置参数

1.7.2　路由器/交换机的带内管理

路由器/交换机的带内管理是在网络设备已连接，IP 地址和 VLAN 已配置好，整个网络的路由已配置好，所有的 IP 设备已经畅通的前提下，给路由器/交换机配置远程登录密码。不需要配置线，在任意一台主机或其他有 IP 地址的设备上使用 telnet（或 SSH）命令即可登录网络内所有具有 IP 地址且配置了远程登录密码的设备，从而对其进行管理、配置。

给网络设备配置远程登录（带内管理）时，首先要进入线路模式（思科）或线路视图（华为），同时指定远程登录线路条数（最多 5 条，即第 0～4 条）；接着配置登录密码（明文或密文，明文：显示配置参数时可以看到密码原文；密文：显示参数时看到的是乱码）。与此同时，还可以给路由器/交换机配置特权用户密码（思科）或超级用户密码（华为），这不是必须的。

如果需要配置，则回到全局模式或系统视图下，设置特权用户或超级用户密码（明文或密文）。

1．思科设备的带内管理配置

思科/锐捷设备的远程登录配置命令格式如下：

line vty 0 n	//进入线路模式同时指定 n+1 条登录线路（n：1～4），全局模式下
login	//设定 n+1 条线路都可登录
password　xxxx	//设置远程登录密码 xxxx
exit	//返回全局模式
enable password|secret　ppp	//配置 en 密码，password 为明文密码，secret 为密文密码

例如，对图 1-7-9（a）所示网络中的路由器 R1 配置如下：

line vty 0 4	//进入线路模式并设置 5 条登录线路，全局模式下
login	//开通这 5 条登录线路
password abcd	//设置远程登录密码 abcd
exit	//返回全局模式
enable password abcd123	//设置 en 密码 abcd123，见图 1-7-9（b）

在主机 PC1 的 DOS 命令行界面，先 ping 172.18.18.1，确认 PC1 与 R1 的网络链路是畅通的；然后在 PC1 的 DOS 命令行界面，执行 telnet 172.18.18.1，进行远程登录，接着输入密码 abcd 并回车，进入 R1 的用户模式；再输入 en 并回车，出现"password:"要求输入密码，输入 abcd123 并回车，即进入 R1 的特权模式，如图 1-7-9（c）所示。然后，可以接着输入 conf t 并回车，进入全局模式，修改 R1 的各项参数。

这个简单的实例没有使用配置线，而是通过已有网络的链路带宽实现远程登录，管理路由器。这就是网络设备的"带内管理"。一个成熟的网络系统，应该能采用带内管理的方式管理所有的路由器和交换机。

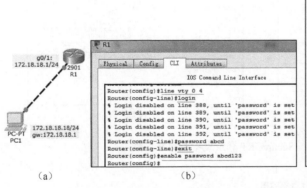

（a）　　　　　　　（b）　　　　　　　　（c）

图 1-7-9　思科设备远程登录配置与带内管理

2．华为设备带内管理配置

华为路由器/交换机的远程登录配置命令格式如下：

user-interface vty 0 n	//进入用户接口视图，创设 n+1 条登录线路（n：1～4）
set auth password simple|cipher huawei	//设置远程登录密码，simple 为明文密码，cipher 为密文密码
quit	//返回系统视图
super　password　cipher huawei123	//配置 super 密码（非必须）

例如，如图 1-7-10（a）所示的网络，IP 设备都已畅通。在 R2 上配置远程登录密码和 super 密码。配置命令如下：

user-interface vty 0 n	//进入用户接口视图，设置 5 条远程登录线路
set auth password simple hhhwww	//设置远程登录密码 hhhwww（明文）
quit	//返回系统视图
super　password　cipher hhhwww123	//配置 super 密码 hhhwww123（密文）

配置结果如图 1-7-10（b）所示。然后对 R1 进行同样的配置。

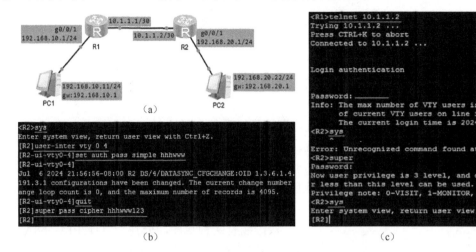

图 1-7-10　华为设备远程登录配置与带内管理

由于 eNSP 里的主机没有 telnet 命令，这里在 R1 上远程登录 R2。

在 R1 的用户视图下，先 ping 10.1.1.2，通信成功，接着输入 telnet 10.1.1.2 并回车，出现"password:"等待输入登录密码，输入 hhhwww 并回车，出现用户视图<R2>，说明已登录到 R2 上，如图 1-7-10（c）所示。

接着执行 sys 命令，希望进入系统视图，却出现 Error 错误。这是因为 R2 上已配置 super 密码，华为设备在配置了超级用户密码后，不能直接从用户视图转换到系统视图，必须从用户视图转换到超级用户视图再转换到系统视图。于是，输入 super 并回车，出现"password:"，输入超级用户密码 hhhwww123 并回车，即进入超级用户视图；然后，输入 sys 并回车，即可进入系统视图，如图 1-7-10（c）所示。这样实现了华为设备的远程登录和配置。

不使用配置线，而是利用网络线路的带宽实现登录设备及设备管理，这就是华为设备的带内管理。

1.8　双绞线与光纤

1.8.1　双绞线与以太网接口

1. 双绞线与 RJ45 接头

双绞线是目前局域网中最常用的通信线缆。双绞线可以分为两类：屏蔽双绞线（STP）和非屏蔽双绞线（UTP），如图 1-8-1（a）、（b）所示。非屏蔽双绞线又分为一类、二类、三类、四类、五类、超五类和六类双绞线，目前较常用的是超五类和六类双绞线。超五类和六类双绞线都是由 4 对（8 根）铜芯导电线塑套包裹封装而成的，每一对线都相互缠绕在一起，4 对线缠绕的密度各不相同。要将双绞线应用于实际中，两端需分别连接一个 RJ45 接头［见图 1-8-1（c）］。

RJ45 接头是一种用透明塑料封装，内有 8 片铜芯，符合 RJ45 规范的通信器材，俗称水晶头。

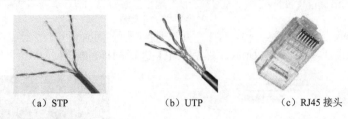

(a) STP   (b) UTP   (c) RJ45 接头

图 1-8-1 屏蔽双绞线（STP）、非屏蔽双绞线（UTP）与 RJ45 接头

2．平行线与交叉线

超五类和六类双绞线里的 8 根绝缘铜导线的颜色分别是：

绿白、绿、橙白、橙、蓝白、蓝、棕白、棕

制作网线时，这 8 根导线要分别与 RJ45 接头里的 8 片铜芯相连接，组成网线插头。

将 RJ45 接头竖起来，8 片铜芯朝上面向用户，从左到右 8 片铜芯顺序编号为 1、2、…、8，分别与双绞线的 8 根导线相对应。

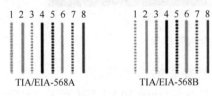

图 1-8-2 双绞线的两种标准线序

双绞线有两种线序，分别为 TIA/EIA-568A 标准和 TIA/EIA-568B 标准，如图 1-8-2 所示。这是由美国电信工业协会（Telecommunications Industries Association，TIA）和美国电子工业协会（Electronic Industries Association，EIA）联合制定的第 568 号标准。

两种标准的线序分别如下。

TIA/EIA-568A（简记为 T568A）：绿白、绿、橙白、蓝、蓝白、橙、棕白、棕

TIA/EIA-568B（简记为 T568B）：橙白、橙、绿白、蓝、蓝白、绿、棕白、棕

双绞线的两端都采用 T568B 线序与 RJ45 接头连接而制成的网线，称为平行线（直连线）。双绞线的一端采用 T568A 线序与 RJ45 接头连接，另一端采用 T568B 线序与 RJ45 接头连接而制成的网线，称为交叉线。平行线与交叉线的线序如图 1-8-3 所示。

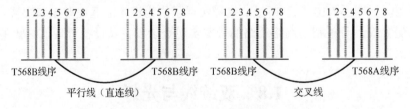

T568B线序   T568B线序   T568B线序   T568A线序

平行线（直连线）   交叉线

图 1-8-3 平行线与交叉线的线序

双绞线按 T568A、T568B 线序插入 RJ45 接头后的状态如图 1-8-4 所示。

3．两种类型的以太网接口及网线选择

无论是平行线还是交叉线，都是用来连接网络设备和计算机的。网络设备与计算机上都有一种符合 RJ45 规范的接口——以太网接口（或称 RJ45 接口）。每个以太网接口内都有 8 片具有弹性的铜芯，当插入 RJ45 接头时，接头的 8 片铜芯刚好分别与接口的 8 片铜芯相连接，从而实现信号的传送。

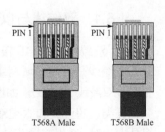

T568A Male   T568B Male

图 1-8-4 双绞线连接 RJ45 接头后的两种情形

以太网接口内的 8 片铜芯的功能各不相同，在 10M/100Mb/s 的通信链路中，只有第 1、2、3、6 片铜芯具有信号传送功能，其余 4 片暂未定义。DTE 设备（数据终端设备）和 DCE 设备（数据通信设备）对以太网接口第 1、2、3、6 片铜芯的功能定义不同，分别如下。

以太网接口内铜芯片序号：	1	2	3	6
DTE 以太网接口定义的功能：	TX+	TX-	RX+	RX-
DCE 以太网接口定义的功能：	RX+	RX-	TX+	TX-

DTE 设备的以太网接口第 1、2 片铜芯负责发送信号，第 3、6 片铜芯负责接收信号；DCE 设备的以太网接口第 1、2 片铜芯负责接收信号，第 3、6 片铜芯负责发送信号。

在 1000Mb/s 的通信链路中，以太网接口内的 8 片铜芯都要使用。

按照 DTE、DCE 设备来归类，网络设备与主机归类如下。

DTE 设备：主机（Host）、路由器（Router）；

DCE 设备：交换机（Switch）、集线器（HUB）。

交叉线与平行线的用途不同。交叉线用于同类设备的连接，即 DTE 设备—DTE 设备、DCE 设备—DCE 设备。例如，主机—主机、路由器—路由器、主机—路由器、交换机—交换机、集线器—集线器、交换机—集线器。用网线连接两台计算机（DTE—DTE）时，必须用交叉线才能实现相互通信。

平行线用于不同类设备的连接，即 DTE 设备—DCE 设备。例如，主机—交换机、主机—集线器、路由器—交换机、路由器—集线器。

1.8.2 光纤与光接头

1. 光纤原理与特点

光纤是用纯净玻璃拉成细丝（纤芯，直径为若干微米）且外面涂上光疏介质涂层（包层）的新型通信介质，如图 1-8-5（a）所示。当携带通信信号的激光照射进光纤时，激光通过直线传播和全反射传播进行信号传输。光纤是华裔科学家高锟发明的，他因在光纤传输方面的杰出贡献而获得 2009 年诺贝尔物理学奖。

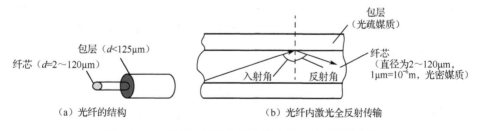

图 1-8-5　光纤的结构及光纤内激光全反射传输示意图

将多束光纤组合包裹密封在一根塑胶管道中，外面再进行加固，便得到光缆。采用光纤进行通信具有三大优越性。

（1）传输容量大。这是根据香农定理得出的，香农定理公式如下：

$$C = B \log_2 \left(1 + \frac{S}{N}\right)$$

式中，S/N 为信噪比，B 为信号带宽（Hz），C 为信道的容量。当信噪比一定时，信道的容量与信号的带宽成正比，即信号带宽越大，信道容量越大。采用双绞线传输时，电信号的带宽

B 约为 10^5Hz；而采用光纤传输时，激光信号的带宽 B 约为 $10^{14}\sim10^{15}$Hz。因此，光纤信道的容量约为双绞线信道容量的 $10^9\sim10^{10}$ 倍。

（2）传输损耗小，传输距离远。在光纤内传输的是携带信号的激光，激光在光纤内沿直线传播或在光纤壁发生全反射。下面简要介绍激光在光纤内发生全反射的光学原理。

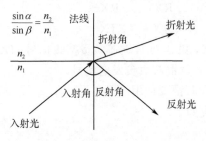

图 1-8-6　光的反射、折射及折射定理公式

根据光学知识，光在同一种介质中传播时沿直线传播，光传输到两种介质的分界面时，一部分光反射回到原介质，反射光与入射光分别位于法线两侧，反射角等于入射角；另一部分光折射到另一种介质中，折射光与入射光分别位于法线两侧，折射角与入射角、两种介质的折射率符合折射定理。光的反射、折射及折射定理公式如图 1-8-6 所示。

其中，n_1 是第一种介质的折射率，n_2 是第二种介质的折射率，α 是光在第一种介质中的入射角，β 是光在第二种介质中的折射角。折射率大的是光密介质，折射率小的是光疏介质，当 $n_1>n_2$ 时（光从光密介质射入光疏介质），根据折射定理公式可知，折射角会大于入射角，并随着入射角的增大而增大，当入射角增大到一定值（临界角）时，折射角会大于或等于 90°，这时就只有反射光而没有折射光，于是就发生了全反射。发生全反射时，反射光的能量与入射光的能量差不多相等。

光纤的纤芯是光密介质（折射率 n_1），包层是光疏介质（折射率 n_2），且 $n_1>n_2$，光纤很细微，入射角很大，激光入射到光纤壁时的入射角大于临界角，于是会发生全反射。由于在光纤壁发生的是全反射，光纤又是纯净的玻璃丝，激光在光纤中传播的能量损耗可忽略不计，因此激光在光纤中传输得很远。

（3）抗干扰性好。由于光纤被密封在不透光的光缆内，激光在光纤中传输时，不受外界电磁信号和光信号的干扰。

2. 光纤与光纤接头类型

光纤分为单模光纤和多模光纤。多模光纤可以传输多种模式（多种频率）的光信号，单模光纤只能传输一种模式（一种频率）的光信号。单模光纤比多模光纤的纤芯直径更小，传输光信号的距离也更远，多模光纤的传输距离约为几百米到 2km，单模光纤的传输距离约为 2～100km，甚至更远。如果信道超出了光纤的传输距离，可采用有源中继的方法延长。

光纤在室外以光缆的形式存在，如图 1-8-7（a）所示。一根光缆内可以有 8 根、12 根、24 根或 48 根光纤，也有多达一百多根光纤的光缆，通常光纤的数量越多，光缆的价格越高。除了按照传输模式分类，光缆还可以按照光纤的数量、是否带铠甲、管式还是槽式等进行分类。光缆进入室内以后，需要用尾纤与光缆内的光纤逐根熔接（用光纤熔接仪），并将所有熔接点固定在光纤接线盒内，在光纤接线盒的一侧露出固定好的尾纤的玻璃端口。然后，用光纤跳线［见图 1-8-7（b）］将这个玻璃端口与路由器/交换机的光接口连接起来，路由器/交换机的光接口内必须有光模块，每个光模块中有 1 对光纤接口（分别用于接收、发送光信号）。光模块的主要功能是进行光电转换和电光转换。光模块也有多种不同型号，图 1-8-8（a）所示的光模块为 LC 光模块。光模块的价格较高（从几百到几千元不等），传输距离越远的光模块价格越昂贵。

一般将室内使用的光纤制作成光纤跳线，多模光纤跳线的外表为橙色，单模光纤跳线的外表为黄色，如图 1-8-7（b）所示。

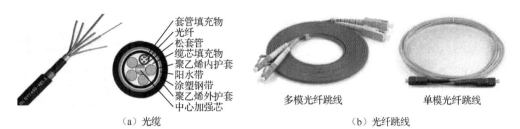

（a）光缆 （b）光纤跳线

图 1-8-7　光缆与光纤跳线

光纤跳线两端的接头需要与路由器内的光模块接口、光纤接线盒的光接口相匹配，光纤接头与接口的类型有 LC、SC、ST、FC 等，ST 接头为小圆头形状，LC 接头为小方头形状，FC 接头为大圆头形状，SC 接头为大方头形状，如图 1-8-8（b）所示。

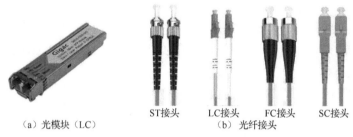

（a）光模块（LC）

ST接头　LC接头　FC接头　SC接头

（b）　光纤接头

图 1-8-8　光模块（LC）与几种类型的光纤接头

3．光纤的熔接

由于光纤的本质是玻璃丝，用普通方法不能将两根光纤连接起来，光纤的连接需要使用光纤熔接仪。用光纤熔接仪熔接好光纤后，熔接处比较脆弱，需用热塑管将其初步固定，再放到光纤接线盒里盘绕进一步固定好。

光纤的熔接需要经过剥线、刮去外表涂层、剪切、用棉花酒精清洁、熔接、热塑管固定、盘绕、固定、激光测试等环节。光纤的熔接需要用到光缆、光纤尾纤和光纤跳线，工具除了光纤熔接仪，还需要剥线钳、光纤切刀、激光发射测试仪、热塑管、棉花酒精等。

1.9　计算机参数配置及常用网络操作 DOS 命令行

1.9.1　计算机以太网卡参数与 Windows 防火墙

1．仿真环境下主机以太网卡 IP 参数配置

做实验时，设备 IP 地址的分配大多采用静态（人工）IP 地址分配方式。在 Packet Tracer（PT）仿真环境下，主机的 IP（IPv4、IPv6）地址等参数的配置界面如图 1-5-7 所示。在 eNSP 仿真环境下，主机的 IP（IPv4、IPv6）地址等参数的配置界面如图 1-6-8 所示。

配置好主机的 IP 地址、子网掩码和默认网关参数后，需要在 DOS 命令行界面运行 ipconfig 命令，确认主机显示的 IP 参数就是所配置的 IP 参数。

2．实物主机以太网卡的 IP 参数配置

实物主机以太网卡的 IP 参数配置与管理涉及以下几个方面。

（1）IP 协议与 IPv4、IPv6 地址参数的配置与管理；

（2）已配置 IP 地址未被系统接受问题；

（3）默认网关问题；

（4）双网卡问题；

（5）Windows 防火墙与 ping 测试问题。

下面分别讲解。

（1）IP 协议与 IPv4、IPv6 地址参数的配置与管理。要给主机（计算机）配置 IP 参数，首先找到以太网卡（右键单击桌面上的"网络"图标，选择"属性"），右键单击"以太网"图标，选择"属性"，打开图 1-9-1（a）所示的对话框；或者右键单击任务栏的"网络连接"图标，在弹出的菜单中选择"打开网络和共享中心"→"更改适配器设置"，双击"以太网（本地连接）"。这里可以看到系统已同时安装好 IPv4 协议和 IPv6 协议，双击"Internet 协议版本 4(TCP/IPv4)"，打开图 1-9-1（b）所示的对话框，在这里可以给网卡配置 IP 地址、子网掩码、默认网关等参数，然后单击"确定"按钮。还可以双击"Internet 协议版本 6(TCP/IPv6)"，打开图 1-9-2（a）所示的对话框，在这里可以给网卡配置 IPv6 地址、网络前缀、默认网关等参数。然后进入 DOS 命令行界面，运行 ipconfig 命令，可查看到系统已接受的 IP 参数，如图 1-9-2（b）所示。

（a）

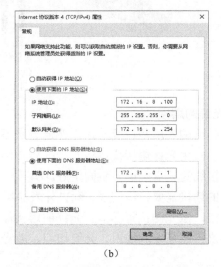
（b）

图 1-9-1　IP 协议与网卡 IPv4 地址配置

（a）　　　　　　　　　　　　（b）

图 1-9-2　IPv6 参数配置与 ipconfig 命令测试

（2）已配置 IP 地址未被系统接受问题。做实物实验时，有时已经配置好了某主机的 IP 地址和子网掩码等参数，可是用 ipconfig 命令查看时却发现 IP 地址不是所配置的 IP 地址，而是 169.x.x.x。

有两种可能：一种是因为计算机的原因，暂未接收到刚才配置的 IP 参数；另一种是因为计算机操作系统有自测试功能，刚才配置的 IP 地址不符合 IP 协议的规定。

一种处理方法是重新激活该网卡，在以太网卡窗口右键单击"以太网"（或"本地连接"）在弹出的菜单中，先选择"禁用"，再选择"启用"。然后回到 DOS 命令行界面，用 ipconfig 命令查看所配置的 IP 地址是否被系统接受。

如果使用上述方法仍未解决，那么很可能是因为这台主机网卡的 IP 地址与用网线连接的另一台设备的接口 IP 地址不在同一个网络（子网）内，系统会自动测试，发现不对，于是拒绝接受这个 IP 地址。例如，主机通过一根网线与路由器接口相连接，路由器接口配置了 IP 地址 192.168.30.254/25，我们给主机网卡配置了 IP 地址 192.168.30.30/24。两个 IP 地址不属于同一个网络（子网），因此出现问题。解决方法是，将主机网卡的 IP 地址修改为 192.168.30.130/25；或者保持主机 IP 地址 192.168.30.30/24 不变，将对方路由器接口的 IP 地址修改为 192.168.30.1/24，使同一条链路两端的两个 IP 地址属于同一个网络（子网）。

还有一种可能，就是所配置的 IP 地址是一个不可指派的 IP 地址（如网络地址、广播地址）。例如，给主机网卡配置了 IP 地址 192.168.10.0/25，或者配置了 IP 地址 192.168.10.255/24，因为 192.168.10.0/25 是其所在子网的网络地址，而 192.168.10.255/24 是其所在子网的广播地址。子网的网络地址和广播地址不可被指派给任何一台设备使用，应在其所在子网的可指派 IP 地址范围内，选择一个尚未分配的 IP 地址给主机网卡。此外，如果配置在主机上的 IP 地址与相连的路由器接口的 IP 地址相同，也会导致不被系统接受。

当给主机配置一个 IP 地址却不被系统接受时，可照此线索寻找到原因，重新配置一个合理的 IP 地址。

（3）默认网关问题。主机网卡参数除了 IP 地址、子网掩码，还有一个重要参数，即默认网关地址（gw）。gw 地址是网络中实际存在的一台路由器（或三层交换机）上的 IP 地址，gw 地址不是臆想的参数，而是与主机直接（或间接）相连的路由器（或三层交换机）的接口 IP 地址，必须与主机的 IP 地址属于同一个网络（子网），并且是可指派的 IP 地址，可从本主机 ping 通该 gw 地址。

有经验的工程师常常会将路由器接口的地址设置成其所在子网内可指派的 IP 范围内最小或最大的一个 IP 地址。例如，图 1-9-1 中主机 IP 地址 172.16.8.100/24 与 gw 地址 172.16.8.254 就是同一个网络中可指派的两个不同 IP 地址，172.16.8.254 是这个子网可指派的最大 IP 地址；图 1-9-2 中主机的 IPv6 地址 ab8::af/64 与 gw 地址 ab8::1 就是同一个网络中可指派的两个不同的 IPv6 地址。

当一个主机网卡的 gw 地址被修改错了，而主机的 IP 地址和子网掩码正确时，怎样才能恢复正确的 gw 地址？解决步骤如下。

第一步，找到两个可能的 IP 地址。主机的 gw 地址一般都是与主机 IP 地址在同一个网络（子网）内的最小或最大可指派的 IP 地址。

第二步，确定其中一个 IP 地址为 gw 地址。从主机分别去 ping 这两个 IP 地址，如果其中一个能 ping 通，另一个不能 ping 通，则能 ping 通的 IP 地址就是 gw 地址；如果这两个 IP 地址都能 ping 通，也只有一个是 gw 地址，那么究竟是哪一个？分别用两个 IP 地址进行配置，配置哪个 IP 地址后主机能访问外网，该 IP 地址就是正确的 gw 地址。

例如：一台主机的 IP 地址为 172.28.36.130/25，怎样找到其正确的 gw 地址？

首先，采用"位与"运算先计算出该 IP 地址所在子网的网络地址：

172.28.36.130&255.255.255.128=172.28.36.128

然后，根据广播地址的定义，写出该子网的广播地址 172.28.36.255，得到该子网的 IP 地址范围 172.28.36.128～172.28.36.255，可指派的 IP 地址范围 172.28.36.129～172.28.36.254。于是，在该主机的 DOS 命令行界面分别 ping 172.28.36.129，ping 172.28.36.254，如果一个 ping 通，另一个 ping 不通，则 ping 通的地址就主机的 gw 地址；如果两个地址都 ping 通，则分别配置给主机，再测试能否访问外网，能访问外网的地址就是正确的 gw 地址；如果两个地址都 ping 不通，可以判断通信线路已断开。

（4）双网卡问题。有些计算机（特别是网络实验室里的主机）有 2 个网卡，一个网卡用于广播教学，另一个用于做实验。双网卡主机的每个网卡都要分别配置一个 IP 地址、掩码，但是如果 IP 地址分配不合理，将导致实验不成功。

配置双网卡主机的 2 个 IP 地址等参数时需要注意以下几点。

① 双网卡的 2 个 IP 地址应该分别属于两个不同的网络（子网）。

② 这 2 个 IP 地址不能是网络地址或广播地址。

③ 双网卡主机的默认网关：一台主机只能有一个 IPv4 默认网关，如果 2 个网卡都设置了默认网关，则只有一个默认网关（一般是先配置的默认网关）起作用，另一个默认网关无效。如果主机还配置了 IPv6 地址，一台主机还可以有一个 IPv6 默认网关。

④ 操作系统识别的网卡标识与实际网卡的对应关系。做实验时可能插错网线，或者给网卡配置了错误的 IP 地址，分辨的简单方法是：将一端已连接在路由器或交换机的网线的另一端插入主机网卡，查看是哪个网卡标识（以太网 1、以太网 2）亮了，再将网线拔出，以太网标识上变为❌的就是正在测试的网卡。

（5）Windows 操作系统中有一个防火墙默认是开启的，Windows10 以上的操作系统的防火墙默认是禁 ping 的。用 ping 命令测试与另一台主机的通信情况时，常常因为这个原因导致误判为网络不通，实际上网络可能是通的。下面将介绍具体解决方法。

3. 实物实验主机防火墙的设置

在实物实验中，主机的操作系统大多采用 Windows 操作系统，Windows 操作系统里有一个 Windows Defender 防火墙，系统默认该防火墙是开启的，该防火墙默认拦截 ICMP 输入报文（不拦截 ICMP 报文输出，但对流入的 ICMP 报文不做应答）。测试网络是否畅通，常用 ping 命令进行测试，即发送 ICMP 报文给目标主机，目标主机回应一个 ICMP 报文到达源主机，则说明网络是畅通的。但是，这个目标主机里的 Windows Defender 防火墙收到了 ICMP 报文却不回复，使得在源主机测试的人员误认为网络不通。

为了解决上述问题，在测试网络之前，方法一是修改主机 Windows Defender 防火墙的入站规则和出站规则，让防火墙允许 ICMP 报文输入/输出。但该方法实施起来比较复杂。方法二是直接关闭主机的 Windows Defender 防火墙，此方法比较简便。操作过程如下：在"开始"菜单中打开"设置"界面，输入 Windows Def 并搜索，找到并打开 Windows Defender 防火墙，如图 1-9-3 所示。

在图 1-9-3 所示的界面中，单击左侧的"启用或关闭 Windows Defender 防火墙"，弹出 Windows Defender 防火墙自定义设置对话框，如图 1-9-4 所示。在"专用网络设置"和"公用网络设置"栏分别选中"关闭 Windows Defender 防火墙",然后单击"确定"按钮。

图 1-9-3 Windows Defender 防火墙主界面

图 1-9-4 Windows Defender 防火墙自定义设置

将每台实验计算机的 Windows Defender 防火墙都关闭,测试时就不会出现误判了。

1.9.2 常用网络操作 DOS 命令行

现在网络实验用计算机基本都使用 Windows 操作系统,DOS 操作系统是 Windows 操作系统的前身,DOS 操作系统采用命令方式来完成操作系统的功能。在 Windows 任务栏中,按组合键<Win>+R(或单击"开始"),运行 cmd 命令,即可进入 DOS 命令行界面,如图 1-9-5 所示。在此界面输入一条命令,回车即执行该命令。

图 1-9-5 DOS 命令行界面

常用的网络操作 DOS 命令行有以下几种。

1．ping 命令

ping 命令的功能是向目标主机发送 ICMP 报文，Windows（DOS）环境下默认为连续发送 4 个 ICMP 报文，等待对方应答 ICMP 报文；也可以设定为连续发送多个 ICMP 报文。

ICMP 是网络层协议，技术人员经常使用 ping x.x.x.x 命令来测试网络是否畅通。

命令的一般格式：

ping [-n number][-t][-4][-6] IP 地址|域名
//IP 地址｜域名：目标主机的 IPv4 地址或 IPv6 地址，或者域名
//-n number：设定发送 number 个 ICMP 报文
//-t：连续不停地发送 ICMP 报文，直至按^c 为止
//-4：强制使用 IPv4 报文
//-6：强制使用 IPv6 报文

例如：ping 192.168.2.1

ping -n 6 www.163.com

执行结果如图 1-9-6 所示。

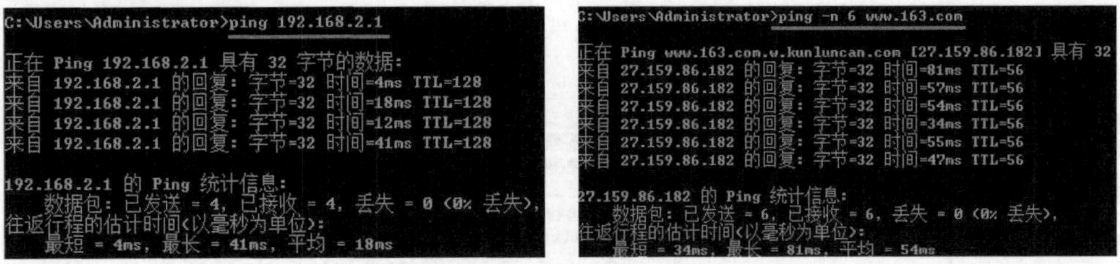

图 1-9-6　ping 命令执行结果

2．tracert 命令

tracert 是路由跟踪命令，源主机向从源主机到目标主机所经历的每一个结点（具有 IP 地址的路由器或三层交换机）都发送 1 个 ICMP 报文，并等待对方回答 ICMP 报文，从而达到跟踪目标主机路由的目的。

命令的一般格式：

tracert [-h maximum_hops] [-4] [-6] IP 地址|域名
//IP 地址｜域名：目标主机的 IPv4 地址或 IPv6 地址，或者域名
//-h maximum_hops：搜索目标的最大跳数
//-4：强制使用 IPv4 报文
//-6：强制使用 IPv6 报文

例如：tracert 222.247.53.90

tracert www.163.com

执行结果如图 1-9-7 所示。中间有些结点显示为"***请求超时"，说明这些结点拒绝 ping（不接收 ICMP 报文）。

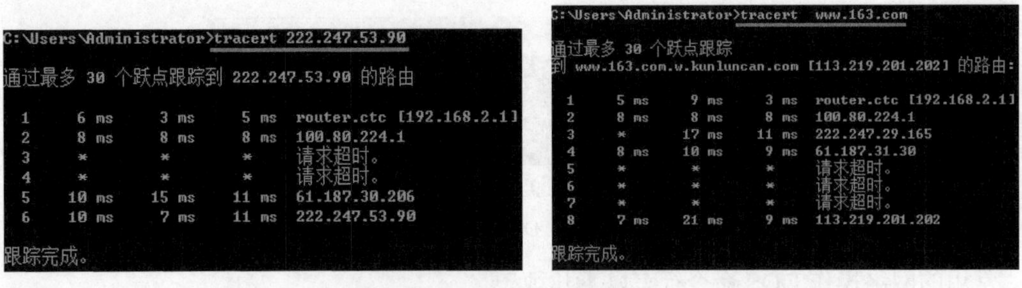

图 1-9-7　tracert 命令执行结果

tracert 命令与 ping 命令都用于发送 ICMP 报文，但 ping 命令只向目标主机发送，tracert 命令则向从源主机到目标主机所经历的所有结点发送 ICMP 报文。ping 命令主要测试从源点到目标点是否畅通；tracert 命令则追踪从源点到目标点要经历哪些中间结点。

3．ipconfig 命令

ipconfig 命令的功能是显示本主机网络连接信息。

命令的一般格式：

```
ipconfig   [/all][/release] [/release6][ /flushdns][/registerdns]
// /all：显示完整配置信息
// /release：释放指定适配器的 IPv4 地址
// /release6：释放指定适配器的 IPv6 地址
// /renew：更新指定适配器的 IPv4 地址
// /renew6：更新指定适配器的 IPv6 地址
// /flushdns：清除 DNS 解析程序缓存
// /registerdns：刷新所有 DHCP 租约并重新注册 DNS 名称
```

例如：ipconfig

ipconfig   /all

执行结果如图 1-9-8 所示。

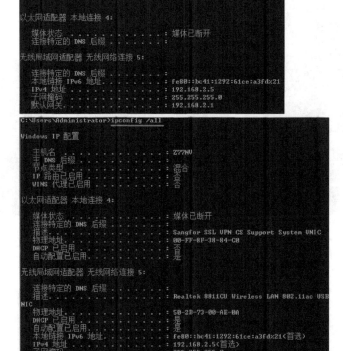

图 1-9-8　ipconfig 命令执行结果

ipconfig 命令和 ping 命令是网络实验测试时最常用的 DOS 命令。ipconfig 命令用于查看主机的网络参数，ping 命令通过发送 ICMP 报文来测试网络通信情况。

4．nslook 命令

nslook 命令用于解析域名的 IP 地址，以及解析域名的服务器信息。

命令的一般格式：

```
nslook
```

执行 nslook 命令后，首先显示默认 DNS 服务器的名称和 IP 地址，接着出现一个 ">" 提示符，等待用户输入一个域名，输入并回车，就会解析出该域名对应的服务器 IPv4 地址和 IPv6 地址；解析完，又出现 ">" 提示符，等待用户输入下一个域名，直至按 "^c" 退出，如图 1-9-9 所示。

5．netstat 命令

netstat 命令的功能是查看本主机的路由信息、子网掩码和 gw，以及所有开放端口的情况。

命令的一般格式：

```
netstat   [-a][-r]
//-r：列出当前的路由（IPv4、IPv6）信息，查看本机接口的网关、子网掩码等信息
//-a：查看本地主机所有开放的端口（TCP 端口、UDP 端口），可有效发现和预防木马
```

例如：netstat

　　　　netstat -r

执行结果分别如图 1-9-10、图 1-9-11 所示。

图 1-9-9　nslook 命令执行结果

图 1-9-10　netstat 命令执行结果

从图 1-9-10 中可以看到协议（TCP）、本地地址和端口号、外部地址和端口号、状态。

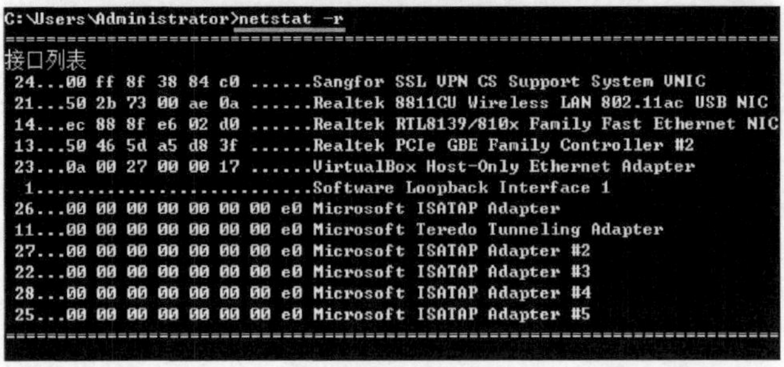

（a）

图 1-9-11　netstat -r 命令执行结果

IPv4 路由表
活动路由:
网络目标   网络掩码   网关   接口   跃点数
        0.0.0.0   0.0.0.0   192.168.2.1   192.168.2.5   25
      127.0.0.0   255.0.0.0   在链路上   127.0.0.1   306
      127.0.0.1 255.255.255.255   在链路上   127.0.0.1   306
127.255.255.255 255.255.255.255   在链路上   127.0.0.1   306
    192.168.2.0   255.255.255.0   在链路上   192.168.2.5   281
    192.168.2.5 255.255.255.255   在链路上   192.168.2.5   281
  192.168.2.255 255.255.255.255   在链路上   192.168.2.5   281
   192.168.56.0   255.255.255.0   在链路上   192.168.56.1   266
   192.168.56.1 255.255.255.255   在链路上   192.168.56.1   266
 192.168.56.255 255.255.255.255   在链路上   192.168.56.1   266
      224.0.0.0   240.0.0.0   在链路上   127.0.0.1   306
      224.0.0.0   240.0.0.0   在链路上   192.168.56.1   266
      224.0.0.0   240.0.0.0   在链路上   192.168.2.5   281
255.255.255.255 255.255.255.255   在链路上   127.0.0.1   306
255.255.255.255 255.255.255.255   在链路上   192.168.56.1   266
255.255.255.255 255.255.255.255   在链路上   192.168.2.5   281
永久路由:
  无
(b)

IPv6 路由表
活动路由:
如果跃点数网络目标   网关
 1   306 ::1/128   在链路上
23   266 fe80::/64   在链路上
21   281 fe80::/64   在链路上
23   266 fe80::9de0:8767:32f2:c7b6/128   在链路上
21   281 fe80::bc41:1292:61ce:a3fd/128   在链路上
 1   306 ff00::/8   在链路上
23   266 ff00::/8   在链路上
21   281 ff00::/8   在链路上
永久路由:
  无
(c)

图 1-9-11　netstat -r 命令执行结果（续）

从图 1-9-11 中可以看到本地接口信息、IPv4 和 IPv6 路由信息。

6. nbtstat 命令

nbtstat 命令用于显示协议统计和当前使用 NBI 的 TCP/IP 连接（在 TCP/IP 上的 NetBIOS）。

命令的一般格式：

nbtstat　[-a Rmotname][-A　IP add][-c][-n][-r][=R][-s][-S]
//-a: 适配器状态，列出指定名称的远程机器的名称表
//-A: 适配器状态，列出指定 IP 地址的远程机器的名称表
//-c: 缓存，列出远程[计算机]名称及其 IP 地址的 NBT 缓存
//-n: 名称，列出本地 NetBIOS 名称
//-r: 已解析，列出通过广播和经由 WINS 解析的名称
//-R: 重新加载，清除和重新加载远程缓存名称表
//-S: 会话，列出具有目标 IP 地址的会话表
//-s: 会话，列出将目标 IP 地址转换成计算机 NetBIOS 名称的会话表

例如：nbtstat -n

　　　nbtstat -r

　　　nbtstat -R

执行结果如图 1-9-12 所示。

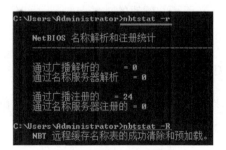

图 1-9-12　nbtstat 命令执行结果

第2章 网络通信技术应用

2.1 双绞线网线与 RJ45 信息插座模块的制作

双绞线网线（简称网线）是当前局域网络系统中最常用的通信线缆。网线又分为平行网线（直连网线）和交叉网线。在局部网络系统中，常见的信息点包括信息插座面板和 RJ45 插座模块。掌握使用原材料（如双绞线、RJ45 接头、RJ45 插座模块等）及工具（网钳、打线器、测线仪）制作和测试网线和信息模块，是网络通信技术人员必备的基本技能。

2.1.1 双绞线网线的制作

1. 双绞线与 RJ45 接头简介

目前常用的双绞线（如超五类双绞线、六类双绞线）由四对不同颜色的细导线组成，每对导线相互缠绕以减少电磁干扰。这些导线的颜色分别是绿白、绿、橙白、橙、蓝白、蓝、棕白、棕。

制作可用的网线需要使用 RJ45 接头（俗称水晶头），如图 2-1-1 所示。水晶头的 8 片铜芯从左到右编号分别为 1、2、3、4、5、6、7、8。为了制作标准的网线，必须按照 TIA/EIA-568A（简称 T568A）或 TIA/EIA-568B（简称 T568B）的标准进行排序：

序号	1	2	3	4	5	6	7	8
T568A 标准线序：	绿白	绿	橙白	蓝	蓝白	橙	棕白	棕
T568B 标准线序：	橙白	橙	绿白	蓝	蓝白	绿	棕白	棕

2. 网钳与测线仪

网钳是制作网线的基本工具，它具有剥线刀口、一个 8 齿 RJ45 槽口和一对弹性手柄，如图 2-1-2（a）所示。网钳的功能包括剥去线缆外皮、剪切网线及压接水晶头（俗称压线）。

RJ45接头   （a）网钳   （b）测线仪

图 2-1-1　UTP 双绞线与 RJ45 接头（水晶头）　　　　图 2-1-2　网钳与测线仪

测线仪用于测试制作完成的网线两端的 8 根导线是否全部畅通，如图 2-1-2（b）所示。用测线仪测试网线通断是最基本的测试方法。如果需要更精确地测量每根导线的具体阻抗等参数，则需使用更高级的测试设备（如 Fluke 测试仪等）。

3．网线的制作与测试

（1）平行网线的制作与测试

平行网线（简称平行线）是指两端采用相同线序（通常为 T568B 标准）制作的网线。平行线两端线序一一对应，如图 2-1-3 所示。

图 2-1-3 平行线两端线序对应关系

平行线的制作步骤如下。

第一步，将一段双绞线放入剥线专用的刀口内，稍微用力握紧网钳慢慢旋转，使刀口划开双绞线的保护塑胶外皮，露出里面的 8 根导线（芯线），长度约为 30mm。

第二步，理线。解开并捋直每对相互缠绕的线缆，然后根据接线规则（如两端都按 T568B 标准）依次排列好并理顺，尽量避免线缆的缠绕和重叠。

第三步，剪齐。用网钳的剥线刀口将线缆顶部裁剪整齐，保留露出线长约为 16～17mm，以便插入水晶头的线槽内。

第四步，插线。水晶头正面朝上。将整理好的线缆插入水晶头内，最左边的是第 1 脚，最右边的是第 8 脚，其余从左往右顺序排列。插入时应缓缓用力将 8 根导线同时沿水晶头内的 8 个小线槽插入，直到线槽末端。从水晶头的顶部开始检查每组线缆是否都紧紧地顶在线槽末端。

第五步，压线。把水晶头插入网钳的 8 齿槽口内，确保水晶头的 8 片铜芯与网钳的 8 齿槽口相对应，用力握紧手柄，听到轻微的"嚓"声即可。

网线的另一端也按照上述步骤进行操作。连接好的平行线示意图如图 2-1-4 所示。

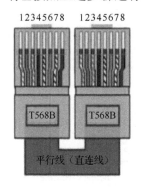

图 2-1-4 平行线示意图

图 2-1-5 网线的测试

第六步，测试。将制作好的平行线两端的水晶头分别插入测线仪的两个 RJ45 接口，打开测线仪开关进行测试，如图 2-1-5 所示。测试时，两侧的 LED 灯应依次按照 1→2→…→8 的顺序逐个闪烁绿灯。若出现任何一个 LED 灯不亮、显示为红灯或黄灯，则表明存在连接问题，如不通、短路或接触不良等情况。

（2）交叉线的制作与测试

交叉网线（简称交叉线）是指一端采用 T568A 线序，另一端采用 T568B 线序的网线。交叉线两端线序对应关系如图 2-1-6 所示。

交叉线的制作步骤如下。

第一步，与平行线制作的第一步相同。

第二步，理线。解开并捋直每对相互缠绕的线缆，然后根据接线规则（一端按 T568A 标准，另一端按 T568B 标准）依次排列好并理顺，尽量避免线缆的缠绕和重叠。

第三至五步，与平行线制作的第三至五步相同。

按照图 2-1-7 所示连接好好交叉线，然后进行测试。

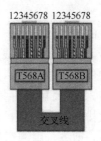

图 2-1-6　交叉线两端线序对应关系　　　　图 2-1-7　交叉线示意图

第六步，测试。将制作好的交叉线两端的水晶头分别插入测线仪的两个 RJ45 接口。测试时，一侧的 LED 灯应依次按照 1→2→…→8 的顺序逐个闪烁绿灯，而另一侧则应按照 3→6→1→4→5→2→7→8 的顺序逐个闪烁绿灯。如果出现任何一个 LED 灯不亮、显示为红灯或黄灯，则表明存在连接问题，如不通、短路或接触不良等情况。遇到这种情况时，可以使用网钳重新压制水晶头。如果重新压制后仍然存在问题，则需要剪掉原有接头，重新剥线并制作新的水晶头连接。

2.1.2　RJ45 信息插座模块的制作

1. 信息插座面板与 RJ45 插座模块简介

我们日常见到的信息插座面板如图 2-1-8（a）所示，面板上的信息插口内嵌有一块 RJ45 插座模块，如图 2-1-8（b）所示。

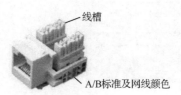

（a）信息插座面板　　　　（b）RJ45插座模块

图 2-1-8　信息插座面板与 RJ45 插座模块

2. 打线器与剪线钳

要制作 RJ45 信息插座模块，除了双绞线和 RJ45 插座模块，还需要打线器和剪线钳，如图 2-1-9 所示。

（a）打线器　　　　　　　（b）剪线钳

图 2-1-9　打线器与剪线钳

3．RJ45 信息插座模块的制作与测试

第一步，剪线并剥除外层。用剪线钳（或网钳）剪取一段合适的双绞线，并用剪线钳剥除双绞线一端约 3cm 的外皮，注意不要损伤内部的 8 根芯线。

第二步，放入线槽。将剥除外皮的双绞线放入 RJ45 插座模块中间的空位中，按照模块上标注的 B 颜色标志［T568B 标准，见图 2-1-8（b）］，将 8 根芯线依次卡入模块的卡线槽中。此步骤只需确保芯线稳固放置即可，无须完全压到底。

第三步，打线。使用打线器将每根芯线逐根推入卡线槽内，确保芯线与卡线槽接触良好且稳固。打线时，注意打线器头部一侧有刀锋，需将该侧朝外对准相应芯线，稍稍用力压到底，听到"咔"的一声即表示芯线已完全卡入，并切除了多余的线头，如图 2-1-10（a）所示。

（a）打线　　　（b）制作完成的 RJ45 信息插座模块

图 2-1-10　打线及制作完成的 RJ45 信息插座模块

检查是否有未切断的多余线头，若有则使用剪线钳将其剪除。这样，双绞线一端的 RJ45 信息插座模块就制作完成了［见图 2-1-10(b)］。

重复上述步骤，制作双绞线另一端的 RJ45 信息插座模块。

第四步，测试。准备 2 根制作好的平行网线，将一根平行网线的一端插入一个 RJ45 信息插座模块中，将另一根平行网线的一端插入另一个 RJ45 信息插座模块中；分别将两根平行网线的另一端插入测线仪的两个接口，然后打开测线仪的电源开关进行测试。如果发现有任何芯线不通的情况，首先需要确定具体哪根芯线存在问题，使用打线器重新压制有问题的芯线，确保其牢固且接触良好。

实验 1　双绞线网线与 RJ45 信息插座模块的制作

2.2　IP 地址规划设计与路由器直连路由

网络设计中一项重要的基础任务是规划整个网络系统的 IP 地址段（子网），并分析哪些设备的 IP 地址应属于同一个网络，哪些应划分至不同的网络。IP 地址的规划设计至关重要，如果 IP 地址规划不当，网络通信工程的实施将难以成功。

路由器的核心功能是实现不同网络（子网）之间的互联，路由器的每个接口均连接一个独立的网络（子网），并且每个接口均配置有一个 IP 地址，该 IP 地址必须位于其所连接网络（子网）的可指派 IP 地址范围内。通过这种方式，路由器能够自动识别与其直接相连的网络路由信息。

从 IP 协议的角度来看，一个局域网（LAN）实际上就是一个 IP 网络（子网）。如果一个单位内部的网络系统包含多个 IP 网络（子网），那么这样的网络系统可以被视为一个自治系统（Autonomous System，AS）。

2.2.1　IP 地址规划设计基础

1．IP 地址所包含的信息

回顾 1.3 节中关于 IP 地址的基础知识，可以了解到，通过一个 IP 地址及其对应的子网掩码（$x.x.x.x/M$），可以推导出以下 8 项关键信息。

（1）所在网络（子网）的点分十进制子网掩码：$m.m.m.m$；

（2）所在网络（子网）的网络地址；

（3）所在网络（子网）的广播地址；

（4）所在网络（子网）的 IP 地址总数；

（5）所在网络（子网）的 IP 地址范围；

（6）所在网络（子网）可指派的 IP 地址数（最多可拥有的主机台数）；

（7）所在网络（子网）可以指派的 IP 地址范围；

（8）所在网络（子网）的表示形式：通常用"网络地址/M"的形式表示。

【例 5】　通过 IP 地址 33.44.55.170/27 可推导出哪 8 项关键信息？

解：通过该 IP 地址可推导出以下关键信息。

（1）网络（子网）的子网掩码：255.255.255.224。

将子网掩码/27 转换成点分十进制形式，得到子网掩码 255.255.255.224。

（2）网络（子网）的网络地址：33.44.55.160。

将 IP 地址与子网掩码作二进制"位与"运算，即可得到网络地址：

$33.44.55.170 \& 255.255.255.224 = 33.44.55.(10100000)_2 = 33.44.55.160$

（3）该网络（子网）的 IP 地址总数：32 个。

由子网掩码/27 可知 IP 地址中的主机号位数为 32－27＝5 位，子网内 IP 地址总数为 $2^5＝32$ 个。

（4）该子网可指派的 IP 地址数：30 个。

在 IP 地址总数中去掉 2 个 IP 地址（最小和最大地址），即 32－2＝30 个。

（5）该子网的广播地址：33.44.55.191。

IP 地址的 5 位主机号全 1 的地址：$33.44.55.(10111111)_2$，即 33.44.55.191。

（6）该子网的 IP 地址范围：33.44.55.160～33.44.55.191。

从子网最小的 IP 地址 33.44.55.160 到子网最大的 IP 地址 33.44.55.191。

（7）该子网可指派的 IP 地址范围：33.44.55.161～33.44.55.190。

将子网 IP 地址范围最小和最大的 IP 地址去掉，即 33.44.55.161～33.44.55.190。

（8）该子网可表示为 33.44.55.160/27。

任何一个网络（子网）都可以用"网络地址/M"的形式表示，M 为掩码中 1 的位数。

前面已计算出网络地址 33.44.55.160，且已知子网掩码/27。

2．判断 IP 地址是否属于同一个网络的方法

判断多个 IP 地址是否属于同一个网络（子网），需要满足以下两个条件：

（1）子网掩码相同；

（2）所在子网的网络地址相同。

【例 6】 判断 IP 地址 88.77.10.1/25、88.77.10.22/25、88.77.10.130/25 是否属于同一个网络（子网）。

解：3 个 IP 地址的子网掩码都是/25（255.255.255.128），满足第一个条件。

对 IP 地址子网掩码作二进制"位与"运算，分别计算出它们所在子网的网络地址：

88.77.10.1 & 255.255.255.128 = 88.77.10.0

88.77.10.22 & 255.255.255.128 = 88.77.10.0

88.77.10.130 & 255.255.255.128 = 88.77.10.128

可以看出，88.77.10.1/25 和 88.77.10.22/25 的网络地址相同（满足第二个条件），所以上述 3 个 IP 地址中，只有 88.77.10.1 和 88.77.10.22 属于同一个网络（子网）。

2.2.2 IP 地址的规划设计

IP 地址规划是在网络需求分析的基础上进行的，主要包括以下步骤。（1）确定网络（子网）数量：根据网络需求，规划出整个网络系统所需的网络（子网）数量，并以"网络地址/*M*"的形式表示每个网络（子网）。（2）划分设备所属网络：分析哪些设备的 IP 地址应属于同一个网络（子网），哪些应属于不同的网络（子网）。（3）配置 IP 地址：为主机或路由器接口配置 IP 地址时，必须确保该地址属于某个网络（子网）内可指派的地址范围。如果将不可指派的 IP 地址（如网络地址或广播地址）分配给具体设备，将会导致配置错误。

正确规划 IP 地址是网络设计中的关键步骤。如果规划不当，可能会导致网络无法正常运行，甚至整个网络系统的实施失败。

1．同一个网络（子网）IP 地址设计

（1）在一般情况下（交换机未划分 VLAN），连接在同一台交换机（集线器）上的所有主机和其他设备的接口 IP 地址应属于同一个网络（子网）。

例如，在图 2-2-1（a）中，4 台主机连接在同一台交换机上，且交换机未划分 VLAN，因此这 4 台主机的 IP 地址必须属于同一个网络（子网）。在图 2-2-1（b）中，1 台交换机连接了 4 台 PC，并与路由器 AR1 的 e0/0/1 接口相连。此时，PC1～PC4 的 IP 地址与 AR1 的 e0/0/1 接口的 IP 地址必须属于同一个网络（子网）。

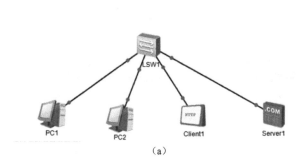

（a）   （b）

图 2-2-1 交换机上所有主机和路由器接口 IP 地址

（2）当一台主机与一台路由器直接相连时，主机的 IP 地址（IP1）与路由器接口的 IP 地址（IP2）必须属于同一个网络（子网）。此外，路由器接口的 IP 地址（IP2）应配置为该主机的默认网关（gw），如图 2-2-2（a）所示。

若一台路由器与一台交换机连接，且交换机下连接若干主机，则路由器接口的 IP 地址必须与这些主机的 IP 地址属于同一个网络（子网）。同时，路由器接口的 IP 地址应配置为这些主机的默认网关。例如，图 2-2-1（b）中各主机的 IP 地址与路由器 AR1 的 e0/0/1 接口的 IP 地址应属于同一个网络，且 AR1 的 e0/0/1 接口的 IP 地址是各主机的默认网关。

（3）当两台路由器直接相连或通过一个交换机间接相连时，它们相连接口的 IP 地址应属于同一个网络（子网）。例如，图 2-2-2（b）上图中的路由器 AR2 与 AR3 直接相连，AR2 的 g0/0/0 接口的 IP 地址与 AR3 的 g0/0/0 接口的 IP 地址应属于同一个网络（子网）；图 2-2-2（b）下图中的路由器 AR4 与 AR5 通过交换机间接相连，AR4 的 g0/0/1 接口的 IP 地址与 AR5 的 g0/0/1 接口的 IP 地址应属于同一个网络（子网）。

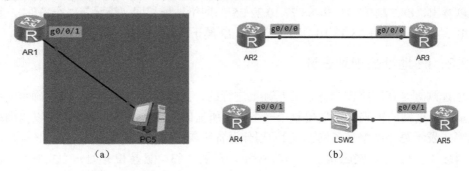

图 2-2-2　路由器与主机、路由器与路由器直接/间接相连

2．不同网络（子网）IP 地址设计

根据 IP 协议的原理，IP 地址设计需遵循以下规则。

（1）同一台路由器的不同接口 IP 地址设计。同一台路由器的每个接口必须配置不同的 IP 地址，且这些 IP 地址必须属于不同的网络（子网）。例如，图 2-2-3（a）中的路由器 AR6 的 3 个接口（g0/0/0、g0/0/1、g0/0/2）应分别配置不同的 IP 地址，且这些地址属于不同的网络（子网）。若为 AR6 的 3 个接口分别配置 IP 地址 g0/0/0:192.168.10.1/24、g0/0/1:192.168.10.12/24、g0/0/2:192.168.10.33/24，则是错误的，因为这 3 个 IP 地址属于同一个网络（192.168.10.0/24）。若为 AR6 的 3 个接口分别配置 IP 地址 g0/0/0:192.168.10.1/24、g0/0/1:192.168.20.1/24、g0/0/2:192.168.30.1/24，则是正确的，因为这 3 个 IP 地址分别属于不同的网络。

（2）不同路由器的接口 IP 地址设计。当多台路由器相互连接时，除了直接相连的接口 IP 地址必须属于同一网络（子网），其他接口的 IP 地址必须分别属于不同的网络（子网）。

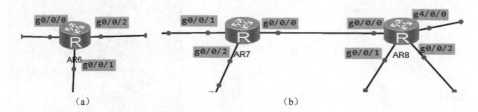

图 2-2-3　路由器接口 IP 地址设计

例如，在图 2-2-3（b）中，路由器 AR7 的 g0/0/0 接口与路由器 AR8 的 g0/0/0 接口相连，这两个接口的 IP 地址必须属于同一个网络（子网），其他接口（AR7 的 g0/0/1、g0/0/2，AR8 的 g0/0/1、g0/0/2）的 IP 地址必须属于不同的网络（子网）。如果 AR7 的 g0/0/0 接口的 IP 地址设计为 10.1.1.1/30，则 AR8 的 g0/0/0 接口的 IP 地址只能为 10.1.1.2/30（因为/30 的子网只有 2 个可指派的 IP 地址）。若已为路由器 AR7 的两接口设计 IP 地址 g0/0/1：192.168.7.1/24，g0/0/2：192.168.8.1/24，则 AR8 的两个接口的 IP 地址不能与 AR7 的接口 IP 地址冲突。若为 AR8 的两个接口设计 IP 地址 g0/0/1：192.168.8.11/24，g0/0/2：192.168.7.130/24，则是错误的，因为违反了不同接口 IP 地址必须属于不同子网的规则。若为 AR8 的两个接口设计 IP 地址 g0/0/1：192.168.9.1/24，g0/0/2：192.168.10.1/24，则是正确的，因为这两个 IP 地址分别属于不同的子网，且未与 AR7 的接口 IP 地址冲突。当然正确方案并不唯一，只要满足不同接口 IP 地址属于不同子网的规则即可。

3．IP 地址规划设计实例

当网络设备（如路由器、交换机）和主机的数量及连接方式确定后，根据 IP 协议原理和设备布局，为整个系统规划设计所有 IP 地址（子网）。规划 IP 网络（子网）时，首先绘制网络原理图，为了简化原理图，可以用一台主机代表一个子网中的所有主机，并用一个典型部门代表多个部门；然后根据 IP 协议原理和设备布局，设计所有子网（地址块）；最后将所有设计好的子网信息整理到一个 IP 地址规划表中。

下面通过一个综合实例来说明 IP 地址规划设计的过程。

实例描述：将两台路由器（R1、R2）、若干主机（PC 和服务器）及交换机组成一个网络自治系统。首先绘制网络原理图，并根据以下规则设计 IP 地址：①路由器的每个接口连接一个不同的网络；②当两台路由器直接相连时，其相连接口的 IP 地址必须属于同一个网络（子网）。如图 2-2-4 所示，将该网络划分为 4 个子网：子网 1、子网 2、子网 3 和子网 4。接下来需要为这 4 个子网设计 IP 地址。

进一步分析：在网络原理图中，一台主机通常代表实际工程中属于同一子网的一组主机。同一子网内的各主机 IP 地址不同，但都属于该子网的可指派 IP 地址范围，且它们共享默认网关（gw）。这 4 个子网的 IP 地址范围必须满足：①每个子网的 IP 地址范围互不包含；②各子网的 IP 地址范围互不重叠且互不交叉。

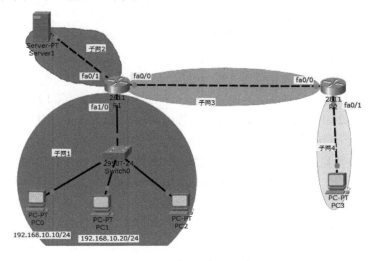

图 2-2-4　IP 地址规划设计实例

（1）方案 1

先给每个子网指定一个 C 类网络，即

子网 1：192.168.10.0/24

子网 2：192.168.20.0/24

子网 3：192.168.30.0/24

子网 4：192.168.40.0/24

再为每个子网内的主机和路由器接口分配 IP 地址。

子网 1：可指派的 IP 地址范围是 192.168.10.1～192.168.10.254。由于 PC0、PC1 的 IP 地址已经在图中指定了，那么分配给 PC2 的 IP 地址和 R1 的 fa1/0 接口的 IP 地址可以是该范围内除 192.168.10.10 和 192.168.10.20 以外的任意一个 IP 地址。例如，分配给 PC2 的 IP 地址是 192.168.10.30/24，分配给 R1 的 fa1/0 接口的 IP 地址是 192.168.10.1/24，此时，该子网内的所有主机（PC0、PC1、PC2 等）的默认网关均为 192.168.10.1。

子网 2：可指派的 IP 地址范围是 192.168.20.1～192.168.20.254。分配给 Server1 和 R1 的 fa0/1 接口分配的 IP 地址可以是该范围内的任意一个 IP 地址。例如，将 192.168.20.20/24 分配给 Server1，将 192.168.20.1/24 分配给 R1 的 fa0/1 接口，此时，Server1 的默认网关为 192.168.20.1。

子网 3：可指派的 IP 地址范围是 192.168.30.1～192.168.30.254。分配给 R1 的 fa0/0 接口和 R2 的 fa0/0 接口的 IP 地址，可以是该范围内的任意一个 IP 地址。例如，将 192.168.30.1/24 分配给 R1 的 fa0/0 接口，将 192.168.30.2/24 分配给 R2 的 fa0/0 接口。

子网 4：可指派的 IP 地址范围是 192.168.40.1～192.168.40.254。分配给 PC3 和 R2 的 fa0/1 接口的 IP 地址可以是该范围内的任意一个 IP 地址。例如，将 192.168.40.40/24 分配给 PC3，将 192.168.40.1/24 分配给 R2 的 fa0/1 接口，此时，PC3 的默认网关为 192.168.40.1。

（2）方案 2

在图 2-2-4 中，第一个子网已固定为一个 C 类网络，其他子网可以调整如下。

子网 1：192.168.10.0/24

子网 2：192.168.20.0/25

子网 3：10.1.1.0/30

子网 4：192.168.20.128/25

接下来，为每个子网内的主机和路由器接口分配 IP 地址。

子网 1：设计方案保持不变。

子网 2：可指派的 IP 地址范围是 192.168.20.1～192.168.20.126。分配给 Server1 和 R1 的 fa0/1 接口的 IP 地址可以是该范围内的任意一个 IP 地址。例如，将 192.168.20.20/25 分配给 Server1，将 192.168.20.1/25 分配给 R1 的 fa0/1 接口，此时，Server1 的默认网关为 192.168.20.1。

子网 3：可指派的 IP 地址范围是 10.1.1.1～10.1.1.2（共 2 个可用地址）。如果将 10.1.1.1/30 分配给 R1 的 fa0/0 接口，那么 R2 的 fa0/0 接口的 IP 地址即为 10.1.1.2/30。

子网 4：可指派的 IP 地址范围是 192.168.20.129～192.168.20.254。分配给 PC3 和 R2 的 fa0/1 接口的 IP 地址可以是该范围内的任意一个 IP 地址。例如，将 192.168.20.130/25 分配给 PC3，将 192.168.20.254/25 分配给 R2 的 fa0/1 接口，此时，PC3 的默认网关为 192.168.20.254。

该网络原理图的 IP 地址规划设计方案并不唯一，只要不违反 IP 协议的基本原则，且不违背网络原理图的设计规定，都是可以的。

2.2.3　路由器的接口地址与直连路由

为什么有了交换机，还需要路由器？

交换机是数据链路层设备，主要用于连接同一网络（子网）内的所有主机，实现同一子网内主机之间的通信。然而，如果一台交换机连接的主机分别属于不同的 IP 网络（子网），则这些主机之间无法直接通信。

例如，在图 2-2-5 中，交换机连接的 5 台主机（PC1～PC5）分别属于两个不同的 IP 网络，PC1、PC2、PC3 属于 IP 网络 172.16.8.0/24，PC4、PC5 属于 IP 网络 172.16.9.0/24。

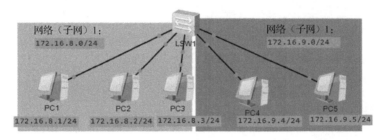

图 2-2-5　连接在同一台交换机上分别属于两个不同网络的 5 台主机

在这种情况下，PC1 可以成功 ping 通同一子网内的 PC3（172.16.8.3），但 PC1 无法ping 通另一子网的主机 PC5（172.16.9.2），并会返回"Destination host unreachable"错误，如图 2-2-6 所示。

由此可见，交换机只能实现同一子网内主机之间的通信，而无法实现不同子网主机之间的通信。要实现不同子网主机之间的通信，必须依赖路由器。

路由器是网络层设备，支持网络层的所有协议。IP 协议是网络层最重要、最基本的协议，所有路由器都内置了 IP 协议，并在启动后自动运行。

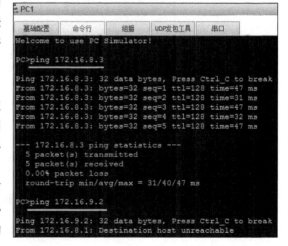

图 2-2-6　PC1 与 PC3、PC5 之间的通信测试

1. 路由器接口 IP 地址配置与激活

路由器的每个使用接口都需要配置一个规划好的 IP 地址。配置完成后，必须激活该接口（路由器所有接口默认未激活）。

（1）思科/锐捷路由器接口 IP 地址配置与激活命令（全局模式下）

Interface 接口名 或 **int** 接口名　　//进入接口模式
ip address x.x.x.x m.m.m.m 或 **ip add** x.x.x.x m.m.m.m　　//配置 IPv4 地址
no shutdown 或 **no shut**　　//激活接口

以图 2-2-4 所示的网络系统为例，按照 IP 规划分配方案 1，为路由器 R1 和 R2 配置接口IP 地址的命令如下。

R1 的配置命令：

```
en          //进入特权模式
conf t      //进入全局模式
int fa1/0   //进入 fa1/0 接口
ip add 192.168.10.1 255.255.255.0
            //配置 IP 地址
no shut     //激活接口
int fa0/1
ip add 192.168.20.1 255.255.255.0
no shut
int fa0/0
ip add 192.168.30.1 255.255.255.0
no shut
```

R2 的配置命令：

```
en          //进入特权模式
conf t      //进入全局模式
int fa0/0   //进入 fa0/0 接口
ip add 192.168.30.2 255.255.255.30
            //配置 IP 地址
no shut     //激活接口
int fa0/1
ip add 192.168.40.1 255.255.255.0
no shut
```

（2）华为路由器接口 IP 地址配置与激活命令（系统视图下）

interface 接口名 或 **int** 接口名	//进入接口视图
ip address x.x.x.x M 或 **ip add** x.x.x.x M	//配置 IPv4 地址；M 为网络前缀
undo shutdown 或 **undo shut**	//激活接口

以图 2-2-7 所示的网络自治系统为例，按照 IP 规划方案 2，为路由器 R1 和 R2 配置接口 IP 地址的命令如下。

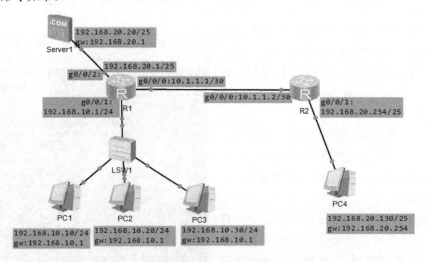

图 2-2-7　华为路由器接口 IP 地址与直连路由

R1 的配置命令：

```
sys         //进入系统模式
int g0/0/1  //进入 g0/0/1 接口
ip add 192.168.10.1 24
            //配置 IP 地址
undo shut   //激活接口
int g0/0/2
ip add 192.168.20.1 25
undo shut
int g0/0/0
ip add 10.1.1.1 30
undo shut
```

R2 的配置命令：

```
sys         //进入系统模式
int g0/0/1  //进入 g0/0/1 接口
ip add 192.168.20.254 25
            //配置 IP 地址
undo shut   //激活接口
int g0/0/0
ip add 10.1.1.2 30
undo shut
```

2. 路由器的直连网络与直连路由

（1）路由器的直连网络

路由器的每个接口连接一个不同的网络，与路由器直接相连的网络（子网）称为该路由器的直连网络（子网），每个直连网络都用"网络地址/掩码"的形式表示。

例如，图 2-2-4 中的思科网络当按照方案 1 分配 IP 地址时，路由器 R1 的直连网络有：192.168.10.0/24、192.168.20.0/24 和 192.168.30.0/24。

路由器 R2 的直连网络有：192.168.30.0/24 和 192.168.40.0/24。

又如，在图 2-2-7 所示的华为网络中，路由器 R1 的直连网络有：192.168.10.0/24、192.168.20.0/25 和 10.1.1.0/30。

路由器 R2 的直连网络有：10.1.1.0/30 和 192.168.20.128/25。

（2）路由器的直连路由

由于路由器内置并运行了 IP 协议，路由器会自动将每个接口的 IP 地址和子网掩码进行"位与"运算，计算出该接口直连网络的网络地址，并将这些直连网络的路由信息直接写入路由表中。每条直连路由的主要信息如下：

路由类型　直连网络或子网（x.x.x.x/M）　接口名

① 思科/锐捷路由器的直连路由。在图 2-2-4 所示的网络系统中，按照方案 1 配置好所有 IP 地址后，可以在路由器 R1 上使用命令 show ip route 查看 R1 的路由表，路由表中显示有 3 条直连路由 [见图 2-2-8（a）]。例如，其中一条直连路由为

C　192.168.10.0/24　fa1/0

其中，C 表示路由类型是直连路由（directly connected）。

同样，在 R2 中也可以查看到相应的路由表，如图 2-2-8（b）所示。

```
R1#
%LINEPROTO-5-UPDOWN: Line protocol on Interface FastEthernet0/0, changed state to up

R1#show ip route
Codes: C - connected, S - static, I - IGRP, R - RIP, M - mobile, B - BGP
       D - EIGRP, EX - EIGRP external, O - OSPF, IA - OSPF inter area
       N1 - OSPF NSSA external type 1, N2 - OSPF NSSA external type 2
       E1 - OSPF external type 1, E2 - OSPF external type 2, E - EGD
       i - IS-IS, L1 - IS-IS level-1, L2 - IS-IS level-2, ia - IS-IS inter area
       * - candidate default, U - per-user static route, o - ODR
       P - periodic downloaded static route

Gateway of last resort is not set

C    192.168.10.0/24 is directly connected, FastEthernet1/0
C    192.168.20.0/24 is directly connected, FastEthernet0/1
C    192.168.30.0/24 is directly connected, FastEthernet0/0
```

（a）

```
R2#show ip route
Codes: C - connected, S - static, I - IGRP, R - RIP, M - mobile, B - BGP
       D - EIGRP, EX - EIGRP external, O - OSPF, IA - OSPF inter area
       N1 - OSPF NSSA external type 1, N2 - OSPF NSSA external type 2
       E1 - OSPF external type 1, E2 - OSPF external type 2, E - EGP
       i - IS-IS, L1 - IS-IS level-1, L2 - IS-IS level-2, ia - IS-IS inter area
       * - candidate default, U - per-user static route, o - ODR
       P - periodic downloaded static route

Gateway of last resort is not set

C    192.168.30.0/24 is directly connected, FastEthernet0/0
C    192.168.40.0/24 is directly connected, FastEthernet0/1
```

（b）

图 2-2-8　思科路由器的直连路由

若主机的 IP 地址等参数都已配置好，从一台路由器（如 R1）的直连网络内的任意一台主机可以 ping 通该路由器任意一个直连网络内的所有主机。例如，从 PC0 ping R1 直连网络内的主机 PC1、PC2 和 Server1，测试结果显示通信成功，如图 2-2-9 所示。

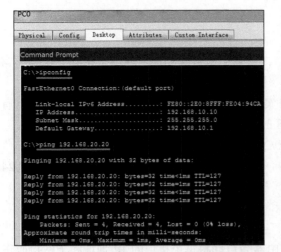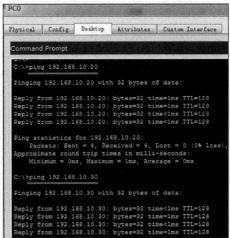

图 2-2-9　从 PC0 到 R1 所有直连网络主机的通信测试结果

　　② 华为路由器的直连路由。在图 2-2-7 所示的网络系统中，按照方案 2 配置好所有 IP 地址后，可以在路由器 R1 上使用命令 disp ip rout 查看 R1 的路由表，路由表中显示有 3 条直连路由 [见图 2-2-10（a）]。例如，其中一条直连路由为

　　10.1.1.0/30　Direct　g0/0/0

其中，Direct 表示该路由为直连路由。

　　同样，在 R2 中也可以查看到相应的路由表，如图 2-2-10（b）所示。

```
[R1]disp ip rout
Route Flags: R - relay, D - download to fib
--------------------------------------------------------------
Routing Tables: Public
         Destinations : 8       Routes : 8

Destination/Mask    Proto   Pre  Cost      Flags NextHop        Interface

      10.1.1.0/30   Direct  0    0          D    10.1.1.1       GigabitEthernet
0/0/0
      10.1.1.1/32   Direct  0    0          D    127.0.0.1      GigabitEthernet
0/0/0
     127.0.0.0/8    Direct  0    0          D    127.0.0.1      InLoopBack0
     127.0.0.1/32   Direct  0    0          D    127.0.0.1      InLoopBack0
 192.168.10.0/24   Direct  0    0          D    192.168.10.1   GigabitEthernet
0/0/1
 192.168.10.1/32   Direct  0    0          D    127.0.0.1      GigabitEthernet
0/0/1
 192.168.20.0/25   Direct  0    0          D    192.168.20.1   GigabitEthernet
0/0/2
 192.168.20.1/32   Direct  0    0          D    127.0.0.1      GigabitEthernet
0/0/2
```

（a）

```
<R2>disp ip rout
Route Flags: R - relay, D - download to fib
--------------------------------------------------------------
Routing Tables: Public
         Destinations : 6       Routes : 6

Destination/Mask    Proto   Pre  Cost      Flags NextHop        Interface

      10.1.1.0/30   Direct  0    0          D    10.1.1.2       GigabitEthernet
0/0/0
      10.1.1.2/32   Direct  0    0          D    127.0.0.1      GigabitEthernet
0/0/0
     127.0.0.0/8    Direct  0    0          D    127.0.0.1      InLoopBack0
     127.0.0.1/32   Direct  0    0          D    127.0.0.1      InLoopBack0
 192.168.20.128/25  Direct  0    0          D    192.168.20.254 GigabitEthernet
0/0/1
 192.168.20.254/32 Direct  0    0          D    127.0.0.1      GigabitEthernet
0/0/1
```

（b）

图 2-2-10　华为路由器的直连路由

若主机的 IP 地址等参数已正确配置,从一台路由器(如 R1)直连网络内的任意一台主机,可以 ping 通该路由器其他直连网络内的所有主机。例如,从 PC1 ping R1 直连网络内的主机 PC2、PC3 和 Server1,测试结果显示均通信成功,如图 2-2-11 所示。

图 2-2-11   从 PC1 到 R1 所有直连网络内主机的通信测试结果

只要路由器接口 IP 地址和主机 IP 地址等参数配置正确,同一路由器所有直连网络内的 IP 设备(具有 IP 地址的设备)之间都可以相互通信。

在图 2-2-4 所示的思科网络系统中,从路由器 R1 出发,ping R2 的接口 IP 地址 192.168.30.2、PC0 的 IP 地址 192.168.10.10,均通信成功,测试结果如图 2-2-12 所示。

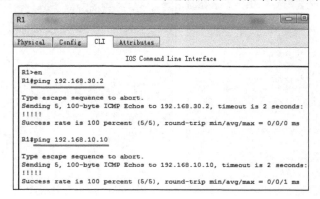

图 2-2-12   在思科路由器上 ping 直连网络设备 IP 地址

在图 2-2-7 所示的华为网络系统中,从路由器 R1 出发,ping R2 的接口 IP 地址 10.1.1.2、PC2 的 IP 地址 192.168.10.20,均通信成功,测试结果如图 2-2-13 所示。

在路由器的路由表中,直连路由是自动生成的,而非直连路由需要手动配置或通过动态路由协议获取。例如,在图 2-2-4 所示的思科网络系统中,子网 4(192.168.40.0/24)对 R1 来说是非直连网络,R1 没有关于子网 4 的路由;子网 1(192.168.10.0/24)和子网 2(192.168.20.0/24)对 R2 来说也是非直连网络,R2 没有关于子网 1 和子网 2 的路由,由于路由器只能自动发现直连网络的路由,R1 没有子网 4 的路由,R2 也没有子网 1 和子网 2 的路由。因此,PC0、PC1、PC2 和 Server1 无法与 PC3 通信,如图 2-2-14(a)所示。

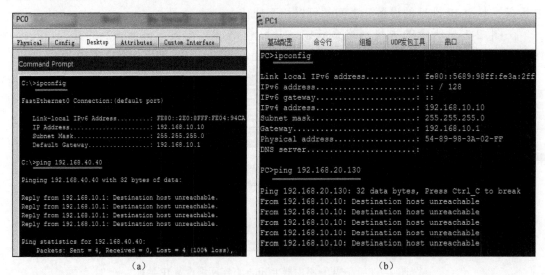

```
R1
<R1>ping 10.1.1.2
  PING 10.1.1.2: 56  data bytes, press CTRL_C to break
    Reply from 10.1.1.2: bytes=56 Sequence=1 ttl=255 time=50 ms
    Reply from 10.1.1.2: bytes=56 Sequence=2 ttl=255 time=40 ms
    Reply from 10.1.1.2: bytes=56 Sequence=3 ttl=255 time=20 ms
    Reply from 10.1.1.2: bytes=56 Sequence=4 ttl=255 time=50 ms
    Reply from 10.1.1.2: bytes=56 Sequence=5 ttl=255 time=50 ms

  --- 10.1.1.2 ping statistics ---
    5 packet(s) transmitted
    5 packet(s) received
    0.00% packet loss
    round-trip min/avg/max = 20/42/50 ms

<R1>ping 192.168.10.20
  PING 192.168.10.20: 56  data bytes, press CTRL_C to break
    Reply from 192.168.10.20: bytes=56 Sequence=1 ttl=128 time=110 ms
    Reply from 192.168.10.20: bytes=56 Sequence=2 ttl=128 time=70 ms
    Reply from 192.168.10.20: bytes=56 Sequence=3 ttl=128 time=50 ms
    Reply from 192.168.10.20: bytes=56 Sequence=4 ttl=128 time=60 ms
    Reply from 192.168.10.20: bytes=56 Sequence=5 ttl=128 time=30 ms

  --- 192.168.10.20 ping statistics ---
    5 packet(s) transmitted
    5 packet(s) received
    0.00% packet loss
    round-trip min/avg/max = 30/64/110 ms
```

图 2-2-13　在华为路由器上 ping 直连网络设备 IP 地址

在图 2-2-7 所示的华为网络系统中，PC4 所在网络对 R1 来说是非直连网络，R1 没有关于该网络的路由，因此，PC1 无法与 PC4 通信，如图 2-2-14（b）所示。

（a）

（b）

图 2-2-14　思科子网 1 的 PC0 与子网 4 的主机 PC3，华为子网 1 的 PC1 与子网 4 的主机 PC4 通信不成功

要使路由器获得非直连网络的路由，需要采用其他路由方法，如静态路由或动态路由协议（将在后续小节中详细介绍）。

2.2.4　习题

1. 根据 IP 地址设计规则，为图 2-2-15 所示的 IPv4 网络系统中的路由器 Router0 的 fa0/0 接口、Router1 的 fa0/1 接口、Router2 的 fa0/0 接口设计 IPv4 地址（以 *x.x.x.x/M* 形式表示），并指出 PC1 的默认网关值。

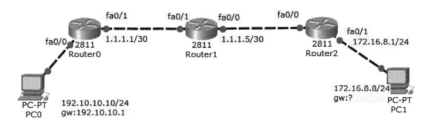

图 2-2-15　IPv4 网络系统示例

2．根据 IP 地址设计规则，为图 2-2-16 所示的 IPv6 网络系统中的路由器 AR1 的 g0/0/0、g0/0/2 接口，AR2 的 g0/0/2 接口，AR3 的 g0/0/1、g0/0/2 接口设计 IPv6 地址（以???::??/M 形式表示）（IPv6 技术相关知识可参见第 2.7 节）。

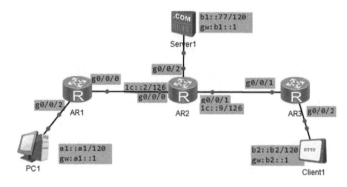

图 2-2-16　IPv6 网络系统示例

实验 2　IP 地址规划设计与路由器直连路由

2.3　路由器网络互联与静态路由

路由器是用来连接不同网络的设备。在大型网络系统中，通常包含多个子网，且这些子网可能分布在不同的地理位置。在这种情况下，需要部署多台路由器来实现网络互联。每台路由器能够自动识别并获取其直连网络的路由信息，但对于非直连网络，路由器无法自动获取路由信息。此时，可以通过配置静态路由来解决这一问题。

静态路由是一种通过人工配置命令来告知路由器如何到达非直连网络的技术。静态路由的配置命令通常包括以下几个关键部分：命令关键词、网络地址、掩码、下一跳地址/接口、优先级或开销值（可选）。

当网络地址和掩码配置为 0.0.0.0 0.0.0.0 时，这条静态路由被称为默认路由（思科/锐捷）或缺省路由（华为）。

静态路由的配置通常在路由器的全局配置模式（思科/锐捷）或系统视图（华为）下进行。

网络实验可分为仿真实验和实物实验。仿真实验通常在网络仿真软件中进行，如思科的 Packet Tracer 或华为的 eNSP。在实物实验中，通常通过配置线将路由器与计算机连接，并在计算机上运行终端仿真软件（如 SecureCRT），通过带外管理的方式登录和管理路由器（详细操作参见 1.7.1 节）。

2.3.1 思科/锐捷路由器网络互联与静态路由

在思科/锐捷路由器中实现多个网络互联时，一台路由器的接口数量决定了其能够连接的直连网络数量。当多台路由器互连后，每台路由器都会有若干个直连网络和非直连网络，对于非直连网络，需要为其配置静态路由命令。

1．思科/锐捷静态路由命令格式

思科/锐捷路由器的静态路由配置命令格式如下：

ip route　x.x.x.x m.m.m.m nexthop|interfacename　[cost]
　//x.x.x.x m.m.m.m：非直连网络的网络地址和子网掩码
　//nexthop（或 interfacename）：下一跳路由器的地址（或本路由器的接口名称）
　//cost：路由开销值（取值范围：1～255，值越小越优先级越高），为可选项

当网络地址和子网掩码配置为 0.0.0.0 0.0.0.0 时，这条静态路由被称为默认路由。

在配置静态路由时，需要分析：（1）所有非直连网络，每台路由器的非直连网络可能不同，需要逐一分析。（2）到达非直连网络下一跳路由器的地址（下一跳地址必须是本路由器能够直接识别的地址）；如果使用接口名称，则仅适用于点对点链路（如 Serial 接口），不能用于广播式以太网接口。

2．两台思科路由器简单网络的静态路由

以图 2-3-1 所示的两台路由器网络为例，分析静态路由的配置过程。

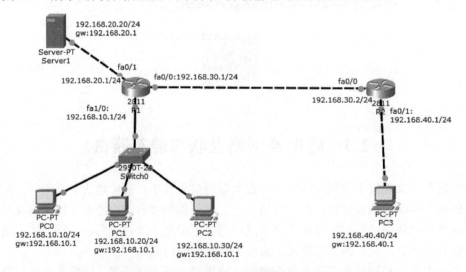

图 2-3-1　路由器非直连网络的静态路由

先分析两台路由器的非直连网络。路由器 R1 有一个非直连网络：192.168.40.0/24；路由器 R2 有两个非直连网络：192.168.10.0/24、192.168.20.0/24。

再分析到达每个非直连网络的下一跳地址。R1 的非直连网络 192.168.40.0/24 是 R2 的直连网络，因此 IP 数据报需要先由 R1 转发到 R2，再到达目的网络 192.168.40.0/24。R2 上有

两个 IP 地址（192.168.30.2 和 192.168.40.1）。R1 能够识别（ping 通）的 IP 地址是 192.168.30.2（因为 R1 与 R2 通过 192.168.30.0/24 网络直连），所以从 R1 到达非直连网络 192.168.40.0/24 的下一跳地址为 192.168.30.2。不能使用接口名称（如 fa0/0），因为 fa0/0 是广播式以太网接口，不适用于静态路由的下一跳配置。

因此，R1 的静态路由配置命令为（全局模式下）

ip route 192.168.40.0 255.255.255.0 192.168.30.2

配置完成后，进入 R1 的特权模式，执行 show ip route 命令查看路由表，如图 2-3-2 所示，路由表中会显示一条标记为 S 的路由条目，这表示该路由是通过人工配置的静态路由（Static Route）。

```
R1>en
R1#show ip route
Codes: C - connected, S - static, I - IGRP, R - RIP, M - mobile, B - BGP
       D - EIGRP, EX - EIGRP external, O - OSPF, IA - OSPF inter area
       N1 - OSPF NSSA external type 1, N2 - OSPF NSSA external type 2
       E1 - OSPF external type 1, E2 - OSPF external type 2, E - EGP
       i - IS-IS, L1 - IS-IS level-1, L2 - IS-IS level-2, ia - IS-IS inter area
       * - candidate default, U - per-user static route, o - ODR
       P - periodic downloaded static route

Gateway of last resort is not set

C    192.168.10.0/24 is directly connected, FastEthernet1/0
C    192.168.20.0/24 is directly connected, FastEthernet0/1
C    192.168.30.0/24 is directly connected, FastEthernet0/0
S    192.168.40.0/24 [1/0] via 192.168.30.2
```

图 2-3-2　路由器 R1 的静态路由

通过同样的分析方法，可以得出 R2 上需要配置的静态路由命令：

ip route 192.168.10.0 255.255.255.0 192.168.30.1
ip route 192.168.20.0 255.255.255.0 192.168.30.1

在 R2 的全局模式下，执行上述两条静态路由命令。完成后，进入 R2 的特权模式，执行 show ip route 命令查看路由表，路由表中有 2 条标记为 S 的静态路由条目。

配置完成后，图 2-3-1 所示网络中的所有主机将能够相互通信。例如，从 PC0 到 PC3 是可以 ping 通的，如图 2-3-3 所示［与图 2-2-14（a）中从 PC0 到 PC3 无法 ping 通的情况形成对比］。

在 PC0 首次执行 ping 命令测试 PC3（IP 地址为 192.168.40.40）时，可能会出现部分报文丢失的现象，但后续的 ping 测试将不再出现报文丢失。这是因为路由器中有路由表和转发表，数据报的转发是基于转发表进行的，转发表中的信息是从路由表中查询并复制而来的。当 PC0 第一次 ping PC3 时，转发表中尚未存储 PC3 所在网段的路由信息，需要从路由表中查找并复制，这个过程需要一定时间，于是出现超时现象。一旦转发表

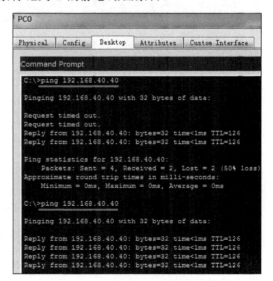

图 2-3-3　配置静态路由后测试从 PC0 到 PC3 的通信

中存储了该网段的路由信息，后续的数据报转发将非常迅速，不会再出现超时现象。

3．三台思科路由器组成的较复杂网络的静态路由

在图 2-3-1 所示的网络系统基础上，增加一台路由器 R3，形成如图 2-3-4 所示的网络拓扑。R3 的 fa0/1 接口下连接一台主机 PC4（IP 地址为 192.168.60.60/24，网关为 192.168.60.1）。R3 的 fa0/0 接口（IP 地址为 192.168.50.2/24）与 R2 的 fa1/0 接口（IP 地址为 192.168.50.1/24）相连，R3 的 fa0/1 接口的 IP 地址为 192.168.60.1/24。注意，三台路由器均为 2811 型，该型号路由器默认只有两个以太网接口（fa0/0 和 fa0/1），R1 和 R2 的第三个接口 fa1/0 是通过在物理界面状态下添加一块 1FE-TX 接口板（需在断电状态下添加）实现的。

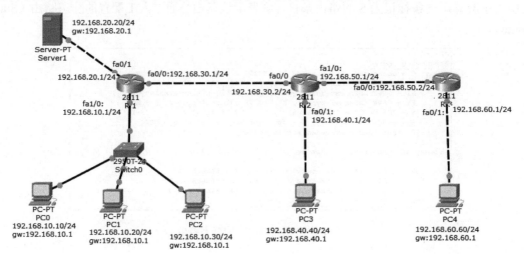

图 2-3-4　三台思科路由器组成的较复杂网络的静态路由

对于路由器 R1，只增加了一个含主机的非直连网络 192.168.60.0/24。到达该非直连网络的下一跳地址是 192.168.30.2（注意，下一跳地址不是 192.168.50.2）。

因此，R1 需要增加以下静态路由命令：

```
ip  route  192.168.60.0  255.255.255.0  192.168.30.2
```

对于路由器 R2，也只增加了一个含主机的非直连网络 192.168.60.0/24，到达该网络的下一跳地址是 192.168.50.2。

因此，R2 需要增加以下静态路由命令：

```
ip  route  192.168.60.0  255.255.255.0  192.168.50.2
```

对于路由器 R3，它的非直连网络（含有主机的）有 192.168.10.0/24、192.168.20.2/24、192.168.40.4/24，下一跳地址均为 192.168.50.1。可以为每个非直连网络分别配置一条静态路由：

```
ip  route  192.168.10.0  255.255.255.0  192.168.50.1
ip  route  192.168.20.0  255.255.255.0  192.168.50.1
ip  route  192.168.40.0  255.255.255.0  192.168.50.1
```

或者，可以使用一条默认路由来代替上述三条静态路由：

```
ip  route  0.0.0.0  0.0.0.0  192.168.50.1
```

在 R3 的全局模式下配置默认路由后，R3 的路由表如图 2-3-5 所示。其中标记为 S*的静态路由是默认路由。

在 R1 和 R2 上执行 show ip route 命令，可以看到路由表中增加了一条关于网络 192.168.60.0/24 的静态路由（标记为 S）。

```
R3>en
R3#show ip route
Gateway of last resort is 192.168.50.1 to network 0.0.0.0

C    192.168.50.0/24 is directly connected, FastEthernet0/0
C    192.168.60.0/24 is directly connected, FastEthernet0/1
S*   0.0.0.0/0 [1/0] via 192.168.50.1
```

图 2-3-5　路由器 R3 的路由表

再进行通信测试，从 PC0 ping PC4，从 PC3 ping PC4，均通信成功，如图 2-3-6 所示。

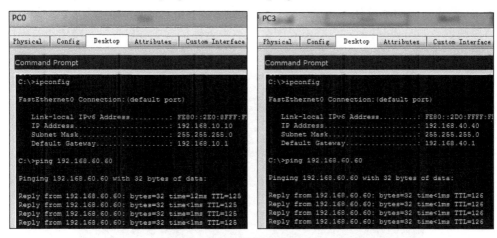

图 2-3-6　从 PC0 ping PC4 和从 PC3 ping PC4 的测试结果

2.3.2　华为路由器网络互联与静态路由

使用华为路由器实现多个网络互联时，每台路由器通常连接多个直连网络和非直连网络。对于直连网络，路由器能够自动获取路由信息；而对于非直连网络，则需要通过配置静态路由命令来告知路由器如何转发数据报。

1.　华为路由器静态路由命令格式

华为路由器的静态路由命令格式如下：

> **ip route-static**　x.x.x.x　M　nexthop|interfacename　[preference value]
> //x.x.x.x　M 或 x.x.x.x　m.m.m.m：非直连网络的网络地址和掩码
> //nexthop|interfacename：下一跳路由器的 IP 地址或接口名称（仅适用于点对点链路接口）
> //preference value：路由优先级（取值范围：1～255，值越小优先级越高，默认值为 60），为可选项

当网络地址和掩码配置为 0.0.0.0 0.0.0.0 时，这条静态路由被称为缺省路由。

在配置静态路由时，需要分析：①所有非直连网络，每台路由器的非直连网络可能不同，需要逐一分析。②到达非直连网络下一跳路由器的地址（下一跳地址必须是本路由器能够直接识别的地址）；如果使用接口名称，则仅适用于点对点链路（如 Serial 接口），不能用于广播式以太网接口。

2.　两台华为路由器相连接的静态路由配置

以图 2-2-7 所示的两台华为路由器网络为例，分析静态路由的配置过程。

先分析两台路由器的非直连网络。路由器 R1 有一个非直连网络：192.168.20.128/25；路由器 R2 有两个非直连网络：192.168.10.0/24、192.168.20.0/25。

再分析到达每个非直连网络的下一跳地址。R1 的非直连网络 192.168.20.128/25 是 R2 的直连网络，因此 IP 数据报需要先由 R1 转发到 R2，再到达目的网络 192.168.20.128/25。R2

上有两个 IP 地址（10.1.1.2 和 192.168.20.254），R1 能够识别的 IP 地址是 10.1.1.2（R1 不能直接识别 192.168.20.254），所以 R1 到达非直连网络 192.168.20.128/25 的下一跳地址为 10.1.1.2。不能使用接口名称（如 g0/0/0），因为 g0/0/0 是广播式以太网接口，不适用于静态路由的下一跳配置。

因此，R1 的静态路由配置命令：

ip route-static 192.168.20.128　255.255.255.128　10.1.1.2　或

ip route-static 192.168.20.128　25　10.1.1.2

在 R1 的系统视图下执行上述命令后，可以通过 disp ip routing-table（或 disp ip rout）命令查看路由表。如图 2-3-7 所示，路由表中会显示一条标记为 Static 的静态路由条目，优先级为默认值 60（值越小，优先级越高）。

```
<R1>disp ip routing-table
Route Flags: R - relay, D - download to fib
-------------------------------------------------------
Routing Tables: Public
         Destinations : 9        Routes : 9

Destination/Mask    Proto   Pre  Cost      Flags NextHop      Interface

        10.1.1.0/30  Direct  0    0          D    10.1.1.1     GigabitEthernet
0/0/0
        10.1.1.1/32  Direct  0    0          D    127.0.0.1    GigabitEthernet
0/0/0
      127.0.0.0/8    Direct  0    0          D    127.0.0.1    InLoopBack0
      127.0.0.1/32   Direct  0    0          D    127.0.0.1    InLoopBack0
   192.168.10.0/24   Direct  0    0          D    192.168.10.1 GigabitEthernet
0/0/1
   192.168.10.1/32   Direct  0    0          D    127.0.0.1    GigabitEthernet
0/0/1
   192.168.20.0/25   Direct  0    0          D    192.168.20.1 GigabitEthernet
0/0/2
   192.168.20.1/32   Direct  0    0          D    127.0.0.1    GigabitEthernet
0/0/2
 192.168.20.128/25   Static  60   0          RD   10.1.1.2     GigabitEthernet
0/0/0
```

图 2-3-7　路由器 R1 的静态路由

通过同样的分析方法，可以得出 R2 上需要配置的静态路由命令：

ip route-static　192.168.10.0　24　10.1.1.1

ip route-static　192.168.20.0　25　10.1.1.1

在 R2 的系统视图下执行上述命令后，可以通过 disp ip rout 命令查看路由表，路由表中会显示两条标记为 Static 的静态路由条目。

配置完成后，图 2-2-7 所示网络中的所有主机将能够相互通信。例如，从 PC1 到 PC4 可以 ping 通，如图 2-3-8 所示［与图 2-2-14（b）中的从 PC1 到 PC4 ping 不通的情况形成对比］。

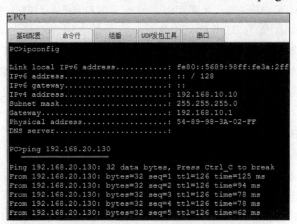

图 2-3-8　配置静态路由后从 PC1 到 PC4 的通信测试

3. 三台华为路由器相连成较复杂网络的静态路由

在图 2-2-7 所示的网络系统基础上，增加一台路由器 R3，形成如图 2-3-9 所示的网络系统。R3 的 g0/0/1 接口连接一台主机 PC5（IP 地址为 192.168.15.50/24，默认网关为 192.168.15.1）。R3 的 g0/0/2 接口（10.1.1.6/30）与 R2 的 g0/0/2 接口（10.1.1.5/30）相连，R3 的 g0/0/1 接口的 IP 地址为 192.168.15.1/24。注意，三台路由器均为 AR 2220 型，该型号的路由器默认有 3 个以太网接口（g0/0/0、g0/0/1 和 g0/0/2），如果要添加其他接口，可通过在物理界面状态下添加一块 1FE-TX 接口板（需在断电状态下添加）实现。

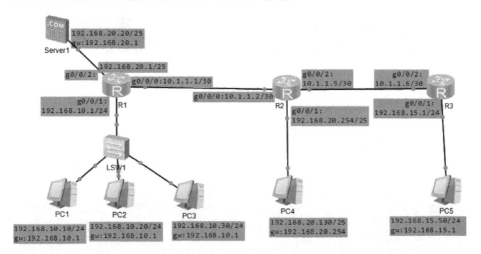

图 2-3-9　三台华为路由器组成的较复杂网络的静态路由

对于路由器 R1，在图 2-2-7 的基础上新增了一个非直连网络（含主机的非直连网络）：192.168.15.0/24，到达该网络的下一跳地址为 10.1.1.2（注意，下一跳地址不是 10.1.1.6）。

因此，R1 只需要增配一条静态路由命令：

```
ip route-static 192.168.15.0   24   10.1.1.2
```

对于路由器 R2，也新增了一个非直连网络（含主机的非直连网络）：192.168.15.0/24，到达该网络的下一跳地址为 10.1.1.6。

R2 只需要增配一条静态路由命令：

```
ip route-static 192.168.15.0   24   10.1.1.6
```

对于路由器 R3，它的非直连网络有：192.168.10.0/24、192.168.20.0/25、192.168.20.128/25。可以为这 3 个非直连网络分别配置一条静态路由命令，下一跳地址均为 10.1.1.5。此外，R3 还有一个非直连网络 10.1.1.0/30，因为该网络不含有主机，可以不为它配置静态路由。给 R3 配置 3 条静态路由的命令为

```
ip   route-static   192.168.10.0    24   10.1.1.5
ip   route-static   192.168.20.0    25   10.1.1.5
ip   route-static   192.168.20.128  25   10.1.1.5
```

也可以使用一条缺省路由命令来代替上述 3 条静态路由命令：

```
ip   route-static   0.0.0.0   0   10.1.1.5
```

在全局模式下配置完成后，R3 的路由表如图 2-3-10 所示，其中有一条缺省路由：0.0.0.0/0 Static 60，60 是静态路由的优先级（直连路由优先级为 0）。

```
<R3>disp ip rout
Route Flags: R - relay, D - download to fib
------------------------------------------------------------------------
Routing Tables: Public
         Destinations : 7        Routes : 7

Destination/Mask    Proto   Pre  Cost      Flags NextHop        Interface

      0.0.0.0/0     Static  60   0          RD   10.1.1.5       GigabitEthernet
0/0/2
      10.1.1.4/30   Direct  0    0          D    10.1.1.6       GigabitEthernet
0/0/2
      10.1.1.6/32   Direct  0    0          D    127.0.0.1      GigabitEthernet
0/0/2
      127.0.0.0/8   Direct  0    0          D    127.0.0.1      InLoopBack0
      127.0.0.1/32  Direct  0    0          D    127.0.0.1      InLoopBack0
    192.168.15.0/24 Direct  0    0          D    192.168.15.1   GigabitEthernet
0/0/1
    192.168.15.1/32 Direct  0    0          D    127.0.0.1      GigabitEthernet
0/0/1
```

图 2-3-10　路由器 R3 的路由表

在 R1 或 R2 上使用 disp ip rout 命令查看路由表，可以看到新增的关于 192.168.15.0/24 的静态路由。

然后进行通信测试。从 PC1 ping PC5，从 PC4 ping PC5，均通信成功，如图 2-3-11 所示。

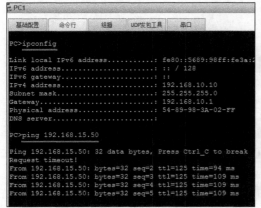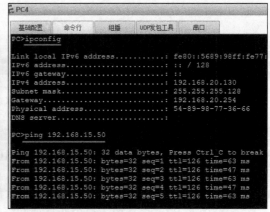

图 2-3-11　从 PC1 到 PC5 和从 PC4 到 PC5 的通信测试结果

实验 3　路由器简单网络组建与静态路由

2.4　交换机自动地址学习与简单 VLAN 划分

以太网（Ethernet）是局域网的主流技术，以太网交换机（简称交换机，Switch）是数据链路层设备，也称为二层设备。

交换机由网桥（Bridge）发展而来，交换机具有 MAC 地址自动学习功能，并支持 VLAN 功能（网桥不具备此功能）。

交换机在数据链路层连接和扩展以太网。使用交换机扩展后的以太网仍然是一个以太网，交换机的每个接口是一个独立的冲突域，但所有接口仍然共享一个广播域。

作为对比，集线器（Hub）所有接口共享一个冲突域，所有接口共享一个广播域。集线器在物理层扩展以太网，扩展后所有接口仍然共享一个冲突域和一个广播域。路由器（Router）的每个接口是一个独立的冲突域，每个接口也是一个独立的广播域。

以图 2-4-1 所示的网络系统为例，该网络由 1 台交换机（Sw1）、1 台集线器（Hub1）、1 台路由器（R1）和 5 台主机（PC0～PC3、Server1）组成。思考一下，该网络系统共有几个冲突域，几个广播域？

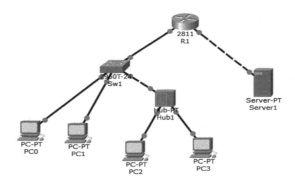

图 2-4-1　交换机、集线器、路由器组成的网络系统

图 2-4-1 所示的网络系统共有 5 个冲突域、2 个广播域。

2.4.1　交换机自动学习功能

交换机利用自动学习功能自动维护一个交换表（MAC 地址表）。MAC 地址表中的每条信息包含：MAC 地址、接口名称、VLAN 号、类型等，如图 2-4-2 所示。

```
               Mac Address Table
-------------------------------------------

Vlan    Mac Address       Type        Ports
----    -----------       --------    -----

  1     0001.c908.0501    DYNAMIC     Fa0/24
```

（a）思科交换机的MAC地址表

MAC Address	VLAN/ VSI/SI	PEVLAN	CEVLAN	Port	Type	LSP/LSR-ID MAC-Tunnel
5489-9823-103c	1	-	-	Eth0/0/1	dynamic	0/-
5489-985c-1ccb	1	-	-	Eth0/0/3	dynamic	0/-

MAC address table of slot 0:

Total matching items on slot 0 displayed = 2

（b）华为交换机的MAC地址表

图 2-4-2　MAC 地址表

假设一台交换机具有 4 个接口（fa0/1～fa0/4），分别连接主机 A、B、C、D，交换机的交换表初始状态为空。根据自主学习算法处理收到的帧，并建立交换表的内容。

当 A 先向 B 发送一帧，帧从接口 fa0/1 进入交换机。交换机收到帧后，先查找交换表，没有查到应从哪个接口转发这个帧。交换机就把这个帧的源地址 MAC_A、接口 fa0/1 和 VLAN 1（默认）写入交换表中，并向除接口 fa0/1 以外的其他接口广播这个帧。

C 和 D 将丢弃这个帧，因为目的 MAC 地址是错误的。只有 B 收下这个目的地址正确的帧。

从交换表的项目（MAC_A，fa0/1,1）可以看出，以后不论从哪个接口收到帧，只要其目的地址是 MAC_A，就应当把收到的帧从接口 fa0/1 转发出去。

B 通过接口 fa0/2 向 A 发送一帧。查找交换表发现交换表中的 MAC 地址有 MAC_A，表明这是要发送给 A 的帧（目的地址为 MAC_A 的帧），应从接口 fa0/1 转发出去。于是就把这个帧传通过接口 fa0/1 转发给 A。显然，这时不需要广播收到的帧。

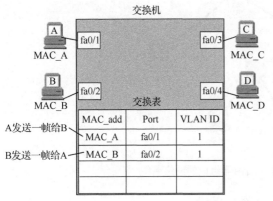

图 2-4-3　交换机自动学习的交换表（MAC 地址表）

交换机同时将（MAC_B，fa0/2,1）加入交换表中（新增一项），如图 2-4-3 所示，今后若有发送给 MAC_B 的帧，则应当从接口 fa0/2 转发出去。

经过一段时间后，只要 C 和 D 也向其他主机发送帧，帧便会从接口 fa0/3、fa0/4 进入交换机，交换机会将（MAC_C，fa0/3,1）和（MAC_D，fa0/4,1）写入交换表中。

考虑到可能有时要在交换机的接口更换主机，或者主机要更换其网络适配器，这就需要更改交换表中的项目。为此，给交换表中的项目会设置一定的有效时间。过期的项目自动被删除。以太网交换机的这种自学习方法使其能够即插即用，无须人工配置，非常方便。

交换机自动学习和帧转发的步骤如下。

① 交换机收到一帧后先进行自主学习。

查找交换表中有无与收到帧的源地址相匹配的项目。如果没有，则在交换表中增加一个项目（源 MAC 地址、进入的接口、VLAN 号、有效时间等）；如果有，则把原有的项目进行更新（进入的接口、VLAN 号、有效时间等）。

② 转发帧。

查找交换表中有无与收到帧的目的 MAC 地址相匹配的项目。如果没有，则向所有其他接口转发；如果有，则按交换表中给出的接口进行转发；若交换表中给出的接口就是该帧进入交换机的接口，则丢弃这个帧（因为此时不需要经交换机转发）。

查看思科/锐捷交换机交换表的命令是 show mac_address（或 show mac_），查看华为交换机交换表的命令是 display mac_address（或 disp mac_add）。

2.4.2　交换机 VLAN 协议与端口类型

当连接在以太网交换机（或多台互连的交换机）上的主机数量过多（如超过 128 台）时，由于所有主机同属一个广播域，交换机内容易发生广播风暴。为了解决这一问题，需要将交换机的广播域进行分割（划分），即将一个较大的广播域划分为多个较小的广播域。

在数据链路层，用于分割交换机广播域的技术称为 VLAN（Virtual Local Area Network，虚拟局域网）技术。VLAN 协议的标准是 IEEE 802.1q。交换机划分多个 VLAN 后，广播域仅限于每个 VLAN 内部。交换机的广播域数量等于其划分的 VLAN 数量。

交换机划分 VLAN 后，以太网帧的首部会增加 4 字节（B）的 VLAN Tag。带 VLAN Tag 的以太帧结构如图 2-4-4 所示。

DST MAC	SRC MAC	VLAN Tag	type/len	DATA	FCS
6B	6B	6B	6B	46~1500B	4B

图 2-4-4　带 VLAN Tag 的以太帧结构

在交换机中划分 VLAN 有多种方法，如基于端口划分、基于 MAC 地址划分、基于账号划分等。其中，基于端口划分 VLAN 是最基本且最常用的方法。

基于端口划分 VLAN 时，交换机的端口可分为以下 3 种类型。

① access 接口（访问端口）：一个 access 接口只允许一种 VLAN 的帧通过。

② trunk 接口（主干端口）：允许多种 VLAN 的帧通过。

③ hybrid 端口（混合端口，仅华为交换机支持）：兼具 access 接口和 trunk 接口的功能。

一般情况下，主机要连接在交换机的 access 接口，不能连接在 trunk 接口。

两台交换机相连时，两个相连的端口必须是同类型的端口，要么都是 access 接口，要么都是 trunk 接口。

从 access 接口进入交换机的以太帧不包含 VLAN Tag，进入交换机后会添加 4B 的 VLAN Tag；从 access 接口流出的以太帧会移除 VLAN Tag（在流出 access 接口之前已将 VLAN Tag 移除）。因此主机接收到的帧不包含 VLAN Tag。

从 trunk 接口流出的以太帧都带有 VLAN Tag。通常将一台交换机的 trunk 接口与另一台交换机的 trunk 接口相连，这样流入 trunk 接口的以太帧也带有 VLAN Tag。

如果进入 trunk 接口的以太帧没有 VLAN Tag（例如，错误地将 access 接口或主机直接连接到 trunk 接口），交换机会自动为该帧添加 trunk 接口的默认 VLAN ID（思科称为 Native VLAN，华为称为 PVID）。

VLAN ID 的范围为 1~4094，VLAN 1 是交换机的默认 VLAN，无须创建即可使用；其他 VLAN ID（2~4094）需要手动创建后才能使用。在实验和工程中，尽量避免使用 VLAN 1。

2.4.3　思科交换机简单 VLAN 划分

1. 思科交换机 VLAN 基本命令

（1）创建 VLAN

```
vlan n              //n:2~4094，全局模式下执行，创建后进入 VLAN 模式
```

（2）指定交换机端口类型

```
int  ??/??          //在全局模式下执行，进入指定接口
int range ??/??,??/?? [,??/?? …]      //同时进入多个接口，或
int range ??/?? - ??/??               //同时进入多个连续接口（注意，-号前后需各空一格）
switchport  mode  access | trunk
  //将当前接口指定为 access 或 trunk 类型（注意，思科/锐捷交换机默认所有接口都是 access 接口）
```

（3）为 access 接口指定允许通过的 VLAN（接口模式下）

```
Switchport access vlan n      //n: 2~4094，指定当前 access 接口允许 vlan n 的帧通过
```

（4）为 trunk 接口指定允许通过的 VLAN（接口模式下）

```
Switchport trunk allowed vlan [add] n1,n2,…
          //指定当前 trunk 接口允许哪些 VLAN 的帧通过（锐捷交换机需使用 add 关键字）
```

（5）为 trunk 接口指定本地默认 VLAN（接口模式下）

说明：上述命令中的参数 n、n1、n2、n3 都是 VLAN ID，范围为 2～4094。所有 VLAN ID 必须先创建后使用，否则可能导致不可预知的错误。native vlan n3 不能与已指定给其他端口的 n1、n2 相同。

2. 一台交换机划分多个 VLAN 的实例

如图 2-4-5 所示，思科交换机的 fa0/1～fa0/5 接口分别连接了 PC1～PC5 共 5 台主机，这5 台主机的 IP 地址属于同一个网络（子网）。思科交换机未做任何配置时，默认所有接口均为 access 接口，且允许 VLAN 1 的以太网帧通过。此时，交换机的所有接口属于同一个广播域。5 台主机之间可以相互通信。

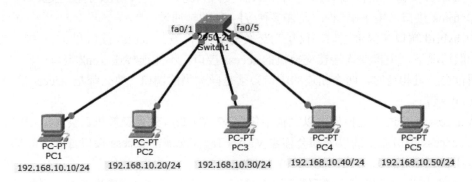

图 2-4-5　一台交换机未划分 VLAN 时的网络图

使用 show run 命令查看交换机配置，如图 2-4-6（a）所示，5 台主机之间的通信测试结果如图 2-4-6（b）所示，显示通信成功。

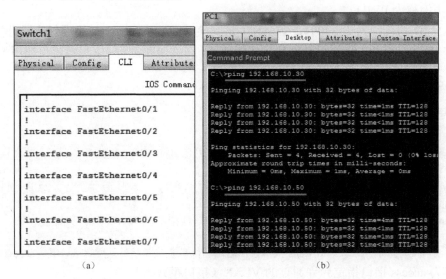

图 2-4-6　交换机 Switch1 未划分 VLAN 时主机之间的通信情况

现在，将交换机 Switch1 划分为 vlan10 和 vlan20，其中 fa0/1～fa0/3 接口允许 vlan10 的帧通过，fa0/4～fa0/5 接口允许 vlan20 的帧通过，如图 2-4-7 所示。

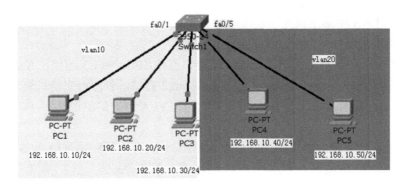

图 2-4-7　一台交换机的 access 接口划分 2 个 VLAN 的情形

交换机 Switch1 的配置命令及功能如下：

```
en            //从用户模式转换到特权模式
conf t        //从特权模式转换到全局模式
vlan 10       //创建 vlan10，并进入 VLAN 模式
vlan 20       //创建 vlan20
exit          //返回全局模式
int range fa0/1 - 3     //进入 fa0/1～fa0/3 接口
switch acc vlan 10      //允许 vlan10 的帧通过
int range fa0/4 - 5     //进入 fa0/4～fa0/5 接口
switch acc vlan 20      //允许 vlan20 的帧通过
end           //返回特权模式
show run      //查看交换机的配置参数
```

配置完成后，使用 show run 命令查看 Switch1 的配置情况，结果显示：fa0/1～fa0/3 接口允许 vlan10 的帧通过，fa0/4～fa0/5 接口允许 vlan20 的帧通过，如图 2-4-8（a）所示。PC1（vlan10）与 PC3（vlan10，192.168.10.30）通信成功，PC1（vlan10）与 PC5（vlan20，192.168.10.50）通信不成功，如图 2-4-8（b）所示。

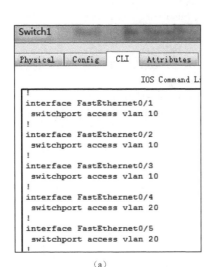

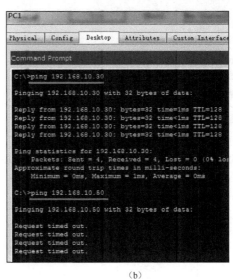

（a）　　　　　　　　　　　　　　　　（b）

图 2-4-8　Switch1 划分 2 个 VLAN 后主机之间的通信情况

这说明，在交换机中划分多个 VLAN 可以将一个广播域分割为多个较小的广播域，然而，

这也导致不同 VLAN 中的主机无法直接通信。

3. 两台交换机划分多个 VLAN 的实例

如图 2-4-9 所示，两台交换机通过 fa0/24 接口互连，PC1~PC3 连接在 Switch1 的 fa0/1~fa0/3 接口，PC4、PC5 连接在 Switch2 的 fa0/1、fa0/2 接口。若两台交换机未划分 VLAN，则所有接口默认允许整个网络（属于一个广播域，即 VLAN1）的帧通过，PC1~PC5 之间可以相互 ping 通。

按照图 2-4-9 所示在两台交换机上划分 vlan10、vlan20，并将 Switch1 和 Switch2 的 fa0/24 接口设置为 trunk 接口。这样，通过划分 VLAN，整个网络系统从一个广播域变为两个广播域。

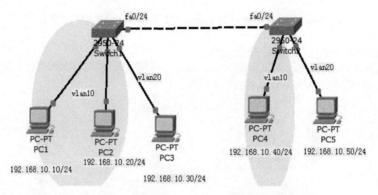

图 2-4-9　两台交换机划分多个 VLAN 的网络系统

两台交换机的配置命令如下。

Switch1 的配置命令：	Switch2 的配置命令：
en	en
conf t	conf t
vlan 10	vlan 10
vlan 20	vlan 20
exit	exit
int range fa0/1 - 2	int fa0/1
switch acc vlan 10	switch acc vlan 10
int fa0/3	int fa0/2
switch acc vlan 20	switch acc vlan 20
int fa0/24	int fa0/24
switch mode trunk	switch mode trunk
switch trunk allowed vlan 10,20	switch trunk allowed vlan 10,20
end	end

在 Switch1 上执行 show vlan brief 命令，可以查看 Switch1 的 VLAN 配置情况，如图 2-4-10 所示。Switch2 的 VLAN 配置情况与此类似。

```
Switch1#show vlan brief

VLAN Name                             Status    Ports
---- -------------------------------- --------- -------------------------------
1    default                          active    Fa0/4, Fa0/5, Fa0/6, Fa0/7
                                                Fa0/8, Fa0/9, Fa0/10, Fa0/11
                                                Fa0/12, Fa0/13, Fa0/14, Fa0/15
                                                Fa0/16, Fa0/17, Fa0/18, Fa0/19
                                                Fa0/20, Fa0/21, Fa0/22, Fa0/23
10   VLAN0010                         active    Fa0/1, Fa0/2
20   VLAN0020                         active    Fa0/3
```

图 2-4-10　Switch1 交换机的 VLAN 与端口情况

接下来测试主机之间的通信。相同VLAN内的跨交换机通信：PC1（vlan10）与PC4（vlan10，192.168.10.40）通信成功；PC3（vlan20）与 PC5（vlan20，192.168.10.50）通信成功。不同VLAN 间的跨交换机通信：PC1（vlan10）与 PC5（vlan20，192.168.10.50）通信失败；PC3（vlan20）与 PC4（vlan10，192.168.10.40）通信失败。测试结果如图 2-4-11 所示。

 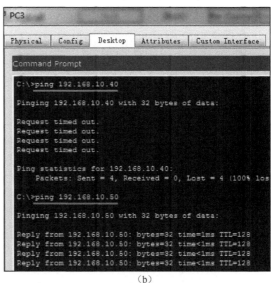

（a） （b）

图 2-4-11 跨交换机的相同 VLAN 及不同 VLAN 主机之间的通信测试

由此可见，（1）VLAN 可以跨交换机识别；（2）每台交换机上都要创建所需要的 VLAN ID（尽量避免使用默认的 VLAN 1）；（3）当两台交换机之间需要传输多个 VLAN 的帧时，相连的链路必须设置为 trunk 链路（相连的接口设置为 trunk 接口）；（4）交换机划分多个 VLAN后，将一个广播域分割为多个广播域（每个 VLAN 是一个广播域），交换机的 access 接口允许哪个 VLAN 的帧通过，其连接的主机就属于哪个 VLAN；（5）在二层交换机条件下，相同VLAN 内的主机可以相互通信，而不同 VLAN 的主机无法直接通信。

2.4.4　华为交换机简单 VLAN 划分

1．华为交换机 VLAN 基本命令
（1）创建 VLAN（系统视图下）

vlan　n	//创建 vlan n 并进入 VLAN 视图，n: 2～4094

（2）指定交换机端口类型

int　???/??	//进入接口视图
port　**link-type**　access | trunk | hybrid	
//设置为 access、trunk 或 hybrid 端口，华为默认所有接口为 hybrid 端口	

（3）为 access 接口指定允许通过的 VLAN（接口视图下）

port default vlan　n	//指定当前 access 接口允许 vlan n 的帧通过（n: 2～4094）

（4）在 VLAN 中加入哪些 access 接口（先进入 vlan n1 视图，再加入 access 接口）

vlan　n1	
port　type?/?	//例如：port g0/0/1
port　type　?/?　?/?	//例如：port g 0/0/1　0/0/2（注意，g 前后需各空 1 格）
port　type　?/?　to　?/?	//例如：port g 0/0/1 to 0/0/7（注意，g 前后、to 前后均需各空 1 格）

（5）为 trunk 接口指定允许通过的 VLAN（接口视图下）

port trunk allow-pass vlan n1 [n2 …]

（6）为 trunk 接口指定本地默认 VLAN（接口视图下）

port trunk pvid vlan n0   //设置 pvid（n0），默认 VLAN 1

//pvid（n0）为专设 VLAN ID，不能与已使用的 n1、n2 相同

2．一台华为交换机里包含多个 VLAN 的实例

如图 2-4-12 所示，华为交换机的 e0/0/1～e0/0/5 接口分别连接了 PC1～PC5 共 5 台主机，这 5 台主机的 IP 地址属于同一个子网（172.16.16.0/24）。华为交换机未做任何配置时，所有接口均为 hybrid 端口。此时，交换机的所有接口属于一个广播域（VLAN1）。

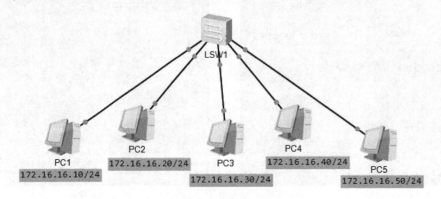

图 2-4-12　一台交换机未划分 VLAN 的情况

使用 show run 命令查看交换机的配置参数，如图 2-4-13（a）所示。5 台主机相互之间可以通信，从 PC1 到 PC3、PC5 的通信测试结果如图 2-4-13（b）所示。

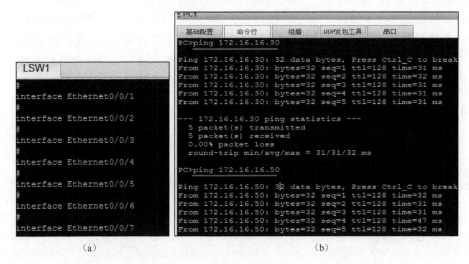

(a)　　　　　　　　　　　　　　　　　(b)

图 2-4-13　交换机 LSW1 未划分 VLAN 时所有主机之间均可通信

现在，将交换机 LSW1 划分为 vlan10 和 vlan20，其中 e0/0/1～e0/0/3 接口允许 vlan10 的帧通过，e0/0/4～e0/0/5 接口允许 vlan20 的帧通过，如图 2-4-14 所示。

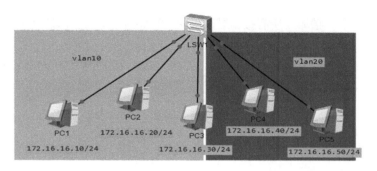

图 2-4-14　交换机 LSW1 划分 2 个 VLAN 的情况

交换机 LSW1 的配置命令如下：

sys	int e0/0/3
vlan 10 //创建 vlan10 并进入 VLAN 视图	port link-type access
vlan 20	port default vlan 10
q //返回系统视图	int e0/0/4
int e0/0/1 //进入 e0/0/1 接口视图	port link-type access
port link-type access //设置为 access 接口	port default vlan 20
port default vlan 10 //允许 vlan10 的帧通过	int e0/0/5
int e0/0/2	port link-type access
port link-type access	port default vlan 20
port default vlan 10	q

配置完成后，用 disp curr 命令查看 LSW1 的配置情况，结果显示：e0/0/1～e0/0/3 接口允许 vlan10 的帧通过，e0/0/4～e0/0/5 接口允许 vlan 20 的帧通过，如图 2-4-15（a）所示。PC1（vlan10）与 PC3（vlan10，192.168.10.30）通信成功，PC1（vlan10）与 PC5（vlan20，192.168.10.50）通信不成功，如图 2-4-15（b）所示。

```
LSW1
#
interface Ethernet0/0/1
 port link-type access
 port default vlan 10
#
interface Ethernet0/0/2
 port link-type access
 port default vlan 10
#
interface Ethernet0/0/3
 port link-type access
 port default vlan 10
#
interface Ethernet0/0/4
 port link-type access
 port default vlan 20
#
interface Ethernet0/0/5
 port link-type access
 port default vlan 20
#
interface Ethernet0/0/6
```

```
PC1
 基础配置   命令行   组播   UDP发包工具   串口
PC>ping 172.16.16.30

Ping 172.16.16.30: 32 data bytes, Press Ctrl_C to break
From 172.16.16.30: bytes=32 seq=1 ttl=128 time=47 ms
From 172.16.16.30: bytes=32 seq=2 ttl=128 time=31 ms
From 172.16.16.30: bytes=32 seq=3 ttl=128 time=46 ms
From 172.16.16.30: bytes=32 seq=4 ttl=128 time=31 ms
From 172.16.16.30: bytes=32 seq=5 ttl=128 time=32 ms

--- 172.16.16.30 ping statistics ---
  5 packet(s) transmitted
  5 packet(s) received
  0.00% packet loss
  round-trip min/avg/max = 31/37/47 ms

PC>ping 172.16.16.50

Ping 172.16.16.50: 32 data bytes, Press Ctrl_C to break
From 172.16.16.10: Destination host unreachable
From 172.16.16.10: Destination host unreachable
From 172.16.16.10: Destination host unreachable
From 172.16.16.10: Destination host unreachable
From 172.16.16.10: Destination host unreachable
```

（a）　　　　　　　　　　　　　　　　（b）

图 2-4-15　交换机 LSW1 划分 2 个 VLAN 后主机之间的通信情况

3. 两台华为交换机划分多个 VLAN 的实例

如图 2-4-16 所示，两台交换机通过 g0/0/1 接口互连，PC1～PC3 连接在 LSW1 的 e0/0/1～e0/0/3 接口，PC4、PC5 连接在 LSW2 的 e0/0/1、e0/0/2 接口。当两台交换机没有划分 VLAN

时，整个网络是一个广播域（所有接口默认允许 VLAN 1 的帧通过），PC1～PC5 之间可以相互 ping 通。

在两台交换机上划分 vlan10 和 vlan20，并将 LSW1 和 LSW2 的 g0/0/1 接口设置为 trunk 接口。通过划分 VLAN，整个网络从一个广播域分割为两个广播域。

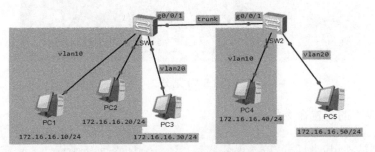

图 2-4-16　两台华为交换机划分两个 VLAN 的网络系统

两台交换机（LSW1、LSW2）的配置命令如下。

LSW1 的配置命令：

```
sys
vlan 10
vlan 20
q
int e0/0/1
port-linktype acc
port default vlan 10
int e0/0/2
port-linktype acc
port default vlan 10
int e0/0/3
port-linktype acc
port default vlan 20
int g0/0/1
port-linktype trunk
port trunk allow-pass vlan 10 20
```

LSW2 的配置命令：

```
sys
vlan 10
vlan 20
q
int e0/0/1
port-linktype acc
port default vlan 10
int e0/0/2
port-linktype acc
port default vlan 20
int g0/0/1
port-linktype trunk
port trunk allow-pass vlan 10 20
```

在 LSW1 和 LSW2 上分别执行 disp curr 命令，可以查看两台交换机接口的类型（access 或 trunk）及 VLAN 状况，如图 2-4-17 所示。

LSW1	LSW2
interface Ethernet0/0/1 port link-type access port default vlan 10 # interface Ethernet0/0/2 port link-type access port default vlan 10 # interface Ethernet0/0/3 port link-type access port default vlan 20 # interface Ethernet0/0/4 # interface Ethernet0/0/5 # interface GigabitEthernet0/0/1 port link-type trunk port trunk allow-pass vlan 10 20	interface Ethernet0/0/1 port link-type access port default vlan 10 # interface Ethernet0/0/2 port link-type access port default vlan 20 # interface Ethernet0/0/3 # interface GigabitEthernet0/0/1 port link-type trunk port trunk allow-pass vlan 10 20 # interface GigabitEthernet0/0/2 ---- More ----

图 2-4-17　LSW1、LSW2 的接口及 VLAN 状况

接下来测试主机之间的通信。相同 VLAN 内的跨交换机通信：PC1（vlan10）与 PC4（vlan10，172.16.16.40）通信成功；PC3（vlan20）与 PC5（vlan20，172.16.16.50）通信成功。不同 VLAN 间的跨交换机通信：PC1（vlan10）与 PC5（vlan20，172.16.16.50）通信失败；PC3（vlan20）与 PC4（vlan10，192.168.10.40）通信失败。测试结果如图 2-4-18 所示。

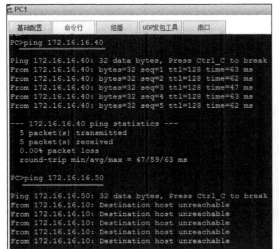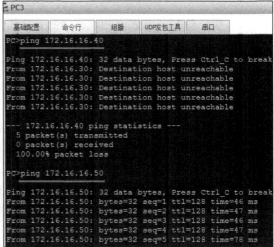

图 2-4-18　跨交换机相同 VLAN 内、不同 VLAN 间的主机通信测试

在交换机上划分 VLAN，解决了单个广播域过大的问题，同时实现了同一 VLAN 内主机的通信（无论是否跨交换机）。然而，VLAN 的划分也带来了新的问题：不同 VLAN 内的主机无法直接通信。在二层交换机中，无法解决不同 VLAN 主机之间的通信问题。图 2-4-11 中的 time out 和图 2-4-18 中的 unreachable 即为主机之间通信失败的典型表现。

2.4.5　习题

1．给交换机划分 VLAN 的主要原因是什么？VLAN 的协议是什么？交换机划分多个 VLAN 的优缺点有哪些？主要问题是什么，如何解决？

2．access 接口和 trunk 接口的区别是什么？分别写出在华为交换机上定义 VLAN 的命令，定义接口为 access 和 trunk 接口的命令，给 access 接口指定一个 VLAN 的命令，以及给 trunk 接口设置多个 VLAN 的命令。

3．分别写出在思科/锐捷交换机上定义 VLAN 的命令，定义接口为 access 和 trunk 接口的命令，给 access 接口指定一个 VLAN 的命令，以及给 trunk 接口设置多个 VLAN 的命令。

实验 4　交换机自动地址学习与基本 VLAN 划分

2.5　多 VLAN 多网段主机间通信技术

2.5.1　多 VLAN 多网段主机通信原理

1．实现多 VLAN 之间主机通信的基本思路

交换机默认将所有接口置于一个广播域中。当广播域过大时，容易引发广播风暴。通过划分 VLAN 技术，可以将广播域分割为多个较小的广播域，广播仅限于每个 VLAN 内部。然而，这也导致不同 VLAN 的主机之间无法直接通信。

原因在于，连接在交换机上的主机具有双重属性：在数据链路层（二层），主机属于某个 VLAN；在网络层（三层），主机属于某个网络（子网）。

数据链路层无法解决的问题，可以通过网络层的路由技术来解决。将 VLAN 设计和网络（子网）设计统一起来：①为每个 VLAN 分配一个不同的网络（子网）；②同一 VLAN 内的主机 IP 地址应属于同一个网络（子网）；③不同 VLAN 的主机 IP 地址应属于不同的网络（子网）。

这样，不同 VLAN 主机之间的通信问题就转化为不同网络（子网）之间的通信问题，可以通过路由技术解决。

具有路由功能的网络层设备包括路由器和三层交换机。因此，可以采用以下方案实现多 VLAN 主机之间的通信：

（1）多个 VLAN 与三层交换机直连，如图 2-5-1（a）所示。

（2）三层交换机单臂路由，如图 2-5-1（b）所示。

（3）路由器单臂路由，如图 2-5-1（c）所示。

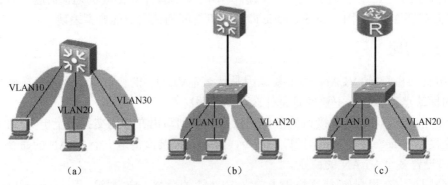

图 2-5-1　多 VLAN 之间主机通信解决方案

2．多 VLAN 与三层交换机直连实现多 VLAN 间主机通信

三层交换机是一种同时具备 VLAN 功能和路由功能的交换机，支持 IP 协议（IP 地址）。三层交换机能够自动发现并获取直连网段的路由，而非直连网段的路由则需要通过静态路由或动态路由技术来实现。

多个 VLAN 的主机与三层交换机直连，每个 VLAN 对应一个独立的 IP 子网，如图 2-5-1（a）所示。借助三层交换机的路由功能实现不同 VLAN 间主机的通信，具体步骤如下。

（1）连接网络线路，设计 VLAN，在三层交换机上创建所需的 VLAN。

（2）为每个 VLAN 分配一个单独的 IP 地址块（子网）。

（3）在三层交换机上为每个 VLAN 创建一个虚拟接口（VLAN 虚接口），并为其配置一

个 IP 地址（通常选择该子网中最小或最大的可指派 IP 地址），该 IP 地址将作为该 VLAN 内所有主机的默认网关。

（4）将所有主机与三层交换机直连的接口设置为 access 接口，并指定允许通过的 VLAN。

（5）三层交换机自动获得各直连网络（子网）的路由，实现跨网络（子网）主机间的通信，从而也实现了跨 VLAN 主机间的通信。

配置命令的一般格式如下：

```
ip routing        //启用交换机路由功能（思科/锐捷三层交换机需要，华为三层交换机不需要）
vlan  n           //创建 vlan n（n：2～4094）
int vlan  n       //创建 vlan n 虚接口，并进入接口模式（视图）
ip add x.x.x.x m.m.m.m 或 ip add x.x.x.x M  //为 vlan n 虚接口配置 IP 地址
```

一台交换机是二层还是三层，可根据其型号来分辨。三层交换机：型号第一位数字为 3 或更大（如 S3700、S5700）。二层交换机：型号第一位数字为 1 或 2（如 S2950、S1900）。

3. 三层交换机单臂路由实现多 VLAN 间主机通信

将一台三层交换机与一台二层交换机连接，二层交换机划分多个 VLAN 并连接属于不同 VLAN 的主机，如图 2-5-1（b）所示。

在三层交换机上为每个 VLAN 创建虚拟接口，并配置 IP 地址。通过三层交换机的路由功能解决不同 VLAN 主机间的通信问题，具体步骤如下。

（1）将三层交换机与二层交换机用一条链路连接起来，将主机全部连接到二层交换机的接口上。

（2）规划设计多个 VLAN，并为每个 VLAN 设计一个独立的 IP 网络（子网）。例如，VLAN10：192.168.10.0/24；VLAN20：192.168.20.0/24。

（3）在二层交换机上创建所需的 VLAN，将与主机相连的接口设置为 access 接口，并指定允许通过的 VLAN；将上行接口（与三层交换机相连的接口）设置为 trunk 接口，并指定允许通过的 VLAN。

（4）在三层交换机上创建与二层交换机相同的 VLAN，并为每个 VLAN 创建虚拟接口，配置 IP 地址（通常选择该子网中最小或最大的可指派 IP 地址），该 IP 地址将作为该 VLAN 内主机的默认网关。

（5）将三层交换机的下行接口（与二层交换机相连的接口）设置为 trunk 接口，并指定允许通过的 VLAN。

如图 2-5-2 所示，在二层交换机上创建 VLAN10 和 VLAN20，将接口 1、2 设置为 access 接口，允许 VLAN10 通过；将接口 3、4 设置为 access 接口，允许 VLAN20 通过；将接口 5（上行接口）设置为 trunk 接口，允许 VLAN10 和 VLAN20 通过。

在三层交换机上也创建 VLAN10 和 VLAN20，为 VLAN10 设计子网 192.168.10.0/24，为 VLAN20 设计子网 192.168.20.0/24；创建 int vlan 10 虚接口（配置 IP 地址 192.168.10.1/24），创建 int vlan 20 虚接口（配置 IP 地址 192.168.20.1/24）；将下行接口设置为 trunk 接口，允许 VLAN10 和 VLAN20 通过。此时，可在三层交换机上查看每个 VLAN 对应 IP 网络的直连路由。

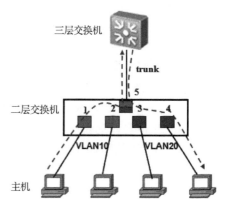

图 2-5-2 三层交换机单臂路由实现多 VLAN 通信原理

图 2-5-2 中主机 IP 地址与默认网关的设置如下：二层交换机接口 1、2 下的两台主机的 IP 地址可在 192.168.10.2～192.168.10.253 范围内选择，子网掩码为 255.255.255.0，默认网关为 192.168.10.1；接口 3、4 下的两台主机的 IP 地址可在 192.168.20.2～192.168.20.253 范围内选择，子网掩码为 255.255.255.0，默认网关为 192.168.20.1。

在图 2-5-2 中，当连接在二层交换机接口 1 的主机要与连接在二层交换机接口 4 的主机通信时，源主机发出的数据帧经接口 5 向上行链路传送到三层交换机的下行接口，进入三层交换机；三层交换机剥离数据帧的 IP 数据报，进行路由转发后重新封装成新的数据帧（新帧的首部信息中源、目的 MAC 地址均发生变化），再通过同一链路返回二层交换机，最终传输到目标主机。

由于上下行链路为同一物理链路，因此这种路由方式称为"单臂路由"。

4．路由器单臂路由实现多 VLAN 间主机通信

将一台路由器与一台二层交换机连接，二层交换机划分多个 VLAN 并连接属于不同 VLAN 的主机，如图 2-5-1（c）所示。

图 2-5-3　路由器的物理接口
与划分的两个子接口

二层交换机只有 VLAN 功能，路由器具有路由功能，但没有直接的 VLAN 功能。为了与二层交换机的 trunk 接口（允许多个 VLAN 通过）对接，可以将路由器的一个物理以太网接口创建多个子接口（逻辑接口），例如，在图 2-5-3 所示的路由器 g0/1 接口创建子接口 g0/1.1 和 g0/1.2。每个子接口绑定一个 VLAN ID 并配置 IP 地址（根据 IEEE 802.1q 协议，配置命令中用 dot1q 表示），并允许 ARP 广播，然后进入物理接口，并激活该接口。此时，路由器能够自动发现并获得子接口 IP 地址对应的直连网段的路由。

为路由器的一个接口创建多个子接口的命令（华为、思科）：

```
interface   type?/?.x      //为接口 type?/?创建子接口 type?/?.x，x:1,2,3,4,…
```

例如：int　g0/1.1

　　　int　g0/1.2

用路由器解决不同 VLAN 间主机通信问题的具体步骤如下。

（1）按照图 2-5-1（c）连接网络线路，设计 VLAN，并在二层交换机上创建所需的 VLAN。将与主机相连的接口设置为 access 接口，并指定允许通过的 VLAN。将上行接口设置为 trunk 接口，并指定允许通过的 VLAN。

（2）为每个 VLAN 分配一个独立的 IP 地址块（子网）。

（3）在路由器的下行接口创建子接口，为每个子接口配置 IP 地址并绑定 VLAN ID（使用 dot1q 协议）。该 IP 地址将作为该 VLAN 内主机的默认网关。

（4）路由器自动获取各子接口直连网络（子网）的路由，实现跨子网主机间的通信，从而也实现了跨 VLAN 主机间的通信。

如图 2-5-4 所示，在二层交换机上创建 VLAN10 和 VLAN20，将接口 1、2 设置为 access 接口，允许 VLAN10 通过；将接口 3、4 设置为 access 接口，允许

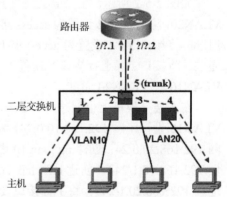

图 2-5-4　路由器单臂路由实现
多 VLAN 通信原理

VLAN20 通过；将接口 5（上行接口）设置为 trunk 接口，允许 VLAN10 和 VLAN20 通过。

在路由器的下行接口在下行接口创建子接口?/?.1 和?/?.2，为子接口?/?.1 配置 IP 地址 192.168.10.1/24，绑定 VLAN10（dot1q 10），并允许 ARP 广播；为子接口?/?.2 配置 IP 地址 192.168.20.1/24，绑定 VLAN20（dot1q 20），并允许 ARP 广播。退出子接口，进入物理接口，并激活该接口。此时可以在路由器中查看每个子接口 IP 地址对应的直连路由。

图 2-5-4 中主机 IP 地址与默认网关的设置，以及主机间的通信过程均与图 2-5-2 相同。

2.5.2 华为设备实现多 VLAN 多网段主机通信

1. 华为三层交换机直连实现多 VLAN 主机通信

华为三层交换机支持创建 VLAN、VLAN 虚接口，并为 VLAN 虚接口配置 IP 地址，命令如下：

```
vlan  n        //在系统视图下执行，创建 vlan n 并进入 VLAN 视图（n：2~4094）
interface  vlan n  或 int  vlan  n        //创建 VLAN 虚接口并进入接口视图
ip add  x.x.x.x  M                //为虚接口配置 IP 地址
```

如图 2-5-5 所示，一台三层交换机与 4 台主机连接，交换机划分为 2 个 VLAN（vlan10 和 vlan20），PC1 和 PC2 属于 vlan10，为其配置 IP 网络 172.16.8.0/24；PC3 和 PC4 属于 vlan20，为其配置 IP 网络 172.16.9.0/24。4 台主机的 IP 地址如图 2-5-5 所示。交换机型号为 S5700（三层交换机）。

在交换机配置前，先测试 PC1 到 PC3 的通信，结果为 unreachable，即通信失败，如图 2-5-6 所示。

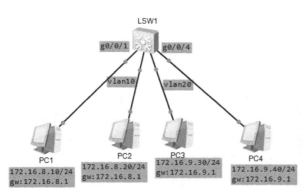

图 2-5-5 华为三层交换机直连多个 VLAN

图 2-5-6 交换机配置前 PC1 与 PC3 不能通信

在华为三层交换机 LSW1 上执行以下配置命令（系统视图下）：

```
vlan 10
vlan 20
int vlan 10
ip add 172.16.8.1 24
int vlan 20
ip add 172.16.9.1 25
int g0/0/1
port link-type acc
port default vlan 10
int g0/0/2
port link-type acc
```

```
port default vlan 10
int g0/0/3
port link-type acc
port default vlan 20
int g0/0/4
port link-type acc
port default vlan 20
quit        //返回系统视图
quit        //返回用户视图
save        //保存配置的参数
```

使用 disp curr 命令查看配置参数，如图 2-5-7（a）所示，可以看到 vlan10 虚接口的 IP 地址（172.16.8.1/24）和 vlan20 虚接口的 IP 地址（172.16.9.1/24），以及 g0/0/1～g0/0/4 接口的类型和允许通过的 VLAN。

使用 disp ip rout（或 disp ip routing-table）命令查看交换机的路由表，如图 2-5-7（b）所示，可以看到交换机能够根据虚接口的 IP 地址，用"位与"运算计算出两个直连网络（172.16.8.0/24、172.16.9.0/24）的路由（Direct 表示直连路由）。

（a）

```
[LSW1]disp ip rout
Route Flags: R - relay, D - download to fib

Routing Tables: Public
         Destinations : 6        Routes : 6

Destination/Mask    Proto   Pre  Cost      Flags NextHop      Interface

    127.0.0.0/8     Direct  0    0          D    127.0.0.1    InLoopBack0
    127.0.0.1/32    Direct  0    0          D    127.0.0.1    InLoopBack0
    172.16.8.0/24   Direct  0    0          D    172.16.8.1   Vlanif10
    172.16.8.1/32   Direct  0    0          D    127.0.0.1    Vlanif10
    172.16.9.0/25   Direct  0    0          D    172.16.9.1   Vlanif20
    172.16.9.1/32   Direct  0    0          D    127.0.0.1    Vlanif20

[LSW1]
```

（b）

图 2-5-7　三层交换机 LSW1 的配置参数及路由表

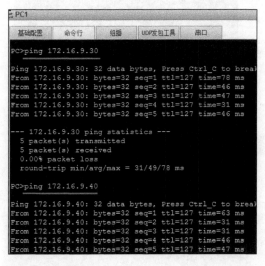

图 2-5-8　测试从 PC1 到 PC3、PC4 的通信情况

三层交换机获得了两个 IP 网络段的直连路由后，即可在这两个网络之间转发数据报。

测试 vlan10 的 PC1 与 vlan20 的 PC3（172.16.9.30）、PC4（172.16.9.40）的通信，结果如图 2-5-8 所示，通信成功。通过华为三层交换机的直连路由功能，成功实现了多 VLAN 主机间的通信。

2. 华为三层交换机单臂路由实现多 VLAN 主机通信

如果多个 VLAN 已存在于一台二层交换机上，可以通过连接一台三层交换机实现多 VLAN 主机通信。按照图 2-5-1（b）的原理和图 2-5-2 的思路构建一个三层交换机单臂路由的网络系统，如图 2-5-9 所示。二层交换机 LSW2 划分为两个 VLAN（vlan10、vlan20），主机 PC1、PC2 属于 vlan10，主机 PC3、PC4 属于 vlan20。二层交换机 LSW2 的 g0/0/1 接口与三层交换机 LSW1 的 g0/0/1 接口相连，形成单臂路由。

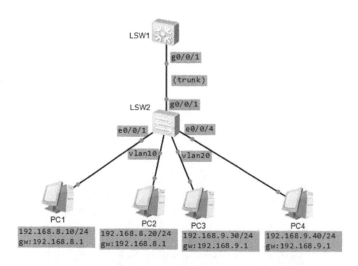

图 2-5-9　三层交换机单臂路由多 VLAN 网络示例

在二层交换机 LSW2 上配置 VLAN 及接口参数，将 0/0/1～e0/0/4 接口设置为 access 接口，将 g0/0/1 接口设置为 trunk 接口，同时指定每个端口允许通过的 VLAN。具体配置命令如下（系统视图下）：

```
vlan 10                              port link-type acc
vlan 20                              port default vlan 20
int e0/0/1                           int e0/0/4
port link-type acc                   port link-type acc
port default vlan 10                 port default vlan 20
int e0/0/2                           int g0/0/1
port link-type acc                   port link-type trunk
port default vlan 10                 port trunk allow-pass vlan 10 20
int e0/0/3                           q
```

使用 disp vlan 命令查看 VLAN 配置，如图 2-5-10 所示。

```
[LSW2]disp vlan
The total number of vlans is : 3

U: Up;          D: Down;           TG: Tagged;        UT: Untagged;
MP: Vlan-mapping;                  ST: Vlan-stacking;
#: ProtocolTransparent-vlan;       *: Management-vlan;

VID  Type    Ports
1    common  UT:Eth0/0/5(D)     Eth0/0/6(D)      Eth0/0/7(D)      Eth0/0/8(D)
             Eth0/0/9(D)        Eth0/0/10(D)     Eth0/0/11(D)     Eth0/0/12(D)
             Eth0/0/13(D)       Eth0/0/14(D)     Eth0/0/15(D)     Eth0/0/16(D)
             Eth0/0/17(D)       Eth0/0/18(D)     Eth0/0/19(D)     Eth0/0/20(D)
             Eth0/0/21(D)       Eth0/0/22(D)     GE0/0/1(U)       GE0/0/2(D)

10   common  UT:Eth0/0/1(U)     Eth0/0/2(U)

             TG:GE0/0/1(U)

20   common  UT:Eth0/0/3(U)     Eth0/0/4(U)

             TG:GE0/0/1(U)

VID  Status  Property       MAC-LRN Statistics Description
1    enable  default        enable  disable    VLAN 0001
10   enable  default        enable  disable    VLAN 0010
20   enable  default        enable  disable    VLAN 0020
```

图 2-5-10　VLAN 配置

测试 vlan10 内主机（PC1 与 PC2），以及 vlan10 与 vlan20 主机（PC1 与 PC3）的通信，如图 2-5-11 所示。结果显示，相同 VLAN 主机通信成功，不同 VLAN 主机通信失败。

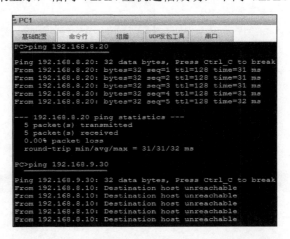

图 2-5-11　LSW2 配置后 PC1 与 PC2、PC3 的通信情况

接下来，按照三层交换机单臂路由原理和网络的实际情况，为三层交换机 LSW1 配置参数，配置命令如下（系统视图下）：

vlan 10	ip add 192.168.9.1 25
vlan 20	int g0/0/1
int vlan 10	port link-type trunk
ip add 192.168.8.1 24	port trunk allow-pass vlan 10 20
int vlan 20	q

使用 disp ip rout（或 display ip routing-table）命令查看三层交换机的路由表，如图 2-5-12 所示。说明：为 VLAN 虚接口配置 IP 地址后，还需将该 VLAN 指派给一个具体的接口。上述命令中的 port trunk allow-pass vlan 10 20 将 vlan10、vlan20 指派给 g0/0/1 接口。

```
[LSW1]disp ip rout
Route Flags: R - relay, D - download to fib
------------------------------------------------------------------
Routing Tables: Public
         Destinations : 6        Routes : 6

Destination/Mask    Proto   Pre  Cost      Flags NextHop         Interface

      127.0.0.0/8    Direct  0    0           D   127.0.0.1       InLoopBack0
      127.0.0.1/32   Direct  0    0           D   127.0.0.1       InLoopBack0
    192.168.8.0/24   Direct  0    0           D   192.168.8.1     Vlanif10
    192.168.8.1/32   Direct  0    0           D   127.0.0.1       Vlanif10
    192.168.9.0/25   Direct  0    0           D   192.168.9.1     Vlanif20
    192.168.9.1/32   Direct  0    0           D   127.0.0.1       Vlanif20
```

图 2-5-12　三层交换机自动获得的直连路由

从图 2-5-12 可以看到，三层交换机 LSW1 根据 VLAN（已经指派）虚接口 IP 地址，计算出了直连网络（192.168.8.0/24，192.168.9.0/24）的路由。

测试 vlan10 的 PC1 与 vlan20 的 PC3（192.168.9.30）、PC4（192.168.9.40）的通信，结果如图 2-5-13 所示，通信成功。通过三层交换机的单臂路由功能，成功实现了跨 VLAN 主机间的通信。

3. 华为路由器单臂路由实现多 VLAN 主机通信

将图 2-5-9 中的三层交换机 LSW1 替换为华为路由器 AR1，如图 2-5-14 所示。

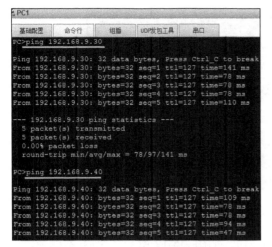

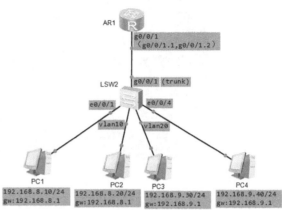

图 2-5-13 PC1 与 PC3、PC4 的通信情况   图 2-5-14 华为路由器单臂路由示例

二层交换机 LSW2 的配置及主机参数保持不变。测试 vlan10 的 PC2 与 PC1 的通信，以及 PC2 与 vlan20 的 PC3、PC4 的通信，如图 2-5-15 所示。结果显示，相同 VLAN 主机通信成功，不同 VLAN 主机通信失败。

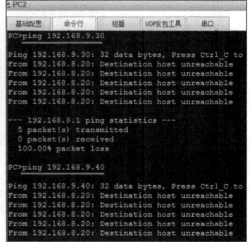

图 2-5-15 为 LSW1 配置参数前 PC2 与 PC1、PC3、PC4 的通信情况

接着，在路由器 AR1 上配置子接口，将 AR1 的下行接口 g0/0/1 划分为两个逻辑子接口 g0/0/1.1 和 g0/0/1.2，并分别为其绑定 dot1q 协议（IEEE 802.1q 协议）和 vid，并使能 ARP 广播，命令如下（系统视图下）：

int g0/0/1.1	dot1q termination vid 20
dot1q termination vid 10	ip add 192.168.9.1 24
ip add 192.168.8.1 24	arp broadcast enable
arp broadcast enable	int g0/0/1
int g0/0/1.2	undo shut
q	

使用 disp ip rout 命令查看路由表，如图 2-5-16 所示。路由器已获得子接口 IP 地址对应的直连网络路由。

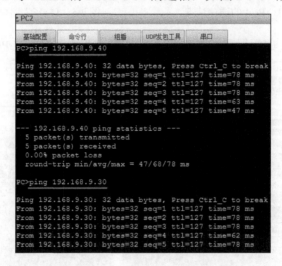

图 2-5-16　路由器 AR1 自动获得的直连路由——单臂路由

测试 vlan10 的 PC2 与 vlan20 的 PC3、PC4 的通信，如图 2-5-17 所示，通信成功。

图 2-5-17　PC2 与 PC3、PC4 的通信情况

2.5.3　思科/锐捷设备实现多 VLAN 多网段主机通信

1. 思科/锐捷三层交换机实现多 VLAN 主机通信

思科/锐捷三层交换机支持创建 VLAN、VLAN 虚接口，并为虚接口配置 IP 地址。相关命令（全局模式）如下：

ip routing	//开启交换机 IP 路由功能（PT5.5 以下自动开启），全局模式下。
vlan　n	//创建 VLAN
interface　vlan　n	//创建 VLAN 虚接口
ip add　x.x.x.x　m.m.m.m	//为 VLAN 虚接口配置 IP 地址

说明：x.x.x.x 是分配给该 VLAN 子网中的一个可指派 IP 地址，通常选择最小或最大的可指派 IP 地址；x.x.x.x 也是该 VLAN 内所有主机的默认网关（gw）地址。

show run	//查看配置参数
show ip route	//查看路由表
show vlan	//查看 VLAN 的情况

如图 2-5-18 所示，一台思科/锐捷三层交换机 S1 与 4 台主机（PC1～PC4）直接相连，接口为 fa0/1～fa0/4。将 S1 划分为两个 VLAN：vlan10（子网 172.18.10.0/24），vlan20（子网

172.18.20.0/24）。

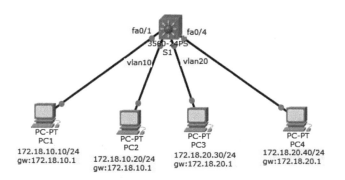

图 2-5-18　思科/锐捷三层交换机直连多 VLAN 的主机

在配置前，测试 PC1 与 PC2、PC3、PC4 的通信，如图 2-5-19 所示。结果显示：PC1 与 PC2（同一 VLAN）通信成功；PC1 与 PC3、PC4（不同 VLAN）通信失败。

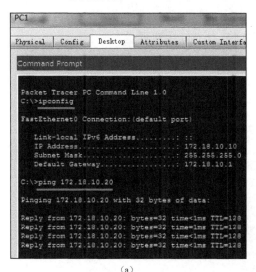

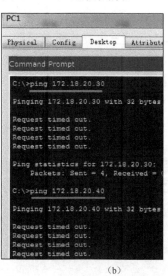

（a）　　　　　　　　　　　　　　　　（b）

图 2-5-19　S1 未配置 VLAN 虚接口时 PC1 与 PC2、PC3、PC4 的通信情况

接下来在交换机 S1 上配置 VLAN 及虚接口参数，配置命令如下：

en	ip add 172.18.20.1 255.255.255.0
conf t	exit
ip routing	int range fa0/1 - 2
vlan 10	switch acc vlan 10
vlan 20	int range fa0/3 - 4
int vlan 10	switch acc vlan 20
ip add 172.18.10.1 255.255.255.0	end
int vlan 20	

使用 show run 命令查看 S1 的配置参数，使用 show ip route（特权模式下）命令查看其路由表，如图 2-5-20 所示。

再次测试 PC1 与 PC3、PC4 的通信，如图 2-5-21 所示，通信成功。

注意，首次测试时可能会出现第一个 ICMP 数据报丢失（Request timed out）的情况。这是因为三层交换机需要将路由表信息复制到转发表中，此过程需要一定时间。一旦完成，数据转发将恢复正常。

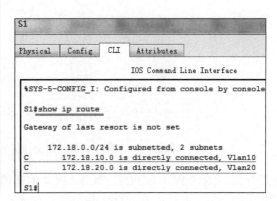

图 2-5-20   查看 S1 的配置参数和路由表

2. 思科/锐捷三层交换机单臂路由实现多 VLAN 主机通信

如果主机已连接在一台二层交换机（Switch2）上，且二层交换机已划分多个 VLAN，则可以通过连接一台三层，形成与图 2-5-1（b）、图 2-5-5 类似的三层交换机单臂路由网络，如图 2-5-22 所示。

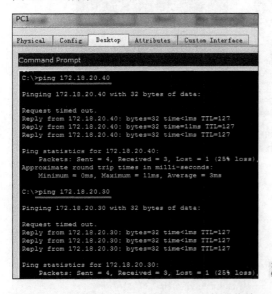

图 2-5-21   再次测试 PC1 与 PC3、PC4 的通信情况

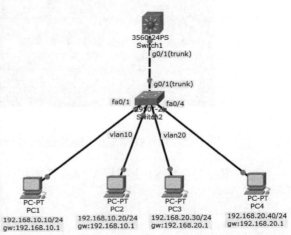

图 2-5-22   思科/锐捷三层交换机单臂路由网络

按照图 2-5-22 为 Switch2 配置参数，命令如下：

```
en                          int range fa0/3 - 4
conf t                      switch acc vlan 20
vlan 10                     int g0/1
vlan 20                     switch mode trunk
exit                        switch trunk allowed vlan 10,20
int range fa0/1 - 2         end
switch acc vlan 10
```

在 Switch2 的特权模式下，使用 show vlan 命令查看其 VLAN 情况，如图 2-5-23 所示。

```
Switch2

Physical   Config   CLI   Attributes

                        IOS Command Line Interface

Switch2#show vlan

VLAN Name                         Status    Ports
---- -------------------------    --------- -------------------------------
1    default                      active    Fa0/5, Fa0/6, Fa0/7, Fa0/8
                                            Fa0/9, Fa0/10, Fa0/11, Fa0/12
                                            Fa0/13, Fa0/14, Fa0/15, Fa0/16
                                            Fa0/17, Fa0/18, Fa0/19, Fa0/20
                                            Fa0/21, Fa0/22, Fa0/23, Fa0/24
                                            Gig0/2
10   VLAN0010                     active    Fa0/1, Fa0/2
20   VLAN0020                     active    Fa0/3, Fa0/4
1002 fddi-default                 active
1003 token-ring-default           active
1004 fddinet-default              active
1005 trnet-default                active

VLAN Type  SAID      MTU   Parent RingNo BridgeNo Stp  BrdgMode Trans1 Trans2
---- ----- --------  ----- ------ ------ -------- ---- -------- ------ ------
1    enet  100001    1500  -      -      -        -    -        0      0
10   enet  100010    1500  -      -      -        -    -        0      0
20   enet  100020    1500  -      -      -        -    -        0      0
```

图 2-5-23   Switch2 配置后的 VLAN 信息

在配置 Switch1 之前，测试从 PC1 到 PC2、PC3、PC4 的通信，如图 2-5-24 所示。结果显示：PC1 与 PC2（同一 VLAN）通信成功，PC1 与 PC3、PC4（不同 VLAN）通信失败。

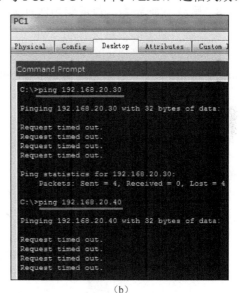

（a）   （b）

图 2-5-24   从 PC1 到 PC2、PC3、PC4 的通信情况

在三层交换机 Switch1 上配置 VLAN 及虚接口参数，配置命令如下：

```
en                              int vlan 20
conf t                          ip add 192.168.20.1 255.255.255.0
ip routing   //开启交换机 IP 路由功能    int g0/1
vlan 10                         switch mode trunk
vlan 20                         switch trunk allowed vlan 10,20
int vlan 10                     exit
ip add 192.168.10.1 255.255.255.0
```

使用 show ip route 命令查看路由表，如图 2-5-25 所示。测试从 PC1 到 PC3、PC4 的通信，如图 2-5-26 所示，通信成功。

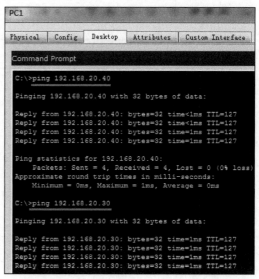

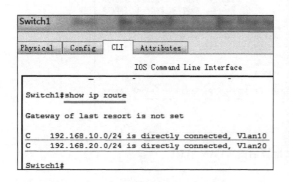

图 2-5-25　三层交换机 Switch1 的路由表　　　　图 2-5-26　从 PC1 到 PC3、PC4 的通信情况

3．思科/锐捷路由器单臂路由实现多 VLAN 主机通信

将上述实验中的三层交换机 Switch1 替换为思科/锐捷路由器 Router1，如图 2-5-27 所示。二层交换机的上行接口 g0/1 与路由器 Router1 的 fa0/1 接口相连，形成单臂链路。将路由器 Router1 的 fa0/1 接口划分为逻辑子接口 fa0/1.1 和 fa0/1.2。

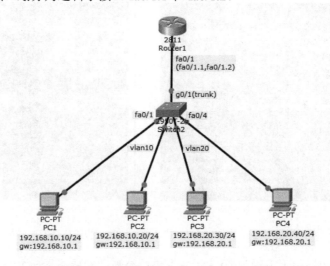

图 2-5-27　思科/锐捷路由器单臂路由实验

二层交换机 Switch2 的配置及主机参数保持不变。此时，从 PC2 到 PC1 通信成功（同一 VLAN），从 PC2 到 PC3、PC4（不同 VLAN）通信失败，如图 2-5-28 所示。

（a）　　　　　　　　　　　　　　（b）

图 2-5-28　只配置 Switch2、未配置 Router1 时的主机间通信情况

接下来在路由器 Router1 上配置子接口，命令如下：

```
en
conf t
int fa0/1.1        //创建子接口
encaps dot1q 10  //绑定 VLAN 协议和 ID
ip add 192.168.10.1 255.255.255.0
int fa0/1.2
```

```
encaps dot1q 20
ip add 192.168.20.1 255.255.255.0
end
int fa0/1
no shut
```

使用 show ip route 命令（特权模式下）查看 Router1 的路由表，如图 2-5-29 所示。

再次测试从 PC2 到 PC3、PC4 的通信，如图 2-5-30 所示，通信成功。

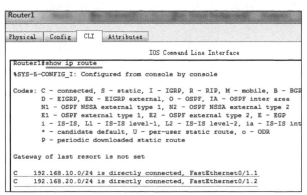

图 2-5-29　Router1 的路由表

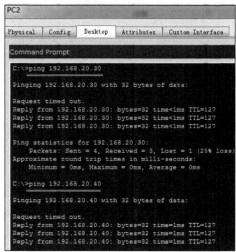

图 2-5-30　配置 Router1 单臂路由后测试
从 PC2 到 PC3、PC4 的通信情况

2.5.4　单臂路由与静态路由相结合

在 2.5.1～2.5.3 节中已经解决了多 VLAN 之间主机通信的问题，并引入了单臂路由的概

念。然而，在实际的网络工程中，这些技术可能只是整个网络系统的一部分。因此，有必要将多 VLAN 主机通信的单臂路由与之前学过的静态路由结合起来，以支持更复杂的网络系统，如图 2-5-31～图 2-5-33 所示。

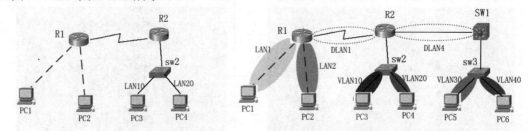

图 2-5-31　单臂路由与静态路由结合实例一　　　图 2-5-32　单臂路由与静态路由结合实例二

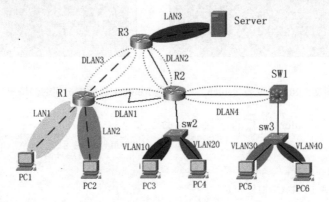

图 2-5-33　单臂路由与静态路由结合实例三

将多 VLAN 的单臂路由与静态路由相结合，需要注意以下几点。

（1）在路由器的物理接口上创建多个逻辑子接口后，需要绑定 dot1q 协议和 VLAN ID（vid），并配置正确的 IP 地址。同时需要激活物理接口。对于华为路由器，还需在子接口上开启 ARP 广播。

（2）如果二层交换机中有多个 VLAN，其上行接口应配置为 trunk 接口。

（3）思科/锐捷三层交换机的路由功能默认未开启，需在全局模式下使用 ip routing 命令启用路由功能。

（4）VLAN 仅存在于交换机中，路由器没有 VLAN 的概念。路由器根据路由表转发 IP 数据报。

2.5.5　习题

1. 什么是 VLAN 虚接口？华为与思科/锐捷分别如何定义 VLAN 虚接口并配置 IP 地址？
2. 华为路由器如何定义子接口，如何绑定 VLAN 协议和 IP 地址，并激活接口？
3. 思科/锐捷路由器如何定义子接口，如何绑定 VLAN 协议和 IP 地址，并激活接口？

实验 5　交换机路由器多 VLAN 多网段通信

2.6　交换机冗余链路技术

2.6.1　交换机冗余链路与问题

1．交换机冗余链路

为了提高网络的可靠性，通常会将 1 台交换机（SW）替换为 2 台交换机（SW1、SW2），如图 2-6-1（a）所示。这样，两台主机之间的通信链路从 1 条变为 2 条（L1、L2）。或者将 2 台交换机（SW1、SW2）替换为 3 台交换机（SW1、SW2、SW3），从 PC1 或 PC2 到服务器的通信链路从 1 条（L1）变为 2 条（L1、L2—L3）。这种设计形成了冗余链路。

冗余链路的作用是，当一条链路失效（如断开）时，数据可以通过另一条链路传输，确保网络数据传输的可靠性。

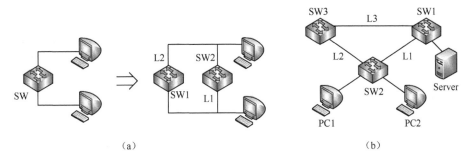

(a)　　　　　　　　　　　　　　　　　(b)

图 2-6-1　交换机链路冗余现象

2．交换机冗余链路的问题

冗余链路虽然提高了可靠性，但也会在网络中形成环路，导致以下问题。

（1）广播风暴：由于交换机链路是广播式以太网链路，广播帧在网络环路中被交换机循环转发，产生广播风暴（见图 2-6-2），导致网络带宽被大量占用，甚至使交换机崩溃。

（2）非广播帧重复传输：即使是单播帧，也可能在环路中被重复传输，浪费网络资源。

（3）交换机 MAC 地址表不稳定：环路会导致交换机的 MAC 地址表频繁变化，影响数据转发效率。

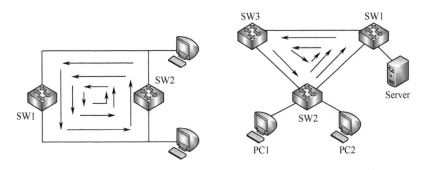

图 2-6-2　交换机冗余链路产生广播风暴

为了解决这些问题，需要采用生成树协议（STP）。

2.6.2　生成树协议与链路聚合

1. 生成树协议（STP）

生成树协议（Spanning Tree Protocol，STP）是 IEEE 802.1d 标准，用于在提供冗余链路的同时解决网络环路问题。

生成树协议通过生成树算法（SPA），在有环路的物理网络中生成一个无环路的逻辑树形网络，当主要链路出现故障时，能够自动切换到备份链路，以确保网络正常通信。

将物理环形网络生成没有环路的逻辑树形网络的实质，是通过 STP 程序自动将交换机的某个（或些）接口 shutdown（关闭），以达到使某条链路软断开的目的；当需要这条链路时，再通过 STP 程序自动激活该接口（no shutdown），从而恢复该链路，如图 2-6-3、图 2-6-4 所示。

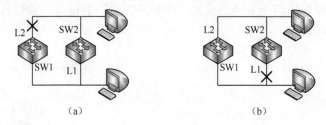

图 2-6-3　STP 协议将网络修剪为没有环路的逻辑树形结构一

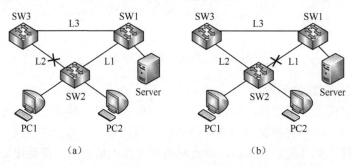

图 2-6-4　STP 协议将网络修剪为没有环路的逻辑树形结构二

生成树协议的发展经历了三代：第一代生成树协议（STP）、第二代生成树协议（RSTP）、第三代生成树协议（MSTP）。

生成树协议基于以下 3 点：

① 有唯一的组播 MAC 地址（01-80-C2-00-00-00），用于标识一个特定 LAN 上的所有交换机。这个组地址能被所有交换机识别。

② 每个交换机有唯一的桥 ID（Bridge ID），由优先级和交换机 MAC 地址组成。

③ 每个交换机的端口有唯一的端口 ID（Port ID），由端口优先级和端口序号组成。

含有 STP 协议的 BPDU（Bridge Protocol Data Unit，网桥协议数据单元）的以太帧如图 2-6-5 所示。BPDU 各字段的含义如图 2-6-6 所示。

生成树工作机制与流程：

（1）通过比较交换机的桥 ID（Bridge ID），选择优先级最低的交换机作为根交换机（Root Bridge，根桥）。交换机优先级和 MAC 地址越小，则 Bridge ID 越小。思科交换机默认优先级为 32769，华为交换机默认优先级为 32768，可以用命令修改优先级。

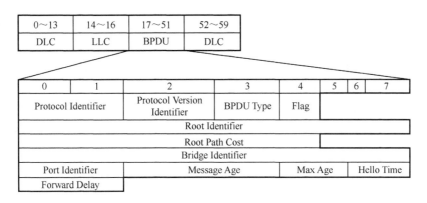

图 2-6-5　含 BPDU 的以太帧及 BPDU 各字段名

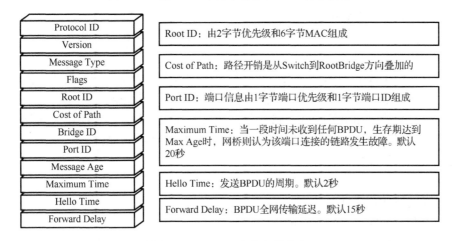

图 2-6-6　BPDU 各字段的含义

（2）计算每个交换机到根交换机的最短路径。

（3）每个非根交换机选择一个根端口（Root Port），即到达根交换机的最短路径端口。

（4）每个 LAN 确定一个指定交换机（Designated Bridge），其与 LAN 相连的端口称为指定端口（Designated Port）。

（5）交换机的根端口和指定端口进入转发状态（Forwarding）。

（6）交换机的其他冗余端口进入阻塞状态（Blocking 或 Discarding）。

非根交换机选择一个根端口时，需要比较从不同端到达根交换机的最短路径：

（1）比较本交换机到达根交换机路径的开销，选择开销最小路径的端口。

（2）如果路径开销相同，则比较发送 BPDU 交换机的 Bridge ID，选择 Bridge ID 较小的端口。

（3）如果发送者的 Bridge ID 相同（同一台交换机），则选择发送者 Port ID 较小的端口。

（4）如果发送者的 Port ID 相同，则比较接收者的 Port ID。

STP 的端口状态有 Blocking（阻塞）、Listening（监听）、Learning（学习）和 Forwarding（转发）共4 种状态，如图 2-6-7 所示。

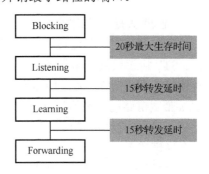

图 2-6-7　STP 协议下交换机端口的 4 种状态

生成树经过一段时间（默认为 50 秒）稳定后，所有端口要么进入转发状态，要么进入阻塞状态。

快速生成树协议（RSTP，IEEE 802.1w）：①引入替换端口（Alternate Port）和备份端口（Backup Port），在根端口/指定端口失效的情况下，替换端口/备份端口将无延迟地进入转发状态，可加快收敛速度（最快 1 秒内）。②点对点链路中的指定端口无须延迟即可进入转发状态。③边缘端口（Edge Port，直接与终端相连的端口）直接进入转发状态。

多生成树协议（MSTP，IEEE 802.1s）：持多个 VLAN，每个 VLAN 运行独立的生成树（Internal Spanning Tree，IST），于是交换机中有多个生成树。

2. 交换机链路聚合

以太网交换机的端口带宽大多为 100Mb/s 或 1Gb/s，交换机与交换机连接时 100Mb/s 或 1Gb/s 的链路带宽常常不够用。而交换机的端口较多，可以将交换机的几个端口合成一个虚拟的聚合端口。如果相互连接的两台交换机都采用这种端口的聚合，相互连接的多条链路便聚合为一条逻辑链路了。

链路聚合（Link Aggregate）是将两台交换机上的多个物理端口（连续的偶数个端口）绑定为一个逻辑聚合端口，形成一个具有更大宽带的逻辑聚合链路。

交换机链路聚合采用 IEEE 802.3ad 协议，定义了如何将两个以上的以太网链路组合成高带宽网络链路，实现负载共享、负载平衡，并增加带宽和提高可靠性。

链路聚合的主要作用：

（1）增加逻辑链路的带宽。

（2）提高链路的可靠性。

（3）在点到点链路上提供固有的自动冗余。

（4）实现流量均衡，聚合端口（Aggregate Port，AP）根据源 MAC 地址、目的 MAC 地址或 IP 地址分配流量。

交换机链路聚合的形式如图 2-6-8 所示。

(a) 三层交换机链路聚合   (b) 二层交换机链路聚合

图 2-6-8　交换机链路聚合的形式

2.6.3　思科/锐捷交换机冗余链路技术

1. 思科/锐捷生成树技术

只有当多台交换机连接成环路（存在冗余链路）时，才需要在每台交换机上启用生成 STP 协议。STP 协议根据链路带宽的不同，定义了不同的开销值。对于思科/锐捷交换机，10Mb/s 带宽链路的开销值为 100，100Mb/s 带宽链路的开销值为 19，1Gb/s 带宽链路的开销值为 4，10Gb/s 带宽链路的开销值为 2。

（1）思科交换机 STP 配置命令

全局模式下：

```
spanning-tree mode pvst/rapid-pvst    //启用 STP 协议，选类型为 pvst 或 rapid-pvst
spanning-tree vlan 1,3-5   priority   xxx
```

//设置交换机的 STP 优先级，1,3~5 为 VLAN ID；xxx 表示优先级，xxx 为优先级值（0～61440，必须是 4096 的倍数），默认值为 32768，使用 no spanning-tree priority 命令可恢复到默认值

spanning-tree vlan 1,3-5 root primary/secondary　//指定本交换机为根桥或备用根桥

接口模式下：

spanning-tree vlan 1,3-5 **port-priority** <0-240>

//设置端口优先级（0～240，必须是 16 的倍数），默认值为 128，使用 no spanning-tree port-priority 命令可恢复到默认值

（2）查看 STP（特权模式下）

show spanning-tree　　　　　　　　//查看生成树状态
show spanning-tree inter　x/x　　//查看接口的 STP 状态

只有 spanning-tree mode pvst 命令是必须的，其他命令为可选配置命令。在思科交换机组成的冗余链路网络中，只需在每台交换机的全局模式下执行 spanning-tree mode pvst 命令即可启用 STP 协议。

例如，在图 2-6-9（a）所示的交换机网络中，启用 STP 协议后，PC0 与 PC1、PC2 可以相互 ping 通，如图 2-6-9（b）所示。

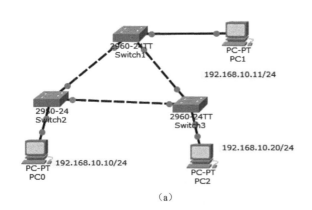
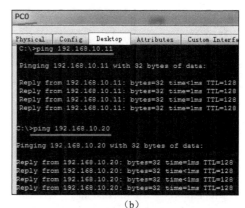

（a）　　　　　　　　　　　　　　　　　　（b）

图 2-6-9　思科交换机 STP 协议应用

从图 2-6-10（a）可以看到 Switch2 的 STP 信息如下。

Bridge ID：32769 00E0.A35C.01B1

根桥 ID（Root ID）：32769 000A.41D7.A373

端口信息：

端口名	端口角色	端口状态	端口开销值	端口优先级
fa0/1	Root	FWD	19	128.1
fa0/3	Altn	BLK	19	128.3
fa0/5	Desg	FWD	19	128.5

由此可知，Switch2 不是根桥；fa0/1 是根端口（Root Port），处于转发状态（FWD），端口开销为 19（100Mb/s 带宽）；fa0/5 是指定端口（Designated Port），处于转发状态（FWD），端口开销为 19（100Mb/s 带宽）；fa0/3 是替代端口（Alternate Port），处于阻塞状态（BLK），端口开销为 19（100Mb/s 带宽）。可见，非根交换机一定有一个根口（Root Port）。

从图 2-6-10（b）可以看到 Switch1 的 STP 信息如下。

Bridge ID：32769 000A.41D7.A373

根桥 ID（Root ID）：32769 000A.41D7.A373

端口信息：

端口名	端口角色	端口状态	端口开销值	端口优先级
fa0/1	Desg	FWD	19	128.1
fa0/2	Desg	FWD	19	128.2
fa0/5	Desg	FWD	19	128.5

由此可知，Switch1 是根桥（Bridge ID 与 Root ID 相同）；所有端口都是指定端口，处于转发状态，端口开销均为 19。可见，根交换机没有根端口。

```
Switch2#show span
VLAN0001
  Spanning tree enabled protocol ieee
  Root ID    Priority    32769
             Address     000A.41D7.A373
             Cost        19
             Port        1(FastEthernet0/1)
             Hello Time  2 sec  Max Age 20 sec  Fo
sec

  Bridge ID  Priority    32769 (priority 32768 sy
             Address     00E0.A35C.01B1
             Hello Time  2 sec  Max Age 20 sec  Fo
sec

             Aging Time  20

Interface       Role Sts Cost      Prio.Nbr Type
--------------- ---- --- --------- -------- ----
--------------------------------------------
Fa0/1           Root FWD 19        128.1    P2p
Fa0/3           Altn BLK 19        128.3    P2p
Fa0/5           Desg FWD 19        128.5    P2p

              (a)
```

```
Switch1#show spanning-tree
VLAN0001
  Spanning tree enabled protocol ieee
  Root ID    Priority    32769
             Address     000A.41D7.A373
             This bridge is the root
             Hello Time  2 sec  Max Age 20 sec  Forw
sec

  Bridge ID  Priority    32769 (priority 32768 sys-
             Address     000A.41D7.A373
             Hello Time  2 sec  Max Age 20 sec  Forw
sec

             Aging Time  20

Interface       Role Sts Cost      Prio.Nbr Type
--------------- ---- --- --------- -------- ----
--------------------------------------------
Fa0/1           Desg FWD 19        128.1    P2p
Fa0/2           Desg FWD 19        128.2    P2p
Fa0/5           Desg FWD 19        128.5    P2p

              (b)
```

图 2-6-10 思科交换机查看 STP 信息

（2）锐捷交换机生成树协议配置命令

全局模式下：

spanning-tree   //启用生成树协议
spanning-tree mode stp/rstp   //选择生成树协议类型为 STP 或 RSTP
spanning-tree priority <0-61440>
//设置交换机的 STP 优先级（取值为 0～61440，必须是 4096 的倍数），默认值为 32768

接口模式下：

spanning-tree port-priority <0-240> //设置端口优先级（取值为 0～240，必须是 16 的倍数），默认值为 128

查看 STP 信息（特权模式下）：

show spanning-tree   //显示生成树状态
show spanning-tree interface fa0/1   //显示接口的 STP 状态

只有 spanning-tree、spanning-tree mode stp/rstp 命令是必须的，其他命令为可选配置命令。

在锐捷交换机组成的冗余链路网络中，只需在每台交换机的全局模式下执行以下命令即可启用 STP 协议：

Spanning-tree
Spanning-tree mode rstp

2．思科/锐捷链路聚合技术

（1）思科交换机端口聚合命令

全局模式下：

interface   port-channel n   //创建虚拟聚合端口 n（n 为正整数），并进入接口模式
switch mode trunk|access   //将聚合端口配置为 access 或 trunk 接口
switch trunk allowed vlan… | **access** vlan…   //为聚合端口指定 VLAN ID
inter range   ?/? - ?   //进进入连续的偶数个物理接口
channel-group n mode on | active   //将这些物理接口绑定到虚拟聚合端口 n

注意：

① 组端口必须为连续的偶数个端口；

② 组端口的速率必须一致；

③ 组端口必须属于相同的 VLAN；

④ 组端口使用的传输介质必须相同；

⑤ 组端口必须属于同一层次，且与虚拟聚合端口在同一层次；

⑥ 虚拟聚合端口可以配置为 access 或 trunk 接口。实际应用中，三层交换机的虚拟聚合端口通常配置为 access 接口，而二层交换机的虚拟聚合端口通常配置为 trunk 接口。

查看虚拟聚合端口信息命令：

show etherchannel port-channel

如图 2-6-11 所示，将两台思科二层交换机 Switch1 与 Switch2 的 fa0/21～fa0/24 接口相连，并聚合为 trunk 性质的虚拟端口（channel-group2）。Switch1 与 Switch2 下各有 2 台主机，分别属于 vlan10 和 vlan20。

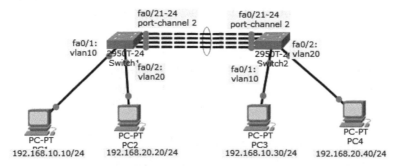

图 2-6-11　思科二层交换机链路聚合（trunk）示例

Switch1 的配置命令（全局模式下）：

```
vlan 10
vlna 20
int fa0/1
switch acc vlan 10
int fa0/2
switch acc vlan 20
exit
```

```
int port-channel 2
switch mode trunk
switch trunk allowed vlan 10,20
exit
int range fa0/21 - 24
channel-group 2 mode on
```

Switch2 的配置命令与 Switch1 相同。

配置完成后，使用 show etherchannel port-channel 命令查看虚拟聚合端口的详细信息。测试 PC1（vlan10）与 PC3（vlan10）、PC2（vlan20）与 PC4（vlan20）的通信，结果如图 2-6-12 所示，同一 VLAN 内的主机通信成功。

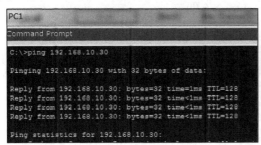

图 2-6-12　PC1 与 PC3、PC2 与 PC4 通信成功

（2）锐捷交换机端口聚合命令

全局模式下：

interface aggregateport group-number	//创建虚拟聚合端口 group-number（正整数）
witch mode trunk|access	//将聚合端口配置为 access 或 trunk 接口
switch trunk allowed vlan... | **access** vlan...	//为聚合端口指定 VLAN ID
inter range ? /? - ?	//进入连续的物理接口
port-group group-number	//将这些物理接口绑定到虚拟聚合端口 group-number

查看端口聚合信息（特权模式下）：

show aggregateport summary	//查看端口聚合摘要信息
show aggregateport load-balance	//查看聚合端口的流量平衡方式

配置流量平衡方式：

aggregateport load-balance {dst-mac |src-mac |ip}	//设置流量平衡方式
no aggregateport load-balance	//恢复流量平衡方式的默认设置

在特权模式下显示 AP 设置：

show aggregateport [port-number]{load-balance|summary}

例如，将二层交换机 SwitchA 的 fa0/1 和 fa0/2 接口分别与 SwitchB 的 fa0/1 和 fa0/2 接口连接，并配置为聚合链路。

SwitchA 的配置命令（全局模式下）：

inter aggregateport 5	//创建虚拟聚合端口 AG5
switch mode trunk	//配置 AG5 为 trunk 接口
exit	
inter range fa 0/1 - 2	
port-group 5	//将 fa0/1 和 fa0/2 绑定到 AG5
end	
show aggregateport 5 summary	//查看端口 AG5 的信息

SwitchB 的配置命令与 SwitchA 相同。

2.6.4 华为交换机冗余链路技术

1. 华为生成树技术

STP 协议根据链路带宽的不同，定义了不同的开销值。华为网络技术规定：100Mb/s 带宽链路的开销值为 200000，1Gb/s 带宽链路的开销值为 20000，10Gb/s 带宽链路的开销值为 2000。

华为交换机生成树协议的配置命令（系统视图下）：

stp mode stp|rstp|mstp	//设置 STP 类型（STP、RSTP 或 MSTP）
stp enable	//启用 STP 协议
stp priority xxx	//设置交换机 STP 优先级，xxx 为 0~61440（必须是 4096 的倍数）
stp root primary|secondary	//指定本交换机为主根交换机或备用根交换机
stp port priority n	//指定端口优先级，n 为 0~240（必须是 16 的倍数）

在简单情况下，只需配置 stp mode 和 stp enable 命令即可。

查看生成树信息的命令：

display stp	//查看 STP 的全部信息
或 disp stp brief	//查看 STP 的主要信息
或 disp stp vlan n	//查看 vlan n 的 STP 主要信息（如 disp stp vlan 1）

在图 2-6-13（a）所示的环形网络中，三台交换机（LSW1、LSW2、LSW3）与三台主机（PC1、PC2、PC3）连接。在每台交换机上启用 STP 协议：

stp mode rstp
stp enable

在任意一台交换机上执行 disp stp vlan 1 或 disp stp brief 命令,可以查看 STP 的主要信息。测试 PC1 与 PC2、PC3 的通信,结果如图 2-6-13(b)所示,通信成功。

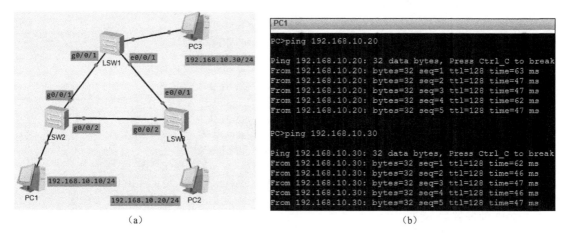

图 2-6-13　华为交换机生成树协议应用

2. 华为链路聚合技术

华为交换机端口聚合的基本命令如下。

(1)创建虚拟聚合端口

interface eth-trunk n	//创建虚拟聚合端口 n(n 为正整数),并进入虚拟端口视图
port link-type access | trunk	//设置虚拟聚合端口为 access 或 trunk 接口
port default vlan ... | trunk allow-pass vlan...	//指定虚拟聚合端口允许通过的 VLAN

虚拟聚合端口可以配置为 access 或 trunk 接口。三层交换机的虚拟聚合端口通常配置为 access 接口;二层交换机虚拟聚合端口既可以设置为 access 接口,也可以设置为 trunk 接口。

(2)将物理接口绑定到虚拟聚合端口

interface ?/?	//进入某个物理接口视图
eth-trunk n	//将该接口加入虚拟聚合端口 n

重复上述命令,可将连续偶数个物理接口与虚拟聚合端口 n 绑定。

如图 2-6-14 所示,两台华为三层交换机(LSW1、LSW2)通过 g0/0/1～g0/0/6 接口连接,并采用端口聚合技术捆绑为 trunk 链路。将 LSW1 的 g0/0/10 接口设置为 access 接口,允许 vlan10(int vlan10:192.168.10.1/24)通过;将 LSW2 的 g0/0/10 接口配置为 access 接口,允许 vlan20(int vlan10:192.168.20.1/24)通过;在 LSW1 和 LSW2 上分别配置静态路由,使 PC1(vlan10)和 PC2(vlan20)能够通信。

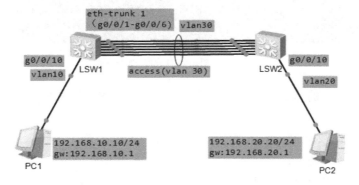

图 2-6-14　华为三层交换机链路聚合(trunk)与静态路由

LSW1 的配置如下：

```
vlan 10
vlan 30
int vlan 10
ip add 192.168.10.1 24
int vlan 30
ip add 10.1.1.1 30
q
int g0/0/10
port link-type acc
port default vlan 10
int eth-trunk 1
port link-type acc
port default vlan 30
int g0/0/1
eth-trunk 1
int g0/0/2
eth-trunk 1
int g0/0/3
eth-trunk 1
int g0/0/4
eth-trunk 1
int g0/0/5
eth-trunk 1
int g0/0/6
eth-trunk 1
q        //返回系统视图
ip rout 192.168.20.0 24 10.1.1.2
```

LSW2 的配置如下：

```
vlan 20
vlan 30
int vlan 20
ip add 192.168.20.1 24
int vlan 30
ip add 10.1.1.2 30
q
int g0/0/10
port link-type acc
port default vlan 20
int eth-trunk 1
port link-type acc
port default vlan 30
int g0/0/1
eth-trunk 1
int g0/0/2
eth-trunk 1
int g0/0/3
eth-trunk 1
int g0/0/4
eth-trunk 1
int g0/0/5
eth-trunk 1
int g0/0/6
eth-trunk 1
q          //返回系统视图
ip rout 192.168.10.0 24 10.1.1.1
```

在 LSW1 上使用 disp eth-trunk 1 命令查看端口聚合的情况，如图 2-6-15 所示。

```
LSW1
<LSW1>disp eth-trunk 1
Eth-Trunk1's state information is:
WorkingMode: NORMAL          Hash arithmetic: According to SIP-XOR-DIP
Least Active-linknumber: 1   Max Bandwidth-affected-linknumber: 8
Operate status: up           Number Of Up Port In Trunk: 6
--------------------------------------------------------------------------------
PortName                      Status      Weight
GigabitEthernet0/0/1          Up          1
GigabitEthernet0/0/2          Up          1
GigabitEthernet0/0/3          Up          1
GigabitEthernet0/0/4          Up          1
GigabitEthernet0/0/5          Up          1
GigabitEthernet0/0/6          Up          1
```

图 2-6-15　查看 LSW1 的端口聚合情况

测试 PC1 与 PC2 的通信，验证链路聚合的冗余性和静态路由的正确性，如图 2-6-16 所示，通信成功。

将 LSW1 与 LSW2 之间的 6 条捆绑物理链路依次断开 1 条、2 条、3 条、4 条，连续测试 PC1 与 PC2 的通信是否成功。结果表明，即使在断开 4 条链路、仅剩 2 条链路时，PC1 与 PC2 的通信仍然成功。这证明了交换机链路聚合的可靠性和冗余性。

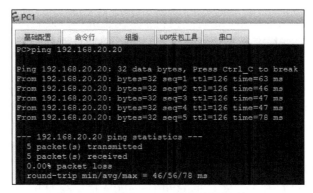

图 2-6-16　测试 PC1 与 PC2 的通信情况

当仅剩 2 条链路时，在捆绑的一条物理链路上实施抓包，结果如图 2-6-17 所示。从抓包文件可以看出，聚合链路两端的交换机在协商聚合协议时，会发送大量的 STP 报文。这说明交换机链路聚合协议与生成树协议密切相关。

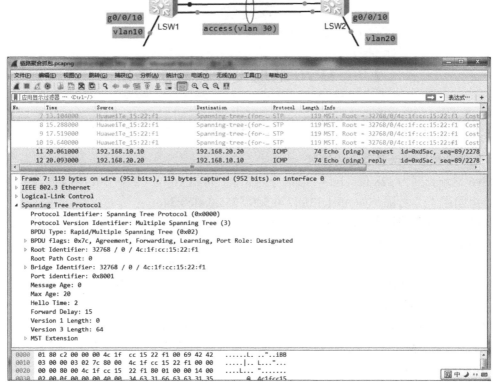

图 2-6-17　链路聚合冗余测试与 Wireshark 抓包

交换机链路聚合（端口聚合、物理链路捆绑）是现实网络系统中常用的技术，尤其是在三层交换机的 trunk 链路聚合中广泛应用。

2.6.5　习题

1. 生成树协议的功能是什么？三代生成树 STP、RSTP、MSTP 对应的协议分别是什么？

2．由多个交换机组成的网络，每台交换机都启用生成树协议后，如何选举根交换机？选举产生几台根交换机？非根交换机去往根交换机的接口叫什么接口？交换机去往一个 LAN 的接口叫什么接口？

3．写出华为交换机生成树优先级配置命令、端口优先级配置命令、生成树配置命令。

4．写成思科/锐捷交换机生成树优先级配置命令、端口优先级配置命令、生成树配置命令。

5．若有思科交换机 A 和 B，将 A 的 fa0/1～fa0/4 接口与 B 的 fa0/1～fa0/4 接口连接成聚合链路（聚合端口），并将聚合端口设置为 trunk 接口，允许 VLAN8 和 VLAN9 的帧通过，写出交换机 A 或 B 的配置命令。

6．若有华为交换机 C 和 D，将 C 的 g0/0/1～g0/0/4 接口与 D 的 g0/0/1～g0/0/4 接口连接成聚合端口（聚合链路），并将聚合端口设置为 access 接口，允许 VLAN28 的帧通过，并在 C、D 上分别给 VLAN28 虚接口配置正确的 IP 地址。写出交换机 C 与 D 的配置命令。

实验 6　交换机冗余链路技术

2.7　IPv6 地址设计与静态路由

2.7.1　IPv6 地址、IPv6 数据报与直连路由

1．IPv6 地址表示及蕴含的信息

IPv6 地址长度为 128 位（bit），通常分为 8 组，每组 16 位（2 字节），用 4 位十六进制数表示，组间用 ":" 分隔，如 6f01:12fc:770:5d0:5555:0:afe0:34e。

IPv6 采用零压缩技术，地址中连续多个 0 可用双冒号 "::" 表示，如 fe80:2c::bcd8。每个 IPv6 地址只能使用一次零压缩符号 "::"。

IPv6 地址通常伴随一个 128 位的掩码，用网络前缀长度表示，格式为 "/xx"，其中 xx 为十进制数。若网络前缀长度为 120，则掩码为 1…100000000（二进制数，连续 120 个 1，后接 8 个 0），其网络前缀（掩码）可以表示为/120。

例如，10::1/64：IPv6 地址为 10::1，网络前缀长度为 64。

注意，IPv6 地址用十六进制数表示，而网络前缀长度用十进制数表示。例如，10::1/64 中的 10::1 是十六进制数，64 是十进制数；8800::2/96 中的 8800::2 是十六进制数，96 是十进制数。

以 a1::78/120 为例，IPv6 地址和网络前缀长度蕴含以下信息。

（1）该 IPv6 地址所在地址块的总地址数。主机号位数为 128 − 120 = 8 位，地址块共有 $2^8 = 256$ 个地址。

（2）可指派的地址数。总地址数减去 2（网络地址和广播地址），即可指派地址数为 256 − 2 = 254 个。

（3）网络地址。将 IPv6 地址和掩码转换为二进制数后进行"位与"运算，结果为网络地址。例如，a1::78/120 的网络地址为 a1::。

（4）广播地址。将主机号全置为 1 的 IPv6 地址即为广播地址。例如，a1::78/120 的广播地址为 a1::ff。

（5）地址范围（从网络地址到最广播地址）。例如，a1::78/120 的地址范围为 a1::～a1::ff。

（6）可指派地址范围（去掉网络地址和广播地址后的范围）。例如，a1::78/120 的可指派IP 地址范围为 a1::1～a1::fe。

（7）地址块的表示。用网络地址/前缀长度表示。例如，a1::78/120 所在的地址块为 a1::/120。

特殊情况下，即网络前缀为/126，该地址块共有 4 个 IPv6 地址，其中 2 个可指派地址。例如，a1::8/126 的地址块的地址为 a1::8、a1::9、a1::a 和 a1::b，可指派地址为 a1::9/126 和a1::a/126。

2. 华为 IPv6 地址配置与 IPv6 数据报、直连路由

（1）华为 IPv6 地址配置命令

① 启用 IPv6 协议：

ipv6	//在系统视图下执行

② 接口 IPv6 地址配置：

interface x/x 或 **int** x/x	//进入接口视图，x/x 既可以是路由器接口，也可以是 VLAN 虚接口
ipv6 enable	//启用接口的 IPv6 功能
ipv6 address xx::xx:x M	//配置 IPv6 地址，M 为网络前缀长度
undo shut	//激活接口（默认未激活）
display ipv6 routing-table	//查看 IPv6 路由表

（2）IPv6 数据报截获与分析

用华为交换机和 3 台主机组成的简单网络如图 2-7-1 所示。主机 PC3、PC4 和 PC5 的 IPv6 地址和网络前缀如图中所示，主机 IPv6 地址配置界面如图 1-9-2 所示。

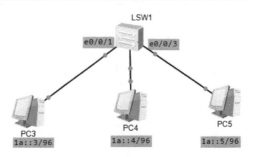

图 2-7-1　华为交换机简单 IPv6 网络

在 PC3 的 DOS 命令行界面输入 ipconfig 命令，查看 IP 地址等参数，如图 2-7-2（a）所示，除了配置的 1a::3/96 地址，还会看到一个链路本地地址 fe80::5689:98ff:fe81:e22，这是通过 IPv6 无状态（ND）自动配置生成的。

（a）

图 2-7-2　在 PC3 的 DOS 命令行界面查看 IP 信息及通信测试情况

(b)   (c)

图 2-7-2   在 PC3 的 DOS 命令行界面查看 IP 信息及通信测试情况（续）

在 PC3 的 DOS 命令行界面，使用 ping 命令分别测试 fe80::5689:98ff:fe81:e22 和 PC5 的
地址 1a::5，通信结果如图 2-7-2（b）、（c）所示。然后，右键单击交换机 LSW1 的 e0/0/1 接
口，在弹出的快捷菜单中选择"开始抓包"，通过 Wireshark 抓取流经 LSW1 的 e0/0/1 接口的
IPv6 数据报，如图 2-7-3 所示。

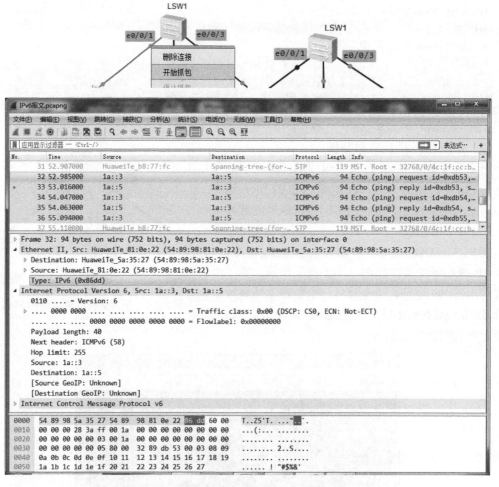

图 2-7-3   通过 Wireshark 抓取到的 IPv6 数据报

从图 2-7-3 可以看到以太帧、IPv6 报文的如下信息：

① 选中的是第 32 以太帧，以太帧首部的类型字段（第 13、14 字节）值为 0x86dd，表

示数据部分为 IPv6 报文（若为 0x0800，则为 IPv4 报文）；

② IPv6 报文的基本首部长度为 40 字节；

③ 数据部分为 ICMPv6 报文（协议号为 58）；

④ 报文的跳数限制为 255 跳；

⑤ 报文源 IPv6 地址为 1a::3，目的 IPv6 地址为 1a::5。

说明：IPv6 报文的组成由 IP 协议规定，与使用的路由器或交换机无关。在实物实验中，可以使用 Wireshark 抓包。在 Wireshark 主界面选择网卡后，单击"开始捕获分组"按钮即可。

（3）路由器 IPv6 直连路由

将华为路由器与 2 台主机连成如图 2-7-4 所示的简单网络。由于路由器的每个接口连接不同的网络，因此需要为每个接口配置一个属于不同网络的 IPv6 地址。路由器通过接口地址，使用"位与"运算计算出直连网络，从而自动获得所有直连网络（网络地址/前缀长度）。主机 IP 地址等参数按图 1-9-2 所示界面配置，路由器 R1 的参数配置如下：

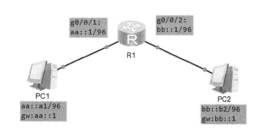

图 2-7-4　华为路由器与主机组成的简单 IPv6 网络

```
sys                              undo shut
sysname R1                       int g0/0/2
ipv6                             ipv6 enable
int g0/0/1                       ipv6 add bb::1 96
ipv6 enable                      undo shut
ipv6 add aa::1 96
```

配置完成后，使用 disp ipv6 rout（或 display ipv6 routing-table）命令查看路由表，如图 2-7-5（a）所示。可以看到两条直连路由：直连网络 AA::/96 在接口 G0/0/1；直连网络 BB::/96 在接口 G0/0/2，直连路由的开销（Cost）值为 0。

```
E R1
[R1]disp ipv6 rout
Routing Table : Public
        Destinations : 6  Routes : 6

Destination    : ::1                  PrefixLength : 128
NextHop        : ::1                  Preference   : 0
Cost           : 0                    Protocol     : Direct
RelayNextHop   : ::                   TunnelID     : 0x0
Interface      : InLoopBack0          Flags        : D

Destination    : AA::                 PrefixLength : 96
NextHop        : AA::1                Preference   : 0
Cost           : 0                    Protocol     : Direct
RelayNextHop   : ::                   TunnelID     : 0x0
Interface      : GigabitEthernet0/0/1 Flags        : D

Destination    : AA::1                PrefixLength : 128
NextHop        : ::1                  Preference   : 0
Cost           : 0                    Protocol     : Direct
RelayNextHop   : ::                   TunnelID     : 0x0
Interface      : GigabitEthernet0/0/1 Flags        : D

Destination    : BB::                 PrefixLength : 96
NextHop        : BB::1                Preference   : 0
Cost           : 0                    Protocol     : Direct
RelayNextHop   : ::                   TunnelID     : 0x0
Interface      : GigabitEthernet0/0/2 Flags        : D
```

（a）

图 2-7-5　路由器 R1 直连路由与 ping 命令的使用

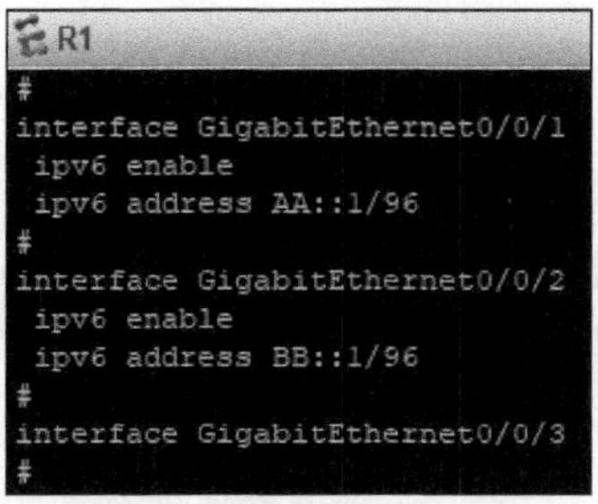

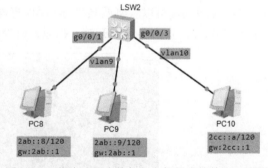

（b） 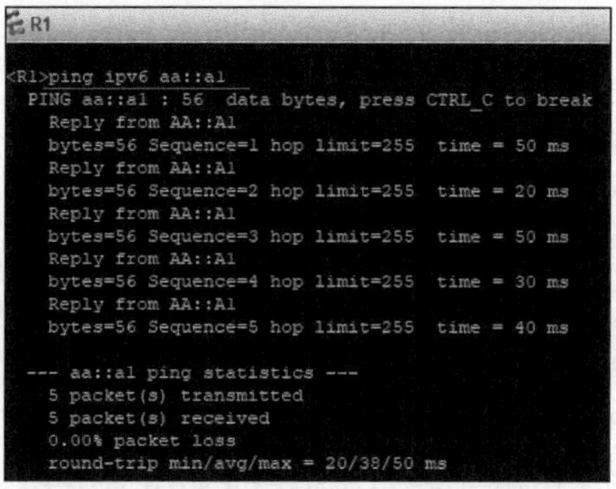　　　　　　　　　　　　　　　（c）

图 2-7-5　路由器 R1 直连路由与 ping 命令的使用（续）

使用 disp curr 命令查看接口参数，如图 2-7-5（b）所示。使用 ping 命令测试与直连网络主机的通信，如图 2-7-5（c）所示。命令格式为

```
ping   ipv6   xx::xx:x
```

在 R1 的直连路由支持下，只要 PC1 和 PC2 配置了正确的 IPv6 地址和默认网关，它们就可以相互通信，如图 2-7-6 所示。

（4）三层交换机 IPv6 直连路由

三层交换机同样支持 IPv6 直连路由。与路由器不同的是，三层交换机通常不直接为物理接口配置 IP 地址，而是先为 VLAN 虚接口配置 IP 地址，再将 VLAN 指派给物理接口。

将华为三层交换机 LSW2（S5700 型）与 3 台主机（PC8、PC9、PC10）连接，如图 2-7-7 所示。先为主机配置 IPv6 地址等参数。

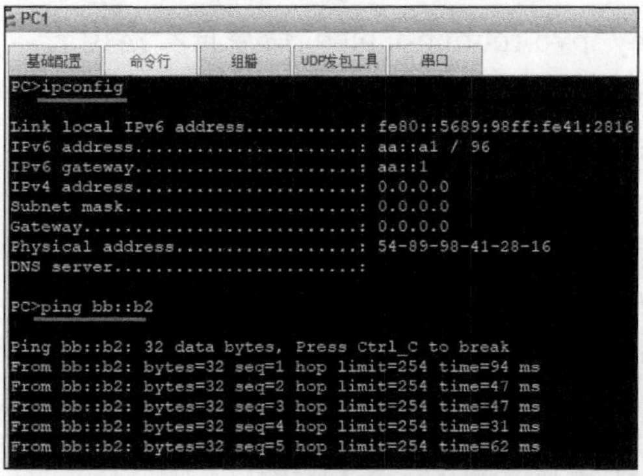

图 2-7-6　从 PC1 到 PC2 的通信情况　　　　图 2-7-7　华为三层交换机与主机组成简单 IPv6 网络

在交换机上创建 vlan9 和 vlan10，将 g0/0/1、g0/0/2 接口配置为 access 接口，允许 vlan9 的帧通过；将 g0/0/3 接口配置为 access 接口，允许 vlan10 的帧通过。LSW2 配置命令如下：

```
ipv6                          port link-type acc
vlan 9                        port default vlan 9
vlan 10                       int g0/0/2
int vlan 9                    port link-type acc
ipv6 enable                   port default vlan 9
ipv6 add 2ab::1 120           int g0/0/3
int vlan 10                   port link-type acc
ipv6 enable                   port default vlan 10
ipv6 add 2cc::1 120           q
int g0/0/1
```

使用 disp vlan 命令查看 VLAN 分布情况，如图 2-7-8 所示。使用 disp ipv6 rout（或 display ipv6 routing-table）命令查看路由表，如图 2-7-9（a）所示。可以看到两条直连路由：2ab::/120 和 2cc::/120。

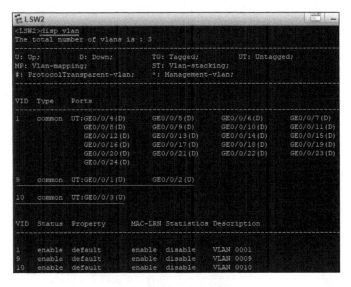

图 2-7-8　查看三层交换机 VLAN

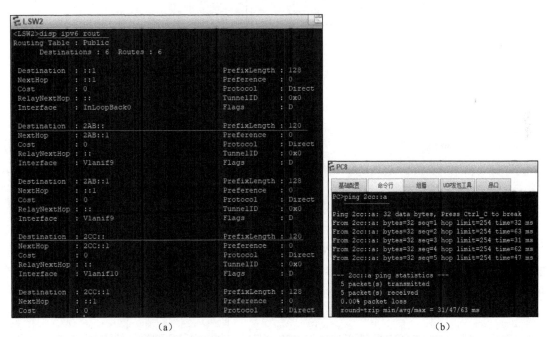

(a)　　　　　　　　　　　　　　　　　　　(b)

图 2-7-9　查看三层交换机直连路由

测试从 PC8 到 PC10（IPv6 地址为 2cc::a）的通信，结果如图 2-7-9（b）所示。

3. 思科/锐捷 IPv6 地址配置、直连路由与 IPv6 数据报

（1）思科/锐捷 IPv6 地址配置命令格式

① 启用 IPv6 单播路由：

ipv6　unicast-routing　　　　　　　//在全局模式下启用

② 接口 IPv6 地址配置与激活：

interface xx/x	//进入接口模式，xx/x 可以是路由器接口或三层交换机的 VLAN 虚接口
ipv6 enable	//启用接口的 IPv6 功能
ipv6 address xx::xx:xx/M	//为接口配置 IPv6 地址，M 为网络前缀长度
no shut	//激活路由器接口（交换机接口默认已激活）

③ 查看路由表：

show ipv6 route	//在特权模式下查看 IPv6 路由表

（2）思科/锐捷路由器直连路由与 IPv6 数据报

使用 1 台思科 2811 型路由器 R1 与 2 台主机（PC1、PC2）建立 IPv6 直连网络，如图 2-7-10（a）所示。

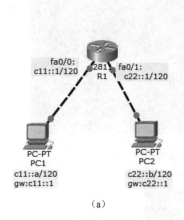
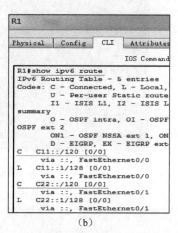

图 2-7-10　思科路由器与主机组成简单的 IPv6 网络及直连路由

按照图 2-7-10（a）为主机 PC1 和 PC2 配置 IPv6 地址等参数。

路由器 R1 的配置命令如下（全局模式下）：

```
ipv6 unicast-routing          int fa0/1
int fa0/0                     ipv6 enable
ipv6 enable                   ipv6 add c22::1/120
ipv6 add c11::1/120           no shut
no shut
```

使用 show ipv6 route 命令查看路由器自动获得的 IPv6 直连网络（c11::/120 和 c22::/120）的路由，如图 2-7-10（b）所示。在 PC1 的 DOS 命令行界面运行 ipv6config 命令，查看主机的 IPv6 单播地址和链路本地地址等参数，如图 2-7-11（a）所示。从 PC1 ping PC2（IPv6 地址为 c22::b），结果如图 2-7-11（b）所示，通信成功。

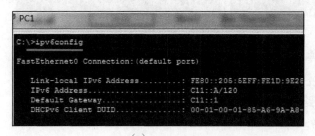
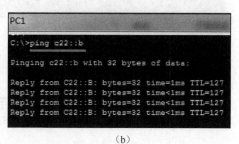

图 2-7-11　PC1 的参数显示及从 PC1 到 PC2 的通信测试

（3）在 Packet Tracer 中抓取 IPv6 数据报

如图 2-7-12 所示，①在 Packet Tracer 界面右下角，单击 Simulation 按钮；②单击 Edit Filter（编辑过滤器）按钮；③在协议过滤对话框中，选择"IPv6"并勾选"ICMPv6"。

打开 PC1 的 DOS 命令行界面，输入 ping c22::b 并回车；然后，单击 Auto Capture/Play 按钮，开始抓取 ICMPv6 协议报文，如图 2-7-13（a）所示。

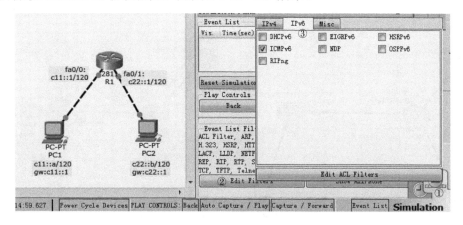

图 2-7-12　Packet Tracer 仿真模式的设置

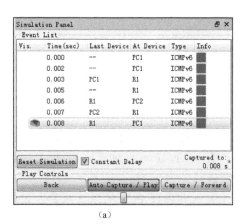

（a）

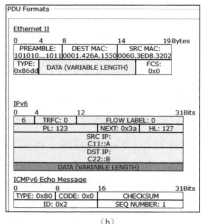

（b）

图 2-7-13　Packet Tracer 仿真模式调试抓取到的报文

选择一个数据报［见图 2-7-13（b）］，从上到下依次分析：①Ethernet II 帧，帧首部包含源 MAC 地址、目的 MAC 地址和协议类型字段（0x86dd，表示数据部分为 IPv6 报文）；②IPv6 数据报，基本首部显示源 IPv6 地址为 C11::A、目的 IPv6 地址为 C22::B，下一个协议字段为 0x3a（十进制数 58，表示数据部分为 ICMPv6 报文）；③ICMPv6 的 Echo Message 报文。

说明：以上抓包过程基于思科仿真软件 Packet Tracer。在实物实验中，可以使用专门的抓包软件（如 Wireshark）进行抓包分析。

2.7.2　IPv6 地址设计与思科静态路由

1. IPv6 地址设计、配置与测试

IPv6 地址的设计前提包括：①确定网络中的设备（如路由器、交换机、主机等）及其数

量；②绘制网络原理图，标明设备之间的连接关系；画一个网络原理图，用通信线路将所有的设备连接起来；③概要设计 IPv6 地址块（子网），并确保符合预先的规定（如有）。

如图 2-7-14（a）所示的网络连接图，先为该网络概要设计其 IPv6 地址块。根据 IP 协议原则：路由器的每个接口应分别连接不同的网络（子网），主机与路由器接口连接的 IP 地址应属于同一子网，两台路由器相连的接口 IP 地址应属于同一子网。然后，设计路由器每一个接口的地址、每一台主机的 IP 地址和默认网关。

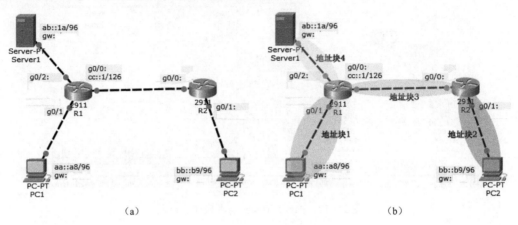

| (a) | (b) |

图 2-7-14　IPv6 地址块概要设计

根据 IPv6 协议，规划一个 IPv6 网络（子网）就是规划一个 IPv6 地址块。为图 2-7-14（a）所示网络规划 4 个 IP 地址块，并通过"位与"运算计算出每个地址块的网络地址。4 个地址块分别为

地址块 1：aa::/96；地址块 2：bb::/96；地址块 3：cc::/126；地址块 4：ab::/96

再为两台路由器的接口（除了 R1 的 g0/0 接口）设计 IPv6 地址。

R1 的 g0/1 接口：由于地址块 1 的网络前缀长度为 96，IPv6 地址中主机号为 32 位，因此地址块 1 的 IPv6 地址范围为 aa::～aa::ffff:ffff，可指派的 IPv6 地址范围为 aa::1～aa::ffff:fffe。选择最小可指派地址 aa::1/96，并设置 PC1 的默认网关为 aa::1。

同理，R2 的 g0/1 接口：IPv6 地址为 bb::1/96，并设置 PC2 的默认网关为 bb::1。R1 的 g0/2 接口：IPv6 地址为 ab::1/96，并设置 Server1 的默认网关为 ab::1/96。R2 路由器的 g0/0 接口：IPv6 地址为 cc::2/126（因为地址块 cc::/126 只有 2 个可指派 IPv6 地址 cc::1、cc::2，其中 cc::1 已用）。

IPv6 地址设计完成后的网络如图 2-7-15 所示。

IPv6 地址的配置与测试。先将所有 IPv6 地址在设备上配置并激活接口。分两步进行测试：①同一个网络（地址块）内的设备应能互相 ping 通；②同一路由器的所有直连网络内的设备应能互相 ping 通。注意，在 DOS 命令行界面使用 ping 命令进行通信测试，发现问题及时解决。

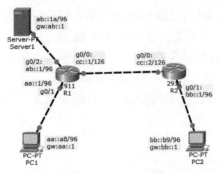

图 2-7-15　具体 IPv6 地址设计后的网络

2. 思科/锐捷路由器 IPv6 静态路由设计

在完成 IPv6 地址设计与配置后，路由器直连网络

内的主机与非直连网络的主机仍无法通信。例如，图 2-7-15 中的 PC2 与 Server1、PC2 与 PC1 无法通信。通过配置 IPv6 静态路由可以解决此问题。

（1）思科/锐捷 IPv6 静态路由命令格式（全局模式下）

ipv6　route　??????/xx　nexthop|intername　[cost]
//??????：IPv6 地址块的网络地址
//xx：网络前缀长度
//nexthop：下一跳路由器的 IPv6 地址
//intername：接口名，仅适用于点对点链路接口（如 Serial 接口）
//cost：路由开销值（取值范围为 1～254），为可选项

默认路由的命令格式为

ipv6　route　::/0　nexthop|intername　[cost]

（2）思科/锐捷 IPv6 静态路由应用

对于图 2-7-15 所示的 IPv6 网络，在配置完 IPv6 地址后，在 PC2 上 ping PC1 或 Server1 均不通，如图 2-7-16（a）所示，图中 aa::a8 为 PC1 的 IPv6 地址。

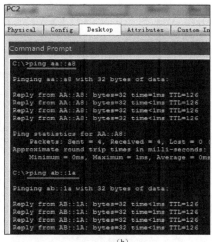

图 2-7-16　配置 IPv6 静态路由前后非直连网络通信测试

在全局模式下，为 R1 配置 IPv6 静态路由：

ipv6　route　bb::/96　cc::2

在全局模式下，为 R2 配置 IPv6 静态路由：

ipv6　route　aa::/96　cc::1
ipv6　route　ab::/96　cc::1

或为 R2 配置一条默认路由：

ipv6　route　::/0　cc::1

使用 show ipv6 route 命令查看路由表，确认静态路由已添加。

在 PC2 上 ping PC1（aa::a8）和 Server1，结果如图 2-7-16（b）所示，通信畅通。

2.7.3　IPv6 地址设计与华为静态路由

1．IPv6 地址设计、配置与测试

IPv6 地址设计与 2.7.2 节中描述的方法类似。需要注意的是，在华为路由器上，IPv6 通信测试命令的格式为 ping **ipv6** ?????。

以图 2-7-17（a）所示的 IPv6 网络为例，使用华为路由器和三层交换机进行设计。IPv6

地址和 VLAN 划分已经完成。

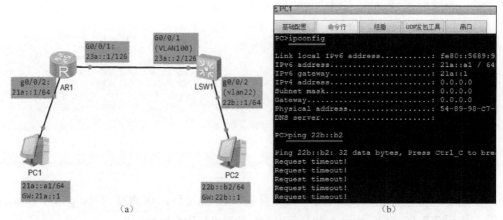

图 2-7-17　华为 IPv6 简单网络（IPv6 地址已配置）和非直连网络主机通信测试

为路由器 AR1 和三层交换机 LSW1 配置如下。

AR1 的配置命令：

sysname AR1	//路由器改名	int g0/0/2	
ipv6	//启用 IPv6 协议	ipv6 enable	
int g0/0/1	//进入接口	ipv6 add 21a::1 64	
ipv6 enable	//启用 IPv6 功能	undo shut	
ipv6 add 23a::1 126	//为接口配置 IPv6 地址	q	
undo shut			

LSW1 的配置命令：

sysname LSW1	ipv6 enable
vlan 22	ipv6 add 23a::2 126
vlan 100	undo shut
q	int g0/0/1
ipv6	port link-type acc
int vlan 22	port default vlan 100
ipv6 enable	int g0/0/2
ipv6 add 22b::1 64	port link-type acc
undo shut	port default vlan 22
int vlan 100	q

这时，同一网络内的 IPv6 设备可以互相通信，直连网络内的主机也能互相通信（测试过程省略）。然而，测试非直连网络的通信情况时，从 PC1 ping PC2（22b::b2）无法成功，测试结果如图 2-7-17（b）所示。

2. 华为路由器 IPv6 静态路由设计

在完成 IPv6 地址设计和配置后，华为路由器（或三层交换机）的非直连网络之间无法直接通信（见图 2-7-17）。通过配置 IPv6 静态路由，可以解决这一问题。

（1）华为 IPv6 静态路由命令格式（系统视图下）

```
ipv6 route-static ?????? xx nexthop|intername [preference value]
//??????：IPv6 地址块的网络地址
//xx：网络前缀位数
//nexthop：下一跳路由器的 IPv6 地址
//intername 为接口名，仅适用于点对点链路接口（如 Serial 接口）
//preference value：路由优先级（取值范围为 1~255，值越小优先级越高，默认值为 60），为可选项
```

当目标网络地址和前缀长度为:: 0 时，该静态路由称为缺省路由，命令格式如下：

ipv6　route　::　0 nexthop|intername　[preference value]

（2）华为 IPv6 静态路由应用

以图 2-7-17（a）所示的 IPv6 网络为例。在系统视图下，为 AR1 配置 IPv6 静态路由：

ipv6 route-static 22b:: 64 23a::2

在系统视图下，为 LSW1 配置 IPv6 静态路由：

ipv6 route-static 21a:: 64 23a::1

或者配置缺省路由：

ipv6 route-static :: 0 23a::1)

配置完成后，使用 disp ipv6 routing-table（或 disp ipv6 rout）命令查看路由表，可以看到 AR1 和 LSW1 上的静态路由条目，如图 2-7-18（a）、（b）所示。再次从 PC1 ping PC2，通信成功，如图 2-7-18（c）所示。

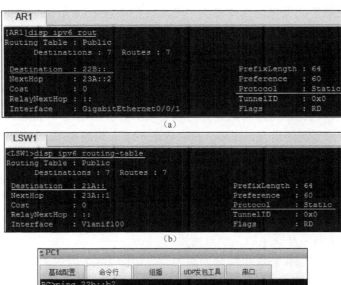

图 2-7-18　配置 IPv6 静态路由后非直连网络通信测试

实验 7　IPv6 地址设计与静态路由

2.8　RIP 动态路由技术

路由器依靠路由信息实现跨网络的 IP 数据报（分组）转发，前面介绍了路由器获取路由信息的两种方式：直连路由和静态路由。直连路由是路由器自动发现的与其直接相连的网络（子网）的路由，而静态路由则需要人工配置，用于指定非直连网络（子网）的路由。配置静态路由时，技术人员需要先分析每台路由器（或三层交换机）的非直连网络段，然后编写正确的静态路由配置命令。

2.8.1　IGP 和 EGP 动态路由协议

静态路由是一种非自适应的路由选择策略，其优点是配置简单、运行开销小，但缺点是无法及时适应网络状态的变化。相比之下，动态路由协议是自适应的路由选择策略，能够较好地适应网络状态的变化，但其实现较为复杂，且运行开销较大。

为了应对因特网规模巨大的问题，网络互联采用了分层次的路由选择协议。如果让所有路由器都知道数据报（分组）如何通过整个网络到达目的主机，路由表的规模将变得非常庞大，处理起来会耗费大量时间和计算资源。此外，路由器之间的路由信息交换也会给网络带来巨大的通信负担。因此，将因特网划分为多个较小的自治系统（Autonomous System，AS）显得非常必要。自治系统的定义：在单一技术管理下的一组路由器，这些路由器使用一种 AS 内部的路由选择协议和共同的度量标准来确定分组在 AS 内的路由，同时还使用一种 AS 之间的路由选择协议来确定分组在 AS 之间的路由。尽管一个 AS 内部可能使用多种路由选择协议和度量标准，但对其他 AS 而言，它必须表现出单一且一致的路由选择策略。每个 AS 通常由一个单位管辖。

图 2-8-1 展示了网络互联中的几个自治系统。

网络互联中的路由选择协议主要分为两大类，如图 2-8-2 所示。

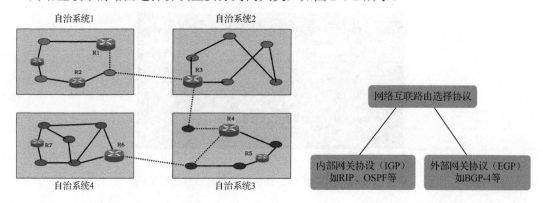

图 2-8-1　网络互联的自治系统　　　　图 2-8-2　两大类路由选择协议

（1）内部网关协议（Interior Gateway Protocol，IGP）

IGP 用于在一个自治系统内部进行路由选择。目前，常用的 IGP 协议包括 RIP 和 OSPF。

（2）外部网关协议（External Gateway Protocol，EGP）

当源站和目的站位于不同的自治系统中时，数据报在传送到一个自治系统的边界时，需要使用一种协议将路由选择信息传递到另一个自治系统。这种协议就是外部网关协议，如

图 2-8-3 所示。目前使用最广泛的外部网关协议是 BGP-4。

图 2-8-3　内部网关协议（IGP）与外部网关协议（EGP）

无论是静态路由还是动态路由，无论是 IGP 还是 EGP，其最终目的都是实现网络信息的顺利转发。因此，不论采用何种路由技术，最终的成功标准都是能否实现有效的通信。常用的通信测试手段是在源端发送 ICMP 请求报文，并检查是否能收到目的端返回的 ICMP 应答报文。具体可以通过 ping 或 tracert 命令来实施。

2.8.2　RIP 动态路由协议

1. RIP 路由协议原理

路由信息协议（Routing Information Protocol，RIP）是最早被广泛使用的内部网关协议（IGP）之一。RIP 是一种基于距离向量算法的分布式路由选择协议，要求网络中的每台路由器维护从自身到其他每个目的网络的距离记录。

"距离"的定义：①从一台路由器到其直接连接的网络的距离定义为 1；②到非直接连接的网络的距离定义为经过的路由器数量加 1，即"跳数"（hop count），每经过一台路由器，跳数加 1。RIP 协议中的"距离"实际上是指"最短距离"。RIP 认为最佳路由是通过的路由器数量最少，即跳数最少。RIP 允许一条路径最多包含 15 台路由器，距离最大值为 16 时表示不可达。因此，RIP 仅适用于小型网络。

RIP 不支持在多条路由之间进行负载均衡。它总是选择跳数最少的路由，即使存在另一条低延迟但跳数较多的路由。

RIP 协议的特点：①仅与相邻路由器交换信息；②交换的信息是当前路由器的完整路由表，即向量；③按固定时间间隔（如每 30 秒）交换路由信息。当网络拓扑发生变化时，路由器会及时向相邻路由器通告更新后的路由信息。

路由表的建立：路由器初始时仅知道直接连接的网络及其距离（定义为 1）。随后，每台路由器仅与有限的相邻路由器交换并更新路由信息。经过多次更新后，所有路由器最终都会知道到达自治系统中任一网络的最短距离和下一跳路由器的地址。

RIP 协议的收敛过程（所有路由器获得正确路由信息的过程）相对较快。

2. 距离向量算法

距离向量算法基于 Bellman-Ford 算法（或 Ford-Fulkerson 算法）。其核心思想是：若 X 是结点 A 到 B 的最短路径上的一个结点，则路径 A→B 可以拆分为 A→X 和 X→B，且这两段路径分别是 A 到 X 和 X 到 B 的最短路径。

距离向量算法的详细过程如下。

（1）当某路由器收到相邻路由器（地址为 X）发来的 RIP 报文时，首先修改报文中的所有项目：将"下一跳"字段的地址改为 X，并将所有"距离"字段的值加 1。

（2）对修改后的 RIP 报文中的每个项目，执行以下步骤：

① 若目的网络不在原路由表中，则将该项目添加到路由表中。

② 若下一跳地址相同，则用收到的项目替换原路由表中的项目。

③ 若收到的项目中的距离小于路由表中的距离，则更新路由表。

④ 否则，不做任何更改。

（3）若 3 分钟内未收到相邻路由器的更新路由表，则将该相邻路由器标记为不可达（距离置为 16）。

（4）返回。

RIP 协议通过让所有路由器与相邻路由器不断交换路由信息并更新路由表，确保每台路由器到每个目的网络的路由都是最短的（跳数最少）。尽管所有路由器最终都拥有整个自治系统的路由信息，但由于位置不同，每台路由器的路由表也会有所不同。

例如，已知路由器 R8 的路由表如图 2-8-4（a）所示。现收到相邻路由器 R9 发来的路由更新信息，如图 2-8-4（b）所示。试更新路由器 R8 的路由表。

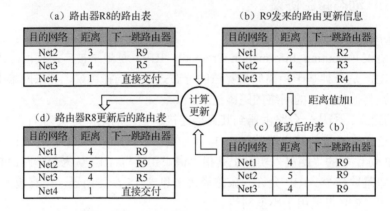

图 2-8-4　距离向量算法过程示例

RIP 协议是实现这种距离向量算法的内部网关协议，按照该算法，当某路由器收到邻居 B 发来的 RIP 报文后，路由表更新过程如图 2-8-5 所示。

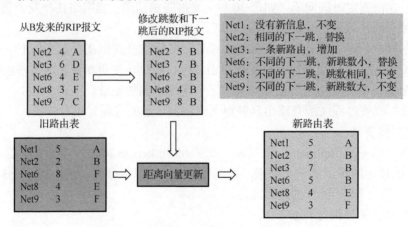

图 2-8-5　收到 RIP 报文后路由表更新过程

3．RIP2 协议的报文格式

RIP2 报文由首部和路由部分组成。首部占 4 字节，路由部分由若干条路由信息组成。每条路由信息包含以下字段。

① 地址族标识符（又称地址类别）：标识所使用的地址协议；

② 路由标记：填入自治系统号码，以便 RIP 可能接收来自其他自治系统的路由信息；

③ 网络地址、子网掩码、下一跳路由器地址，以及到此网络的距离。

一个 RIP 报文最多可包含 25 条路由信息，因此 RIP 报文的最大长度为 $4 + 20 \times 25 = 504$（字节）。若超过此长度，需使用另一个 RIP 报文传送。

尽管 RIP 是网络层协议，但其报文封装在 UDP 数据报中（端口号 520），UDP 数据报又封装在 IP 数据报中，如图 2-8-6 所示。

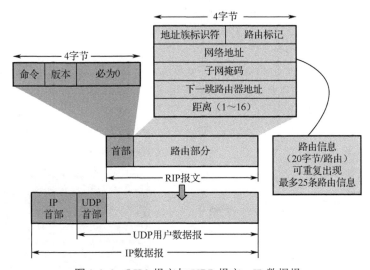

图 2-8-6 RIP2 报文与 UDP 报文、IP 数据报

RIP2 具有简单的鉴别功能。若启用鉴别功能，则第一个路由信息的位置（20 字节）用于鉴别数据，之后的路由信息最多只能包含 24 条。

4．RIP 协议的特点与优缺点

特点：好消息传播得快，坏消息传播得慢。当网络出现故障时，要经过比较长的时间（数分钟）才能将此信息传送到所有的路由器。

优点：实现简单，开销较小；仅关注本路由器的直连网段，不关心非直连网络段。

缺点：最大跳数为 15（16 表示不可达），限制了网络规模；路由器之间交换的是完整路由表，随着网络规模扩大，开销增加；"坏消息传播得慢"导致收敛时间过长；对子网划分和 CIDR 技术的支持有限。

5．RIP 协议的版本

RIP 协议分为 RIP1、RIP2 和 RIPng 三个版本。若网络层为 IPv4 协议，一般采用 RIP2；若网络层为 IPv6 协议，则采用 RIPng。

2.8.3 思科/锐捷 RIP2、RIPng 动态路由

1．思科/锐捷 RIP2 技术

RIP2 是基于 IPv4 的动态路由协议，适用于中小型网络环境。

（1）思科/锐捷 RIP2 配置过程

① 启用 RIP 协议并创建 RIP 进程（前提是 IP 地址已设计并配置完成）。

② 指定 RIP 协议版本为 2。

③ 在 RIP 进程中，逐个发布本路由器的直连网段（RIP2 对 CIDR 和无类域间路由的支持有限，因此不支持复杂的子网划分）。

④ 取消路由自动汇总功能。

（2）思科/锐捷 RIP2 配置命令格式（全局模式）

```
router   rip              //创建 RIP 进程，并进入 RIP 动态路由配置模式
version  2                //指定使用 RIP 版本 2
network  x.x.x.x
//发布直连网络，x.x.x.x 为 A、B 或 C 类网络地址（无须掩码，说明 RIP2 不支持子网划分）
……                      //重复使用 network 命令发布其他直连网络段
no   auto-summary  或   no auto-su  //取消路由自动汇总
```

（3）思科/锐捷 RIP2 应用实例

使用 2 台路由器和 3 台主机搭建一个网络系统，并设计好 IP 地址，如图 2-8-7（a）所示。配置完路由器和主机的 IP 地址后，首先测试主机之间的通信情况。从 PC1 分别 ping PC3 和 PC2，测试结果如图 2-8-7（b）、（c）所示。

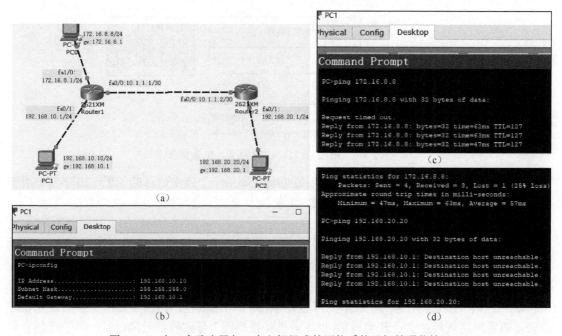

图 2-8-7 由 2 台路由器与 3 台主机组成的网络系统及初始通信情况

PC1 与 PC3 通信成功，是因为 PC1 所在的子网（192.168.10.0/24）和 PC3 所在的子网（172.16.8.0/24）都是路由器 Router1 的直连网络，路由器能够自动获取直连网络的路由信息。

PC1 与 PC2 通信失败，是因为 PC2 所在的子网是 Router1 的非直连网络，路由器无法自动获取非直连网络的路由信息。

为了解决这一问题，采用 RIP2 动态路由协议，使路由器能够学习到非直连网络的路由。以下是 Router1 和 Router2 的 RIP2 配置命令。

Router1 的配置命令：
```
en
conf t
hostname Router1
router rip
version 2
network 192.168.10.0
network 172.16.0.0
network 10.0.0.0
no auto-summary
exit
```

Router2 的配置命令：
```
en
conf t
hostname Router2
router rip
version 2
network 192.168.20.0
network 10.0.0.0
no auto-summary
exit
```

在上述命令中，network 172.16.0.0 与实际子网 172.16.8.0/24 不同，这是因为 RIP2 只能识别原始的 A、B、C 类网络地址。如果写成 network 172.16.8.0，RIP2 会自动将其修改为 network 172.16.0.0。同理，network 10.0.0.0 也是如此。

配置完成后，Router1 和 Router2 会互相发送 RIP 报文，学习彼此的非直连网络路由。路由收敛后，可以在特权模式下使用 show ip route 命令查看路由表，如图 2-8-8（a）、（b）所示。图中标记为 R 的路由条目是通过 RIP 协议学习到的动态路由。

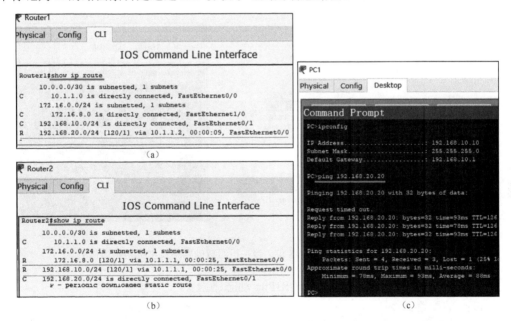

图 2-8-8　Router1 和 Router2 学习得到的 RIP 动态路由及 PC1 ping PC2 的结果

再次测试 PC1 与 PC2 的通信情况，此时通信成功，如图 2-8-8（c）所示。与未配置 RIP 协议之前的图 2-8-7（d）相比，效果显著。

2. 思科/锐捷 RIPng 技术

RIPng 是 IPv6 环境下的 RIP 动态路由协议，适用于 IPv6 网络环境。

思科/锐捷设备大多支持 RIPng 协议（早期低版本设备可能不支持 IPv6 和 RIPng）。Packer Tracer 仿真软件中仅 2811 型及更高级别的路由器支持 RIPng，3650 型三层交换机及其他交换机类型均不支持 RIPng。

（1）思科/锐捷 RIPng 动态路由协议配置

① RIPng 配置过程：

a．在 IPv6 地址设计并配置完成后，启动 RIPng 进程。

b．进入配置了 IPv6 地址的接口。

c．在该接口上启动 RIPng 进程。

d．重复上述步骤，直到所有配置了 IPv6 地址的接口都启动了 RIPng 进程。

② RIPng 配置命令（全局模式下）：

ipv6　router　rip　ripname	//启动 RIPng 进程，ripname 为自定义的 RIP 进程名称
interface　??/??	//进入路由器接口或三层交换机的 VLAN 虚接口
ipv6　rip　ripname　**enable**	//在接口下启动 RIPng 进程
……	//重复上述步骤，直到所有 IPv6 接口都启动 RIPng 进程

（2）思科/锐捷 RIPng 动态路由协议应用

使用 2 台支持 RIPng 的路由器（如 2811 型或更高级别）、2 台主机和网线搭建一个 IPv6 网络，IPv6 地址设计如图 2-8-9（a）所示。按照 2.7.1 节的方法启动 IPv6 协议并配置所有 IPv6 地址。然后测试连接在 Router1 和 Router2 上的主机之间的通信，从 PC1 ping PC2（IPv6 地址为 cc::9），结果不通，如图 2-8-9（b）所示。

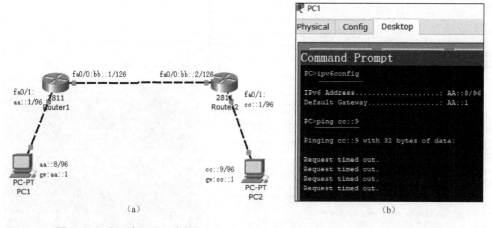

图 2-8-9　由 2 台 2811 型路由器和 2 台主机组成的网络及主机初始通信测试

接下来，为 Router1 和 Router2 配置 RIPng 动态路由。

Router1 的配置命令：

```
ipv6 router rip myrip0
int fa0/0
ipv6 rip myrip0 enable
int fa0/1
ipv6 rip myrip0 enable
exit
```

Router2 的配置命令：

```
ipv6 router rip myrip2
int fa0/0
ipv6 rip myrip2 enable
int fa0/1
ipv6 rip myrip2 enable
exit
```

配置完成后，两台路由器会互相发送 RIPng 报文。待路由收敛后，使用 show ipv6 route 命令查看 IPv6 路由表，可以看到两台路由器分别学习到了一条非直连网络的 RIP 路由，如图 2-8-10（a）、（b）所示。

配置 RIPng 动态路由后，再次测试 PC1 与 PC2 的通信情况，此时通信成功，如图 2-8-10（c）所示。与图 2-8-9（b）对比，可以确认 RIPng 动态路由实验成功。

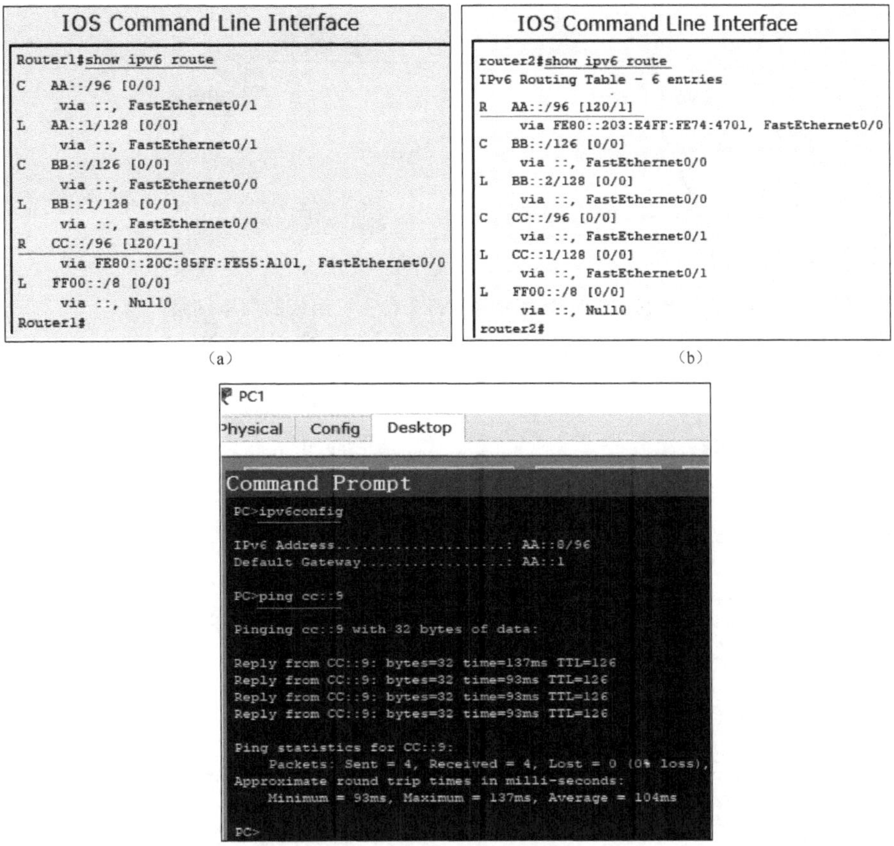

```
        IOS Command Line Interface                          IOS Command Line Interface

Router1#show ipv6 route                          router2#show ipv6 route
C   AA::/96 [0/0]                                IPv6 Routing Table - 6 entries
    via ::, FastEthernet0/1                      R   AA::/96 [120/1]
L   AA::1/128 [0/0]                                  via FE80::203:E4FF:FE74:4701, FastEthernet0/0
    via ::, FastEthernet0/1                      C   BB::/126 [0/0]
C   BB::/126 [0/0]                                   via ::, FastEthernet0/0
    via ::, FastEthernet0/0                      L   BB::2/128 [0/0]
L   BB::1/128 [0/0]                                  via ::, FastEthernet0/0
    via ::, FastEthernet0/0                      C   CC::/96 [0/0]
R   CC::/96 [120/1]                                  via ::, FastEthernet0/1
    via FE80::20C:85FF:FE55:A101, FastEthernet0/0 L   CC::1/128 [0/0]
L   FF00::/8 [0/0]                                   via ::, FastEthernet0/1
    via ::, Null0                                L   FF00::/8 [0/0]
Router1#                                             via ::, Null0
                                                 router2#
              (a)                                               (b)
```

```
 PC1
Physical   Config   Desktop

Command Prompt
PC>ipv6config

IPv6 Address....................: AA::8/96
Default Gateway.................: AA::1

PC>ping cc::9

Pinging cc::9 with 32 bytes of data:

Reply from CC::9: bytes=32 time=137ms TTL=126
Reply from CC::9: bytes=32 time=93ms TTL=126
Reply from CC::9: bytes=32 time=93ms TTL=126
Reply from CC::9: bytes=32 time=93ms TTL=126

Ping statistics for CC::9:
    Packets: Sent = 4, Received = 4, Lost = 0 (0% loss),
Approximate round trip times in milli-seconds:
    Minimum = 93ms, Maximum = 137ms, Average = 104ms

PC>
```
              (c)

图 2-8-10　Router1 和 Router2 的 RIPng 动态路由及从 PC1 ping PC2 的结果

2.8.4　华为 RIP2、RIPng 动态路由

1．华为 RIP2 动态路由技术

RIP2 是基于 IPv4 的动态路由协议。

（1）华为 RIP2 配置过程

① 启动 RIP 协议（前提是 IP 地址已设计并配置完成）。

② 指定协议版本为 RIP2。

③ 在 RIP 进程中，逐个发布本路由器的直连网段（RIP2 对 CIDR 和子网划分的支持有限）。

④ 取消自动路由汇总。

（2）RIP2 配置命令（系统视图下）

```
rip    n              //创建 RIP 进程，n 为进程号（为正整数）
version   2           //指定 RIP 版本为 2
network   x.x.x.x
//发布本路由器的一个直连网络，x.x.x.x 为 A、B、C 类网络地址，RIP2 不支持子网划分，因此不能发
                                                                       布子网地址
......                //重复 network 命令，逐个网络的发布
undo   summary        //取消自动路由汇总
```

（3）华为 RIP2 技术应用

使用 2 台华为路由器和 2 台主机组成简单网络，设计并配置 IP 地址，如图 2-8-11 所示。

· 133 ·

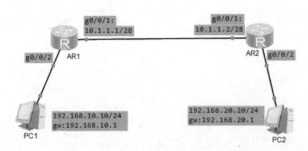

图 2-8-11　2 台华为路由器和 2 台主机组成的简单网络

为路由器 AR1 和 AR2 配置 IP 地址和 RIP2 动态路由命令。

AR1 的配置命令：	AR2 的配置命令：
sys	sys
sysname AR1	sysname AR2
int g0/0/1	int g0/0/1
ip add 10.1.1.1 28	ip add 10.1.1.2 28
undo shut	undo shut
int g0/0/2	int g0/0/2
ip add 192.168.10.1 24	ip add 192.168.20.1 24
undo shut	undo shut
q	q
rip 1	rip 1
version 2	version 2
network 192.168.10.0	network 192.168.20.0
network 10.0.0.0	network 10.0.0.0
undo summary	undo summary
q	q

注意：network 命令用于发布直连网络，但 RIP2 仅支持 A、B、C 类网络地址，不支持子网划分。例如，若子网为 10.1.1.0/28，则必须发布其主类网络 10.0.0.0，否则系统会报错。

配置 RIP2 动态路由后，下面进行抓包分析。右键单击 AR1 的 g0/0/1 接口，选择"开始抓包"，抓取的数据报如图 2-8-12 所示。

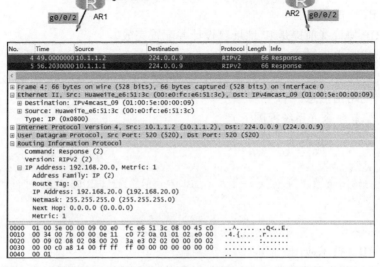

图 2-8-12　Wireshark 抓取的以太帧、IP 报文、UDP 数据报和 RIP 报文

分析第 4 帧信息：这是一个 Ethernet II 帧，协议号为 0x0800，表示数据部分为 IPv4 报文；IPv4 报文的目的 IP 地址为 224.0.0.9，这是 RIP2 的组播地址；IPv4 报文的数据部分为 UDP 用户数据报，UDP 源端口号和目的端口号均为 520，表明 RIP2 基于 UDP 协议；由此可见，RIP2 虽然是网络层协议，但其报文封装在 UDP 中，更像应用层协议。

RIP 报文虽然是用 Wireshark 抓取到的，但 RIP 报文本身即如此，与路由器品牌、型号无关。

接下来查看路由表。在 AR1 中使用 display ip routing-table（或 disp ip rout）命令查看路由表，如图 2-8-13 所示。路由表中会显示一条标记为 RIP 的动态路由（如 192.168.20.0/24），优先级为 100。使用相同命令查看 AR2 的路由表。

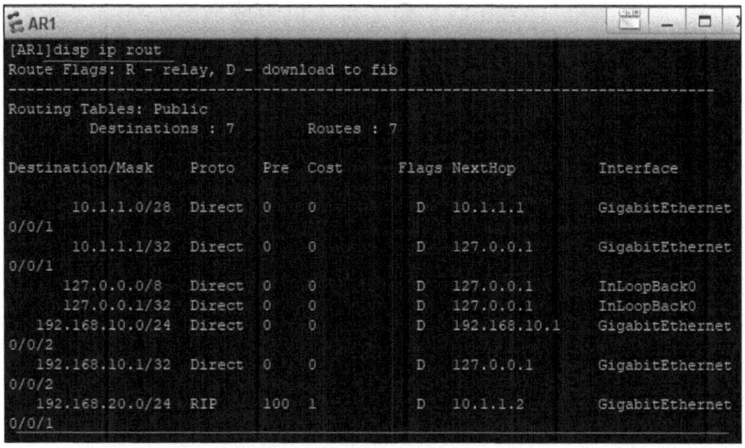

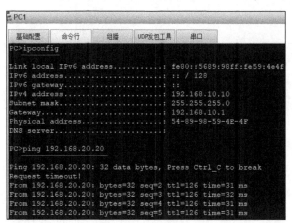

图 2-8-13　查看 AR1 的路由表

从 PC1 ping PC2（192.168.20.20），测试结果如图 2-8-14 所示，通信成功。

图 2-8-14　从 PC1 ping PC2 的测试结果

2. 华为 RIPng 动态路由技术

RIPng 是 IPv6 环境下的 RIP 动态路由协议。华为设备大多支持 RIPng（早期低版本设备可能不支持 IPv6 和 RIPng）。

（1）华为 RIPng 协议配置

① 配置过程：

a. 在 IPv6 地址设计并配置完成后，启动 RIPng 进程。

b. 进入配置了 IPv6 地址的接口。

c. 在接口下启动 RIPng 进程。

d. 重复上述步骤，直到所有配置了 IPv6 地址的接口都启动了 RIPng 进程。

② 配置命令（系统视图下）：

ripng n	//创建 RIPng 进程，n 为正整数（省略时默认为 1）
interface ??/?	//进入接口（物理接口或 VLAN 虚接口）
ripng n **enable**	//在该接口下启动 RIPng 进程
……	//重复上述两条命令，直到所有 IPv6 接口都启动了 RIPng 进程

（2）华为 RIPng 技术应用

使用 2 台华为三层交换机（5700 型）和 2 台主机组成网络，如图 2-8-15 所示。

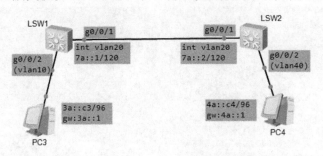

图 2-8-15   2 台华为三层交换机和 2 台主机组成的 IPv6 网络

为三层交换机 LSW1 和 LSW2 配置 VLAN 虚接口及主机的 IPv6 地址。

LSW1 的配置命令：

```
sys
ipv6
vlan 10
vlan 20
int vlan 10
ipv6 enable
ipv6 add 3a::1 96
int vlan 20
ipv6 enable
ipv6 add 7a::1 120
q
int g0/0/1
port link-type acc
port default vlan 20
int g0/0/2
port link-type acc
port default vlan 10
q
ripng 3
int vlan 10
ripng 3 enable
int vlan 20
ripng 3 enable
q
```

LSW2 的配置命令：

```
sys
ipv6
vlan 20
vlan 40
int vlan 40
ipv6 enable
ipv6 add 4a::1 96
int vlan 20
ipv6 enable
ipv6 add 7a::2 120
int g0/0/1
port link-type acc
port default vlan 20
int g0/0/2
port link-type acc
port default vlan 40
q
ripng 3
int vlan 20
ripng 3 enable
int vlan 40
ripng 3 enable
```

配置完成后，LSW1 和 LSW2 中的 RIPng 进程会相互发送 RIPng 报文。在 LSW1 的 g0/0/1

接口进行抓包，抓取的数据报如图 2-8-16 所示。

```
     5 8.65600000 fe80::4e1f:ccff:fe3ff02::9          RIPng       106 Command Response, Version 1
     6 8.80100000 HuaweiTe 39:4a:5f  Spanning-tree (for STP      110 MST  Root = 32768/0/4c:1f:cc:39:4a:5f  Cost
<

⊞ Frame 5: 106 bytes on wire (848 bits), 106 bytes captured (848 bits) on interface 0
⊟ Ethernet II, Src: HuaweiTe_39:4a:5f (4c:1f:cc:39:4a:5f), Dst: IPv6mcast_09 (33:33:00:00:00:09)
  ⊞ Destination: IPv6mcast_09 (33:33:00:00:00:09)
  ⊞ Source: HuaweiTe_39:4a:5f (4c:1f:cc:39:4a:5f)
    Type: IPv6 (0x86dd)
⊞ Internet Protocol Version 6, Src: fe80::4e1f:ccff:fe39:4a5f (fe80::4e1f:ccff:fe39:4a5f), Dst: ff02::9 (ff02::9)
⊟ User Datagram Protocol, Src Port: 521 (521), Dst Port: 521 (521)
    Source Port: 521 (521)
    Destination Port: 521 (521)
    Length: 52
  ⊞ Checksum: 0xbf77 [validation disabled]
    [Stream index: 0]
⊟ RIPng
    Command: Response (2)
    Version: 1
    Reserved: 0000
  ⊞ Route Table Entry: IPv6 Prefix: 3a:/96 Metric: 1
  ⊞ Route Table Entry: IPv6 Prefix: 7a::/120 Metric: 1

0000  33 33 00 00 00 09 4c 1f  cc 39 4a 5f 86 dd 6c 00   33....L. .9J_..l.
0010  00 00 00 34 11 ff fe 80  00 00 00 00 00 00 4e 1f   ...4.... ......N.
0020  cc ff fe 39 4a 5f ff 02  00 00 00 00 00 00 00 00   ...9J_.. ........
0030  00 00 00 00 00 09 02 09  02 09 00 34 bf 77 02 01   ........ ...4.w..
0040  00 00 00 3a 00 00 00 00  00 00 00 00 00 00 00 00   ...:.... ........
0050  00 00 00 00 60 01 00 7a  00 00 00 00 00 00 00 00   ....`..z ........
0060  00 00 00 00 00 00 78 01                            ......x.
```

图 2-8-16   在 LSW1 的 g0/0/1 接口抓取的 RIPng 报文（嵌入在 UDP 报文、IPv6 数据报、以太帧里）

分析第 5 帧信息：这是一个 Ethernet II 帧，协议号为 0x86dd，表示数据部分为 IPv6 报文；IPv6 报文的目的地址为 ff02::9，这是 RIPng 的组播地址；IPv6 报文的数据部分为 UDP 用户数据报，UDP 源端口号和目的端口号均为 521，表明 RIPng 基于 UDP 协议；由此可见，RIPng 虽然是网络层协议，但其报文封装在 UDP 中，更像应用层协议。

接下来查看 IPv6 路由表。在 LSW1 上使用 display ipv6 routing-table（或 disp ipv6 rout）命令查看路由表，路由表中会显示一条 RIPng 路由（4a::/96），优先级（Preference）为 100，如图 2-8-17 所示。

从 PC3 ping PC4，测试结果如图 2-8-18 所示，通信成功。

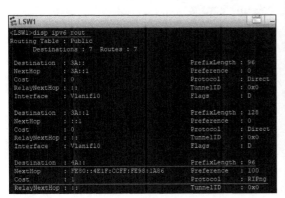

图 2-8-17   查看 LSW1 路由表中的 RIPng 路由

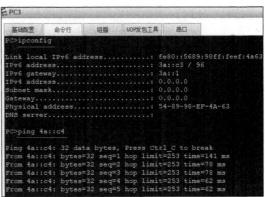

图 2-8-18   从 PC3 ping PC4 的测试结果

2.8.5 习题

1. RIP 距离向量算法问题。已知路由器 G 的原路由表如下：

网 络	距 离	下 一 跳
net1	8	C
net4	4	B
net6	1	—
net7	4	E

现收到来自路由器 D 的 RIP 报文，内容如下：

网 络	距 离	下 一 跳
net2	1	—
net4	2	F
net6	4	A

问：路由器 G 如何修改收到的 RIP 报文？路由器 G 最终更新后的路由表是什么？

2. 写出华为、思科路由器 IPv6 地址的基础配置命令。

3. 写出华为、思科路由器 RIP2 协议的基本配置命令。

4. 写出华为、思科路由器 RIPng 协议的基本配置命令。

5. 已知 R1 和 R2 两台路由器互连，互连接口的 IP 地址分别为 10.1.1.1/30 和 10.1.1.2/30。R1 与 PC0（192.168.10.10/24，网关 192.168.10.1）和 PC1（192.168.20.20/24，网关 192.168.20.1）相连；R2 与 PC2（192.168.30.30/24，网关 192.168.30.1）和 PC3（192.168.40.40/24，网关 192.168.40.1）相连，如图 2-8-19 所示。现在需要配置 RIP2 动态路由，使所有 PC 能够相互通信。

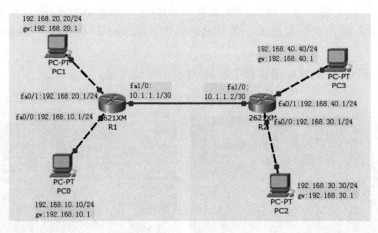

图 2-8-19

（1）如果使用思科路由器，试分别写出为 R1、R2 配置 RIP2 动态路由的命令。

（2）如果使用华为路由器，试分别写出为 R1、R2 配置 RIP2 动态路由的命令。

实验 8　RIP（RIP2、RIPng）动态路由技术

2.9　OSPF 动态路由技术

RIP 是一种内部网关协议（IGP），但它不完全支持 CIDR 和子网规划，主要用于小型网络（跳数限制在 15 跳以内）。对于中大型网络或需要复杂子网划分的自治系统（AS），需要采用另一种 IGP——OSPF。

2.9.1　OSPF 协议

1. OSPF 协议原理

OSPF（Open Shortest Path First，开放最短路径优先）是一种在 1989 年开发出来的内部网关协议，旨在克服 RIP 的局限性。OSPF 是一种基于链路状态和最短路径优先算法的 IGP。

"开放"表明 OSPF 协议是公开标准，不受任何单一厂商控制。OSPF 使用分布式链路状态协议（Link State Protocol），并利用 Dijkstra 提出的 SPF 算法计算最短路径。

OSPF 属于网络层协议，协议号为 89。OSPF 报文通常通过组播（洪泛）方式进行传输，具体组播地址如下：OSPFv2 组播地址为 224.0.0.5 和 224.0.0.6；OSPFv3 组播地址为 ff02::5 和 ff02::6。

OSPF 协议运行过程如下。

① 区域内的所有路由器启动 OSPF 协议，相邻路由器之间通过互发 BPDU 报文建立邻居关系。

② 在每个区域内，路由器会选举出一个指定路由器（DR）和一个备份指定路由器（BDR）。这些路由器负责收集和分发链路状态信息。

③ 非 DR/BDR 路由器通过邻居路由器向 DR 汇报自己的直连网段信息。

④ DR 收集到所有网段的链路状态信息后，形成一个统一的链路状态数据库（LSDB），并通过组播方式将其发布给区域内所有路由器。

⑤ 每台路由器接收到相同的链路状态数据库后，独立运行 SPF 算法，计算从本路由器出发到达各个网段的最短路径。

⑥ 将计算结果写入路由表，确保每台路由器拥有最优的路由选择。

当网络拓扑发生变化时，路由器会主动向 DR 报告更新信息。

2. OSPF 协议特点

（1）洪泛法

OSPF 使用洪泛法向本自治系统内的所有路由器发送信息。洪泛的信息包括与本路由器相邻的所有路由器的链路状态，即本路由器连接了哪些路由器及其链路的"度量"（metric）。只有当链路状态发生变化时，路由器才会通过洪泛法向所有路由器发送更新信息。

（2）链路状态数据库（Link-State Database）

链路状态数据库实际上是全网的拓扑结构图，在整个网络范围内保持一致（链路状态数据库的同步）。OSPF 能够快速更新链路状态数据库，使各台路由器能及时更新其路由表。这种快速收敛是 OSPF 的重要优点之一。

（3）OSPF 划分区域

为了使 OSPF 适用于规模较大的网络，一个 AS 可以被划分为多个小范围，称为区域（Area）。每个区域都有一个 32 位的区域标识符（用点分十进制形式表示，如 0.0.0.0、0.0.0.1 等）。建议一个区域内路由器的数量不超过 200 个。

主干区（area 0.0.0.0 或简写为 area 0）：这是唯一的骨干区域，必须存在且只能有一个。

分区（如 area 0.0.0.1、area 0.0.0.2 等）：这些区域可以根据需要设置。每个分区必须与主干区直接相连或通过区域边界路由器（ABR）间接相连。ABR 负责在不同区域之间传递路由信息。例如，图 2-9-1 中的 R3、R4 和 R5 可以作为 ABR，它们既有直连到主干区的子网，也有直连到分区的子网。

连接不同自治系统的路由器称为 ASBR（Autonomous System Boundary Router），如图 2-9-1 中的 R1。

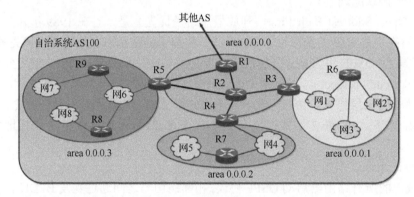

图 2-9-1　将一个 AS 划分为主干区和多个分区

（4）其他特点

① OSPF 允许根据 IP 分组的不同服务类型（TOS）对不同的链路设置不同的代价，从而为不同类型的服务计算出不同的最优路径。

② 如果到同一个目的网络有多条相同代价的路径，OSPF 可以在这几条路径上分配通信量，实现多路径间的负载均衡。

③ 所有在 OSPF 路由器之间交换的分组都支持鉴别功能，增加了网络的安全性。

④ OSPF 支持可变长度的子网划分（VLSM）和无分类编址（CIDR）技术。

⑤ OSPF 为每一个链路状态分配一个 32 位的序号，序号越大表示状态越新。

⑥ 尽管 OSPF 的原理和实现过程较为复杂，但其配置命令相对简单，便于实际操作。

3. OSPF 报文

OSPF 协议是一种纯网络层协议。OSPF 报文并不等同于 LSA（Link-State Advertisement，链路状态通告），而是由 5 种主要类型的报文组成。每个报文包括 24 字节的固定头部和可变长度的内容部分。这些报文被封装在 IP 数据报中进行传输，如图 2-9-2 所示。

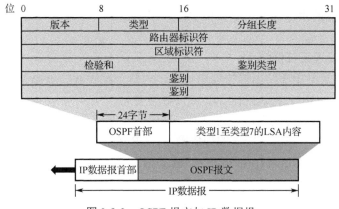

图 2-9-2 OSPF 报文与 IP 数据报

OSPF 报文类型如下。

LSA 类型 1：问候（Hello）报文。

LSA 类型 2：数据库描述（Database Description，DD）报文。

LSA 类型 3：链路状态请求（Link State Request，LSR）报文。

LSA 类型 4：链路状态更新（Link State Update，LSU）报文，用洪泛法对全网更新链路状态。

LSA 类型 5：链路状态确认（Link State Acknowledgment，LSACK）报文。

此外，还有两种不常用的类型。

LSA 类型 6：组成员（Group Membership，DM）报文，与 MOSPF（Multicast OSPF）协议相关，在标准 OSPF 中暂未使用。

LSA 类型 7：NSSA 外部报文（由华为引入），用于 ASBR 生成的外部路由信息。NSSA 不允许类型 5 的 LSA 传播，因此使用类型 7 代替。

IP 报文需要指定目的 IP 地址才能传送。

LSA 可以通过单播或组播方式传送。大多数情况下，目的地址采用组播 IP 地址 224.0.0.5。只有当路由器向 DR、BDR 上传 LSU 和 LSACK 报文时，目的 IP 地址才使用组播 IP 地址 224.0.0.6。

4．OSPF 的基本操作

OSPF 有三类基本操作：目标可达性操作（问候）；数据库同步操作（数据库描述）；新情况下同步操作（链路状态请求、链路状态更新、链路状态确认），如图 2-9-3 所示。

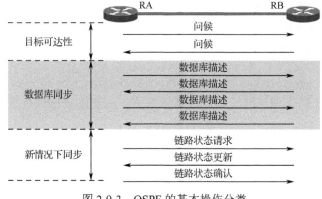

图 2-9-3 OSPF 的基本操作分类

OSPF 使用可靠的洪泛法发送更新报文，并规定每隔一段时间（如 30 分钟）刷新一次链路状态数据库。

5. OSPF 协议运行其他特点

链路状态只涉及与相邻路由器的连通状态，与整个互联网的规模无直接关系。因此，当互联网规模很大时，OSPF 协议要比 RIP 协议好得多。

OSPF 没有"坏消息传播得慢"的问题，其响应网络变化的时间通常小于 100 毫秒。

指定路由器（DR）：在多点接入的局域网中，DR 代表该局域网上的所有链路向连接到该网络的各路由器发送状态信息，从而减少广播的信息量。

6. OSPFv3 的特点

OSPFv3 是基于 IPv6 协议的 OSPF 动态路由协议，在基本运行机制上保持不变（如链路状态算法、SPF 算法、洪泛、DR 选举、划分区域等）。具体改进如下：去除了编址语义，OSPF 报文和基本的 LSA 不再包含地址信息，而是通过新的 LSA 携带地址和前缀；OSPF 基于链路（而非网段）运行，配置 OSPFv3 时不需要发布直连网络，而是从端口链路自动获取网络地址；去除了认证机制。

OSPFv3 的组播 IPv6 地址为 ff02::5（所有 OSPF 路由器）和 ff02::6（DR 和 BDR）。

2.9.2 思科 OSPF（v2、v3）动态路由

1. 思科/锐捷 OSPFv2 动态路由技术

（1）配置步骤

① AS 分区。将整个 AS 划分为 1 个主干区（骨干区，area 0.0.0.0 或 area 0）和若干分区（area 0.0.0.1、area 0.0.0.2 等），注意每个分区必须与主干区"相邻"。如果不划分区域，整个 AS 都属于主干区 area 0。

② 启动 OSPF 协议。

③ 定义本路由器的 Router ID（可选）。

④ 在 OSPF 进程中，逐段发布本路由器的所有直连网络段（网络地址和反掩码），并指明该网络段所属的区域。

反掩码：与掩码相反（二进制数取反）。例如，掩码为 255.255.255.0 时，反掩码为 0.0.0.255；掩码为 255.255.255.128 时，反掩码为 0.0.0.127。（请自行计算掩码为 255.255.255.252 时的反掩码。）

补充说明以下两点。

① 虚拟回环接口配置。在路由器上添加几个回环接口地址（虚拟网络段），以充分展示动态路由协议的 IP 地址自动学习能力。

创建回环接口的命令如下：

```
interface  loopback  n              //创建回环接口 n，n 为正整数
ip address  x.x.x.x  m.m.m.m        //为回环接口配置 IP 地址 x.x.x.x 和掩码 m.m.m.m
```

回环接口一般在网络调试时使用，调试结束后，应删除这些回环接口及其配置的 IP 网络段。

② Serial 串行接口的配置。旧式路由器上的 Serial 串行接口用于点对点通信。一端是 DTE 设备，另一端是 DCE 设备。在 Packet Tracer 仿真软件中，打开 Physical 选项卡，在关电情况下可为路由器添加 WIC-1T 或 WIC-2T 接口板。

DTE 端配置命令（全局模式下）：

interface s?/?	//进入 Serial 接口，如 int s0/1
ip address x.x.x.x1 m.m.m.m	//配置 IP 地址 1
no shutdown	//激活端口

DCE 端配置命令（全局模式下）：

interface s?/?	//进入 Serial 接口，如 int s0/0
clock rate nnn	//设置时钟频率 nnn（如 4800、64000 等），可用？查询
ip address x.x.x.x2 m.m.m.m	//配置 IP 地址 2（与 IP 地址 1 属于同一个子网）
no shutdown	//激活端口

（2）配置命令

① AS 分区：

router ospf n	//创建 OSPF，进程号为 n
router-id p.p.p.p	//指定 32 位的路由器 ID 为 p.p.p.p
network x.x.x.x w.w.w.w **area** a.a.a.a	//逐个直连网络发布，同时指定属于哪个区域，w.w.w.w 为该网段的反掩码

② 查看命令：

show run	//查看设备参数配置
show ip ospf n	//查看 OSPF 进程
show ip route ospf	//查看 OSPF 路由

2. 思科/锐捷 OSPFv2 动态路由技术应用

（1）单个区域的思科/锐捷 OSPFv2 动态路由技术应用

使用 2 台 2621XM 路由器和 2 台主机组建一个网络，每台路由器添加一块 WIC-1T 接口板（含一个 Serial 接口），并通过 Serial 串行线连接这两台路由器。这是一条点对点通信链路，如图 2-9-4（a）所示。

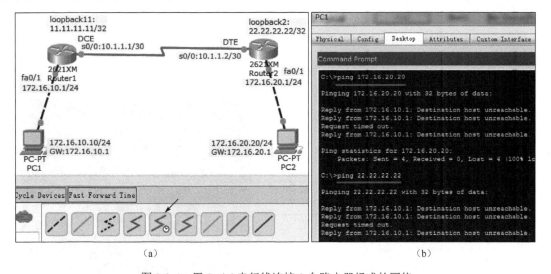

图 2-9-4　用 Serial 串行线连接 2 台路由器组成的网络

使用图 2-9-4（a）下方带时钟符号的连接线连接 Serial 接口，首先连接 DCE 设备（需要配置时钟频率），然后连接 DTE 设备，即 Router1 为 DCE、Router2 为 DTE。分别配置两台路由器。

Router1 的配置命令：

```
en
conf t
hostname Router1
int s0/0
clock rate 64000
ip add 10.1.1.1 255.255.255.252
no shut
int fa0/1
ip add 172.16.10.1 255.255.255.0
no shut
int loopback 1
ip add 11.11.11.11 255.255.255.255
ex
```

Router2 的配置命令：

```
en
conf t
hostname Router2
int s0/0
ip add 10.1.1.2 255.255.255.252
no shut
int fa0/1
ip add 172.16.20.1 255.255.255.0
no shut
int loopback 2
ip add 22.22.22.22 255.255.255.255
ex
```

配置完成后，测试从 PC1 到 PC2（172.16.20.20）、从 PC1 到 22.22.22.22 的通信情况，结果显示均通信失败，如图 2-9-4（b）所示。

假设整个自治系统只属于一个主干区域 area 0（或 area 0.0.0.0）。在此基础上，分别给 Router1 和 Router2 配置 OSPF 动态路由命令。

Router1 的 OSPF 配置命令：

```
router ospf 2
network 10.1.1.0 0.0.0.3 area 0
network 172.16.10.0 0.0.0.255 area 0
network 11.11.11.11 0.0.0.0 area 0
ex
```

Router2 的 OSPF 配置命令：

```
router ospf 3
network 10.1.1.0 0.0.0.3 area 0
network 172.16.20.0 0.0.0.255 area 0
network 22.22.22.22 0.0.0.0 area 0
exit
```

执行上述 OSPF 动态路由命令后，在 Router1 和 Router2 上使用 show ip route 命令查看路由表，可以看到各有两条标记为 O 的路由信息（OSPF 路由）。然后测试从 PC1 到 172.16.20.20 和 22.22.22.22 的通信，如图 2-9-5（c）所示，通信成功。

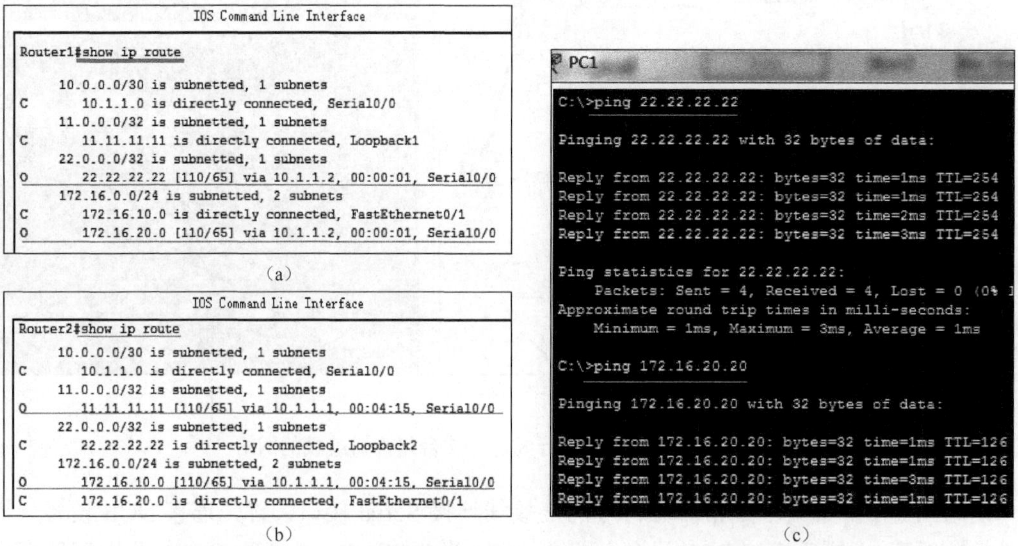

图 2-9-5 查看 Router1、Router2 路由表以及测试 PC1 与两个非直连网络 IP 地址的通信情况

（2）两个区域的思科/锐捷 OSPFv2 动态路由技术应用

在图 2-9-4（a）的基础上增加 1 台路由器 Router3 和 1 台主机 PC3，采用 3 台 2621XM

型路由器和 3 台主机组建成一个网络（见图 2-9-6），将整个网络自治系统划分为 2 个区域（area 0.0.0.0 和 area 0.0.0.1）。

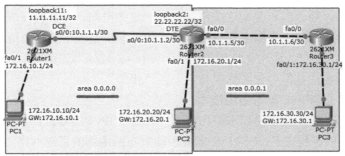

图 2-9-6　划分为 2 个区域的网络自治系统

注意，Router1 与 Router2 相连接的子网是 10.1.1.0/30，Router2 与 Router3 相连接的子网是 10.1.1.4/30，这两个子网的 IP 地址范围互不重叠、互不交叉、互不隶属；Router2 有 3 个直连网络（子网），其中 2 个（10.1.1.0/30 和 172.16.20.0/24）属于 area 0，1 个（10.1.1.4/30）属于 area 1；Router3 的 2 个直连网络（子网）都属于 area 1。

Router1 的配置保持不变。

Router2 增加以下配置命令：

int fa0/0	router ospf 3
ip add 10.1.1.5 255.255.255.252	network 10.1.1.4 0.0.0.3 area 1
no shut	exit
exit	

Rourte3 的配置命令：

en	ip add 172.16.30.1 255.255.255.0
conf t	no shut
hostname Router3	exit
int fa0/0	router ospf 4
ip add 10.1.1.6 255.255.255.252	network 10.1.1.4　0.0.0.3 area 1
no shut	network 172.16.30.0 0.0.0.255 area 1
int fa0/1	exit

执行完上述配置命令后，使用 show ip route 命令查看 Router3 的路由表，如图 2-9-7（a）所示，可以看到包含 4 条 O 路由（OSPF 动态路由）。测试从 PC1 到 PC3（172.16.30.30）的通信情况，如图 2-9-7（b）所示，通信成功。

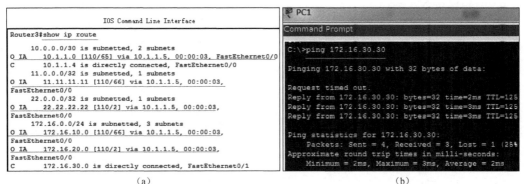

（a）　　　　　　　　　　　　　　　　　　　（b）

图 2-9-7　配置 OSPF 路由以后 Router3 的路由表及 PC1 ping PC3 的结果

当第一个 ICMP 报文丢失后，后续的 ICMP 报文能够正常通过，这是因为路由器的路由信息最初存储在路由表中，但实际转发 IP 报文时依赖的是转发表。转发表中的路由信息是从路由表复制而来的，而查找和复制这些信息需要一定的时间。一旦转发表中有了相应的路由信息，路由器就不再需要去路由表查找，可以直接根据转发表中的路由信息转发 IP 报文。

这是将一个 AS 划分为两个区域的情况，将一个 AS 划分为三个及以上区域的 OSPF 协议应用与此类似，只需注意每个分区都要与主干区"相邻"。

3. 思科/锐捷 OSPFv3 动态路由技术

OSPFv3 是基于 IPv6 协议的动态路由协议，与基于 IPv4 的 OSPFv2 相比，在配置上存在一些差异。最显著的区别在于，OSPFv2 需要手动发布路由器的直连网络（子网），而 OSPFv3 则可以自动学习直连网络。

（1）思科/锐捷 OSPFv3 动态路由配置命令（全局模式下）

ipv6 router ospf n	//启动 OSPFv3 进程，n 为进程号（取正整数）
router-id x.x.x.x	//指定路由器的 ID，x.x.x.x 为点分十进制数
interface ??/?	//进入配置 IPv6 地址的接口
ipv6 ospf n area a.a.a.a	//将该接口加入 OSPFv3 进程 n，a.a.a.a 为区域号
……	//重复上述步骤，将所有配置了 IPv6 地址的接口都加入 OSPFv3 进程

（2）思科/锐捷 OSPFv3 动态路由技术应用

使用两台 2911 型思科路由器（R1、R2）和三台主机（PC1、PC2、Server1）构建如图 2-9-8 所示的网络 AS，IPv6 地址设计如图所示。PC1 和 Server1 属于 R1 的两个直连网络，可以互相 ping 通；PC1 和 PC2、Server1 和 PC2 之间无法 ping 通，因为 PC2 所在的网络并非 R1 的直连网络。为了使路由器能够获取非直连网络的路由信息，可以采用 OSPFv3 动态路由协议，并将整个网络 AS 划分到一个主干区域 area 0.0.0.0。

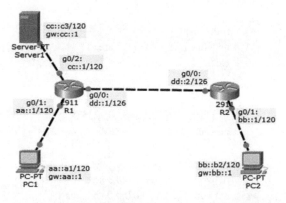

图 2-9-8　由 2 台 2911 型思科路由器和 3 台主机组成的网络 AS

R1 和 R2 的配置命令如下。

R1 的配置命令：

```
en                              ipv6 enable
conf t                          ipv6 add cc::1/120
hostname R1                     no shut
ipv6 unicast-routing            exit
int g0/0                        ipv6 router ospf 11
ipv6 enable                     router-id 1.1.1.1
ipv6 add dd::1/126              int g0/0
no shut                         ipv6 ospf 11 area 0.0.0.0
int g0/1                        int g0/1
ipv6 enable                     ipv6 ospf 11 area 0.0.0.0
ipv6 add aa::1/120              int g0/2
no shut                         ipv6 ospf 11 area 0.0.0.0
int g0/2                        exit
```

R2 的配置命令：

```
en                              ipv6 add bb::1/120
conf t                          no shut
hostname R2                     exit
ipv6 unicast-routing            ipv6 router ospf 8
int g0/0                        router-id 2.2.2.2
ipv6 enable                     int g0/0
ipv6 add dd::2/126              ipv6 ospf 8 area 0.0.0.0
no shut                         int g0/1
int g0/1                        ipv6 ospf 8 area 0.0.0.0
ipv6 enable                     exit
```

完成上述配置后，使用 show ipv6 route 命令查看路由表，其中 R2 的路由表如图 2-9-9（a）
所示。然后测试从 PC2 ping Server1（cc::c3）的通信情况，结果如图 2-9-9（b）所示。

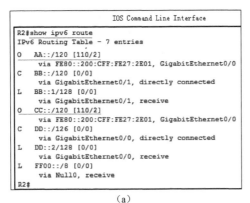
（a）

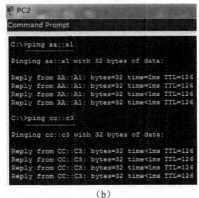
（b）

图 2-9-9　查看 R2 的路由表以及 PC2 与 Server1 的通信情况

此例将整个 IPv6 网络 AS 划分到一个主干区域。当网络规模较大、路由器数量较多时，
可以将网络划分为多个区域。需要注意的是，每个分区都必须与主干区域"相邻"。

2.9.3　华为 OSPF（v2、v3）动态路由

1. 华为 OSPFv2 动态路由技术

（1）配置步骤

① AS 分区。

② 启动 OSPF 协议。

③ 定义本路由器的 Router ID（可选）。

④ 在 OSPF 进程中创建主干区 area 0.0.0.0，并在主干区中逐段发布所有直连网络的网络
地址和反掩码。

⑤ 创建分区（如 area 0.0.0.1），并在分区中发布所有直连网络的网络地址和反掩码。如
果只有主干区，则无须此步骤。

（2）配置命令

① AS 分区：

ospf n [router-id p.p.p.p]
//创建 ospf n 进程，并指定 Router ID 为 p.p.p.p。若不指定，OSPF 将路由器的一个 IP 地址作为默认 Router ID
area 0.0.0.0　　　　　　　　　　　//创建主干区 area 0

network x.x.x.x w.w.w.w	//在 area 0 中发布直连网络，w.w.w.w 为反掩码
......	//在 area 0 中发布下一个直连网络

② 查看命令：

disp curr	//查看配置参数
disp router id	//查看 Router ID
disp ip routing-table 或 disp ip rout	//查看路由表
disp ospf n routing	//查看动态路由

2. 华为 OSPFv2 动态路由应用

使用两台华为路由器（型号为 AR1220、2220、2240 或 3260）和两台主机组建网络 AS，如图 2-9-10 所示，并使用 OSPF 动态路由协议使路由器能够学习非直连网络的路由信息。

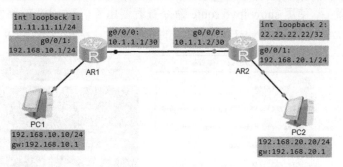

图 2-9-10　用 2 台华为路由器和 2 台主机组建的简单网络 AS

配置主机的 IP 参数，并配置路由器 AR1 和 AR2。

AR1 的配置命令：

sys	undo shut
sysname AR1	q
int loopback 1	ospf 3
ip add 11.11.11.11 24	area 0.0.0.0
int g0/0/0	network 10.1.1.0　0.0.0.3
ip add 10.1.1.1 30	network 11.11.11.11 0.0.0.255
undo shut	network 192.168.10.0　0.0.0.255
int g0/0/1	q
ip add 192.168.10.1 24	

AR2 的配置命令：

sys	undo shut
sysname AR2	q
int loopback 2	ospf 5
ip add 22.22.22.22 32	area 0.0.0.0
int g0/0/0	network 10.1.1.0　0.0.0.3
ip add 10.1.1.2 30	network 22.22.22.22 0.0.0.0
undo shut	network 192.168.20.0　0.0.0.255
int g0/0/1	q
ip add 192.168.20.1 24	

配置完成后，路由器 AR1 和 AR2 会互相交换 LSA 报文（OSPF 报文），在 AR1 的 g0/0/0 接口用 Wireshark 抓取数据包，如图 2-9-11 所示。分析图中的第 15 帧：这是一个 Ethernet II 帧，帧首部第 13、14 字节的值为 0x0800，表示帧的负载部分是一个 IPv4 数据报（从第 15 字节开始）；IP 数据报首部的协议字段值为 0x59（十进制数为 89），表示 IPv4 数据报的负载部分是一个 OSPF 报文；IP 数据报首部的目的 IP 地址为 224.0.0.5，这是 OSPF 报文最常用的

组播地址,用于向所有运行 OSPF 的路由器发送报文(另一个不常用的组播地址是 224.0.0.6);
嵌套在 IP 数据报中的 OSPF 报文是一个 Hello 报文。

```
No.     Time         Source          Destination      Protocol Length Info
     15 54.9530000 10.1.1.1          224.0.0.5        OSPF      82 Hello Packet
     16 63.8280000 10.1.1.2          224.0.0.5        OSPF      82 Hello Packet
     17 64.1250000 10.1.1.1          224.0.0.5        OSPF      82 Hello Packet
<

⊞ Frame 15: 82 bytes on wire (656 bits), 82 bytes captured (656 bits) on interface 0
⊟ Ethernet II, Src: HuaweiTe_e5:77:85 (00:e0:fc:e5:77:85), Dst: IPv4mcast_05 (01:00:5e:00:00:05)
  ⊞ Destination: IPv4mcast_05 (01:00:5e:00:00:05)
  ⊞ Source: HuaweiTe_e5:77:85 (00:e0:fc:e5:77:85)
    Type: IP (0x0800)
⊞ Internet Protocol Version 4, Src: 10.1.1.1 (10.1.1.1), Dst: 224.0.0.5 (224.0.0.5)
⊟ Open Shortest Path First
  ⊞ OSPF Header
  ⊞ OSPF Hello Packet

0000  01 00 5e 00 00 05 00 e0  fc e5 77 85 08 00 45 c0   ..^.....  ..w...E.
0010  00 44 00 1b 00 00 01 59  cd 7f 0a 01 01 01 e0 00   .D.....Y  ........
0020  00 05 02 01 00 30 0a 01  01 01 00 00 00 00 cf 94   .....0..  ........
0030  00 00 00 00 00 00 00 00  00 00 ff ff ff fc 00 0a   ........  ........
0040  02 01 00 00 00 28 0a 01  01 02 0a 01 01 01 0a 01   .....(..  ........
0050  01 02                                              ..
```

图 2-9-11 用 Wireshark 从 AR1 的 g0/0/0 接口抓取的以太帧(含 OSPF 报文)

待 AR1 和 AR2 充分交换 LSA 报文(OSPF 报文)后,OSPF 动态路由便收敛了。使用
display ip routing-table(或 disp ip rout)命令查看 AR1 和 AR2 的路由表。AR1 的路由表
如图 2-9-12 所示,其中有 2 条 OSPF 动态路由,OSPF 路由优先级为 10,而直连路由的优先
级为 0。查看图 2-7-18(a)、(b)中静态路由的优先级为 60,图 2-8-13 中 RIP 动态路由的优
先级为 100。由此可见,静态路由比 RIP 路由优先,OSPF 路由比静态路由优先,直连路由比
OSPF 路由优先。

然后,测试网络的连通性。从 PC1 ping PC2,结果如图 2-9-13 所示。

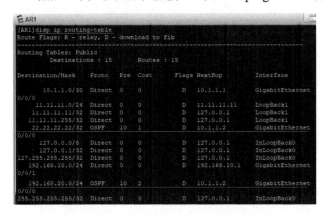

图 2-9-12 查看 AR1 的路由表

图 2-9-13 从 PC1 ping PC2 的测试结果

3. 华为 OSPFv3 动态路由配置命令

(1)系统视图下配置

ospfv3　n　[router-id x.x.x.x]	//启动 ospfv3 n 进程,并指定 Router ID
area　a.a.a.a	//创建 a.a.a.a 区域,如主干区 area 0.0.0.0
……	//还可以创建分区,如 area 0.0.0.1

(2)接口视图下配置

interface ??/?	//进入配置了 IPv6 地址的接口
ospfv3　n　area　a.a.a.a	//将该接口加入 ospfv3 n 进程的 area a.a.a.a 区域
……	//重复上述步骤,将所有配置了 IPv6 地址的接口加入 ospfv3 n 进程

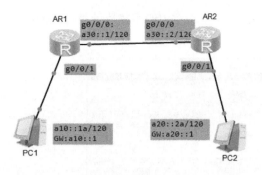

图 2-9-14 由 2 台华为路由器和 2 台主机组成的
IPv6 网络自治系统

4. 华为 OSPFv3 动态路由应用

使用 2 台华为路由器和 2 台主机搭建一个 IPv6 网络自治系统,如图 2-9-14 所示。主机 PC1 和 PC2 的 IPv6 地址设计如图中所示。

为路由器 AR1 和 AR2 配置接口 IPv6 地址及 OSPFv3 动态路由。

AR1 的配置命令:

```
ipv6                              q
int g0/0/0                        OSPFv3 10 router-id 1.1.1.1
ipv6 enable                         area 0.0.0.0
ipv6 add a30::1 120                 quit
undo shut                         interface G0/0/1
int g0/0/1                          ospfv3 10 area 0.0.0.0
ipv6 enable                       interface G0/0/0
ipv6 add a10::1 120                 ospfv3 10 area 0.0.0.0
undo shut
```

AR2 的配置命令:

```
ipv6                              q
int g0/0/0                        OSPFv3 8 router-id 2.2.2.2
 ipv6 enable                        area 0.0.0.0
 ipv6 add a30::2 120                quit
 undo shut                       interface G0/0/1
int g0/0/1                       ospfv3 8 area 0.0.0.0
 ipv6 enable                     interface G0/0/0
 ipv6 add a20::1 120                 ospfv3 8 area 0.0.0.0
 undo shut
```

注意,如果一个接口配置了错误的 IPv6 地址,再配置新的 IPv6 地址时,旧的地址不会被覆盖,而是与新地址同时存在。

配置完 OSPFv3 路由命令后,两台路由器进行 OSPF 报文交换,在 AR1 的 g0/0/0 接口抓取报文,如图 2-9-15 所示。

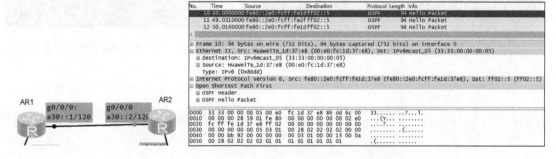

图 2-9-15 在 AR1 的 g0/0/0 接口抓取含 OSPFv3 报文的以太帧

从图 2-9-15 可以看出,第 10 帧是一个 Ethernet II 帧,帧首部第 13、14 字节的值为 0x86dd,表示帧的负载部分是一个 IPv6 数据报;IPv6 数据报首部第 7 字节的值为 0x59(十进制数为

89），表示 IPv6 数据报的负载部分是一个 OSPF 报文；OSPF 报文是一个 Hello 报文（1 类 LSA）。

路由器 AR1 和 AR2 充分交换 OSPF 报文，并达到 OSPF 动态路由收敛后，使用 disp ipv6 routing-table 命令查看 AR1 的 IPv6 路由表，如图 2-9-16（a）所示。可以看到一条关于 a20::/120 网络的 OSPFv3 动态路由，其优先级为 10。

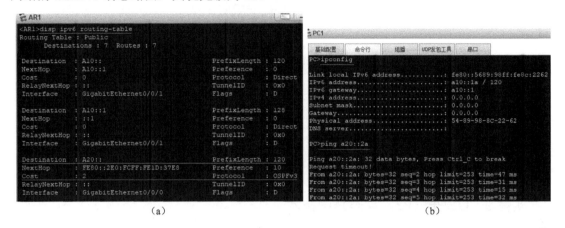

图 2-9-16　AR1 的 IPv6 路由表及从 PC1 ping PC2 的测试结果

从 PC1 ping PC2 (a20::2a)，通信成功，测试结果如图 2-9-16（b）所示。

OSPFv3 动态路由协议也是可以划分区域的，本例中只有一个区域 area 0.0.0.0，当网络规模较大、路由器数量较多时，可以将网络划分为多个区域。

2.9.4　习题

1. 已知 R1 和 R2 两台路由器相连，路由器接口参数和 PC 的 IP 参数如图 2-9-17 所示。

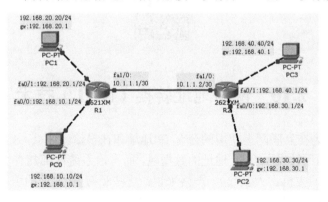

图 2-9-17

（1）如果使用思科/锐捷路由器，试分别写出为路由器 R1、R2 配置 OSPF 动态路由的命令（设两台路由的所有网段都在 area 0.0.0.0），确保所有 PC 能够相互通信。

（2）如果使用华为路由器，试分别写出为路由器 R1、R2 配置 OSPF 动态路由的命令（设两台路由的所有网段都在 area 0.0.0.0），确保所有 PC 能够相互通信。

2. 在如图 2-9-18 所示的 IPv6 网络中，主机 IP 参数及路由器接口 IP 地址均已配置好。

（1）如果三台路由器均为华为路由器，分别为其配置 OSPFv3 动态路由，使所有主机都能相互通信。

（2）如果三台路由器都是思科/锐捷路由器，分别为其配置 OSPFv3 动态路由，使所有主机都能相互通信。

图 2-9-18

实验 9　OSPF（v2）动态路由技术

实验 10　OSPF（v3）动态路由技术

2.10　网络地址转换（NAT）技术

IP 地址可以分为在互联网上使用的公有 IP 地址和在自治系统（AS）内部使用的私有 IP 地址两大类。互联网不转发私有 IP 地址的数据包，而自治系统内部却有大量主机使用私有 IP 地址（私有 IP 地址的主机占大多数）。严格来说，这些私有 IP 地址的主机是不能直接访问互联网的。如果要让 AS 内部具有私有 IP 地址的主机访问互联网上的主机，就必须进行网络地址转换。

2.10.1　网络地址转换原理

1. 私有 IP 地址与公有 IP 地址

私有 IP 地址也称为专用 IP 地址或内部 IP 地址，公有 IP 地址也称为全局 IP 地址或全球 IP 地址。私有 IP 地址的产生是因为 IPv4 地址已经分配完毕，而联网的主机数量却在不断增加。每一台联网的主机或网络层设备至少需要一个 IP 地址，但 IPv4 地址已经不够用。因此，互联网协会规定在 A、B、C 三类地址中各留出一部分作为私有 IP 地址使用。所有的私有 IP 地址在每一个自治系统内可以自由使用，但在互联网上不承认、不认识私有 IP 地址。

A 类私有 IP 地址：10.0.0.0～10.255.255.255（10.0.0.0/8 或 10/8）

B 类私有 IP 地址：172.16.0.0～172.31.255.255（172.16.0.0/12 或 172.16/12）

C 类私有 IP 地址：192.168.0.0～192.168.255.255（192.168.0.0/16 或 192.168/16）

在 A、B、C 三类 IPv4 地址中，除了私有 IP 地址和特殊网络段 127.0.0.0/8，其余都是公有 IP 地址。互联网只认识公有 IP 地址（不认识私有 IP 地址），只有将私有 IP 地址转换成公有 IP 地址以后，AS 内私有 IP 地址的主机才能访问互联网。

2．网络地址转换的定义、类型与功能

（1）网络地址转换的定义

网络地址转换（Network Address Translation，NAT）是将私有 IP 地址转换为公有 IP 地址的转换技术。NAT 可以实现从一个地址空间转换到另一个地址空间。

具有 NAT 功能的设备包括路由器和硬件防火墙（Firewall）。

（2）网络地址转换的类型

NAT 可分为静态地址转换（Static NAT，SAT）、动态地址转换（Dynamic NAT）两大类。

动态地址转换又分为一般动态地址转换（NAT）、基于端口号的动态地址转换（NAPT1）和基于单个物理端口的动态地址转换（NAPT2）。

（3）网络地址转换的功能

在 AS 内部网络中，通常使用私有 IP 地址。当内部主机需要与外部互联网进行通信时，在内网出口处（通常是路由器或硬件防火墙）会将内部私有 IP 地址转换为公有 IP 地址，从而使内部主机能够正常访问互联网。同样，通过地址转换方法也可以使外部互联网上的主机访问内部的私有 IP 主机（如服务器）。

3．静态地址转换

静态地址转换（SAT）是一种固定一对一的 IP 地址转换方式，即一个私有 IP 地址静态（固定）地对应一个公有 IP 地址。这种转换适用于需要从外部网络直接访问内部特定服务器或设备的场景。

4．动态地址转换

（1）一般动态地址转换（NAT）

NAT 通常设置有一个公有 IP 地址池，某一时刻一个私有 IP 地址对应一个公有 IP 地址（一对一的地址转换），但在一段时间内多个私有 IP 地址可以与地址池中的多个公有 IP 地址相对应（多对多的地址转换）。图 2-10-1 所示为基于公有 IP 地址池的动态地址转换原理图。

（2）基于端口号的动态地址转换（NAPT1）

NAPT1 是指在地址转换时，将内部多个私有 IP 映射到公有 IP 地址池内一个公有 IP 地址（地址池内有多个公有 IP 地址），同时在该公有 IP 地址后面附加一个由路由器选定的 TCP 端口号，以不同的端口号区别对应不同的私有地址（瞬时多对一，动态多对多）。

（3）基于单个物理端口的地址转换（NAPT2）

NAPT2 是指将内部多个私有 IP 映射到 AS 边界路由器一个连接外网的物理接口（该接口配置有公有 IP 地址），NAT 设备在该公有 IP 地址后附加上一个 TCP 端口号，分别对应内网不同的私有 IP 地址（瞬时多对一，动态多对一）。

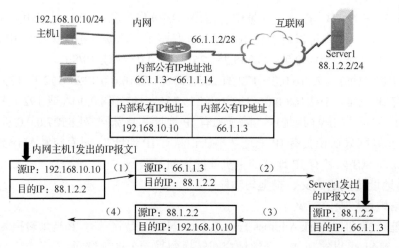

图 2-10-1　NAT 原理图

5．网络地址转换的优缺点

（1）优点

① 地址转换可以使内部网络用户方便地访问互联网，或者使互联网用户可以访问内网私有 IP 的服务器（以转换后的公有 IP 地址访问）。

② 地址转换可以使内部局域网的许多主机公用一个（或一组）公有 IP 地址上网，从而大大节约公有 IP 地址资源。

③ 地址转换可以屏蔽内部网络的用户，提高内部网络的安全性。

④ 地址转换可以让内网的服务器向外网提供 WWW、FTP、Telnet 等服务。

⑤ 地址转换技术可以使得内部局域网的 IP 地址分配变得易于维护，不会因为公有地址的限制而难以合理分配内部 IP 地址。此外，当外网公有 IP 地址发生变化时，也不需要改动局域网内部的 IP 配置。

（2）缺点

① 地址转换对于报文内容中含有有用地址信息的情况需要做特殊处理。

② 地址转换不能处理 IP 报头加密的情况。

③ 由于地址转换隐藏了内部主机的实际地址，可能会使网络调试变得更加复杂。

④ 地址转换会增加时延，IP 报文中的源 IP 地址和目标 IP 地址可能需要变化。

2.10.2　思科/锐捷网络地址转换技术

1．SAT 配置

（1）定义外网接口

interface ??/?	//进入 AS 边界路由器的外网接口
ip nat outside	//指定该接口为外网接口

（2）定义内网接口

interface ??/?	//进入内网接口
ip nat inside	//指定该接口为内网接口
exit	//退出接口，回到全局模式

（3）建立静态一对一映射关系（全局模式下）

ip nat inside source static sourceIP（私有 IP）destIP（公有 IP）

（4）配置 AS 到外网的默认路由（全局模式下）

ip route 0.0.0.0　0.0.0.0　nexthop

如果 AS 已配置 BGP 等外部动态路由，则无须此命令。

（5）查看 SAT/NAT 信息

show ip nat static
show ip nat translation

需先进行通信测试（如 ping）再查看。

2. NAT 配置

（1）定义外网接口

interface ??/?　　　//进入 AS 边界路由器的外连接口
ip nat outside　　　//指定该接口为外网接口

（2）定义内网接口

interface ??/?　　　//进入接口
ip nat inside　　　　//指定该接口为内网接口
......　　　　　　　//重复上述步骤，定义所有内网接口
exit　　　　　　　//退出接口，回到全局模式

（3）用 ACL 定义内部私有 IP 地址段（全局模式下）

access-list n permit x.x.x.x　w.w.w.w　//用 ACL 逐个网络段的定义

参数说明：n 为 1～99，x.x.x.x 为网络地址，w.w.w.w 为反掩码。

（4）建立公有 IP 地址池（全局模式下）

ip nat pool poolname startIP endIP **netmask** m.m.m.m

（5）建立映射关系（全局模式下）

ip nat inside source list n **pool** poolname

（6）配置 AS 到外网的默认路由

ip route 0.0.0.0　0.0.0.0　nexthop

如果 AS 之间已配置 BGP 等外部动态路由，则无须此命令。

3. NAPT1 配置

当公有 IP 地址池不足时，可使用 NAPT1 技术实现 IP 地址复用。

配置命令与 NAT 的第（1）～（4）、（6）条命令相同。在建立映射关系命令中需添加关键字 overload，即

ip nat inside source list n **pool** poolname　overload

4. NAPT2 配置

当 AS 只有一个公有 IP 地址时，可使用 NAPT2 技术实现多对一的地址转换。

配置命令与 NAT 的第（1）～（3）、（6）条命令相同。由于没有公有 IP 地址池，故不需要第（4）条命令。建立映射关系（指定外网接口）的命令如下：

ip nat inside source list n **interface** ??/?　overload

5. SAT 与 NAPT1 实例

使用 2 台思科路由器和 3 台主机搭建网络，Router1 为 AS 边界路由器，Router2 为外网路由器，如图 2-10-2 所示。为 Router1 和 Router2 各添加一块 1FX 光纤接口板，并用光纤连接起来。PC1 和 Server0 在 AS 内网，PC2 在外网。内网除了有 192.168.10/24、172.16.16.0/24 私有网段，还有 loopback 1 虚接口（7.7.7.7/32）。

边界路由器 Router1 的对外接口配有公有 IP 地址 66.1.1.2/29，其所在的公有 IP 网络段为 66.1.1.0/29，可指派的公有 IP 地址范围为 66.1.1.1～66.1.1.6（其中 66.1.1.1 和 66.1.1.2 已分别

配置给 Router2 和 Router1 的光接口 fa1/0）。

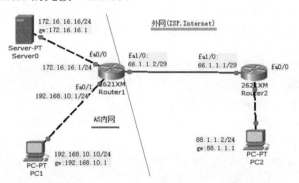

图 2-10-2   思科路由器组成的 AS 内外网络

按图 2-10-2 所示配置 IP 地址。此时，AS 内网所有 IP 设备都能互相通信。例如，PC1 能 ping 通 Server0（172.16.16.16），也能访问其 Web 网页。但是从 PC1 到 PC2（88.1.1.2）ping 不通，如图 2-10-3（a）、（b）所示。

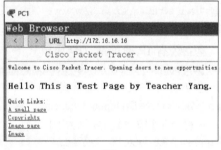

（a）   （b）

图 2-10-3   配置网络地址转换之前测试内外网的通信情况

接下来在 Router1 上配置 SAT 和 NAPT1。从公有 IP 地址网段 66.1.1.0/29 中拿出一个公有地址 66.1.1.3 用于 SAT，与服务器 Server0 建立映射。同时，使用 66.1.1.4～66.1.1.6 作为公有地址池，用于 NAPT。

Router1 指定内、外网接口命令：

int fa0/0	ip nat outside
ip nat inside	int loopback 1
int fa0/1	ip add 7.7.7.7 255.255.255.255
ip nat inside	ex
int fa1/0	

Router1 的 SAT 与 NAPT1 主要配置命令：

```
ip nat inside source static 172.16.16.16 66.1.1.3
access-list 12 permit 192.168.10.0 0.0.0.255
access-list 12 permit host 7.7.7.7
ip nat pool pool02 66.1.1.4 66.1.1.6 netmask 255.255.255.248
ip nat inside source list 12 pool pool02 overload
ip route 0.0.0.0 0.0.0.0 66.1.1.1
```

在 Router1 上执行完上述命令后，进行以下测试：PC1 ping PC2（88.1.1.2），通信成功；PC2 ping Server0（66.1.1.3），通信成功；PC2 访问 Server0 的 Web 网页，通信成功，分别如

图 2-10-4（a）、（b）、（d）所示。然而，外网的主机（如 PC2）不能主动访问内网任意一个私有 IP 地址的主机，如图 2-10-4（c）所示，因为这些内部主机的 IP 地址没有被公开映射。

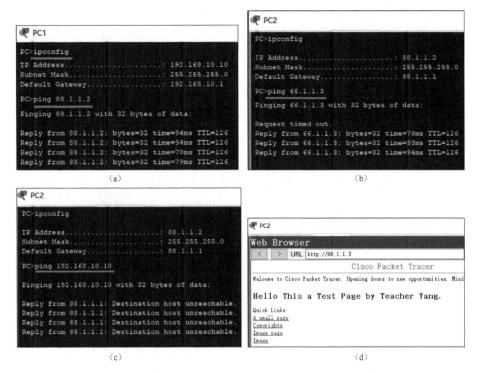

图 2-10-4 配置 SAT 和 NAPT1 后的通信情况

分别使用 show ip nat translation 和 show ip nat statistics 命令查看路由器 Router1 上的动态和静态地址转换信息，如图 2-10-5 所示。

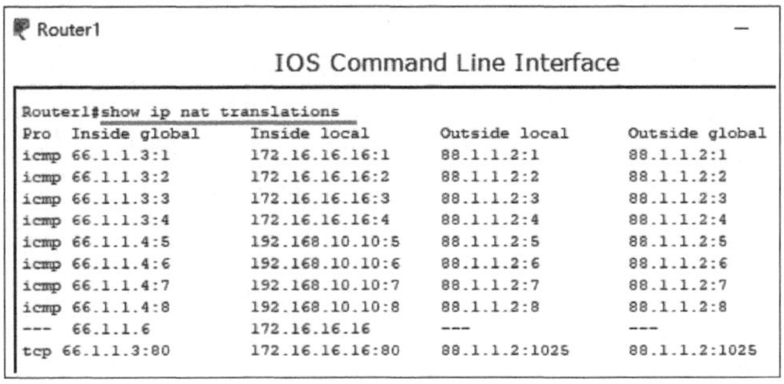

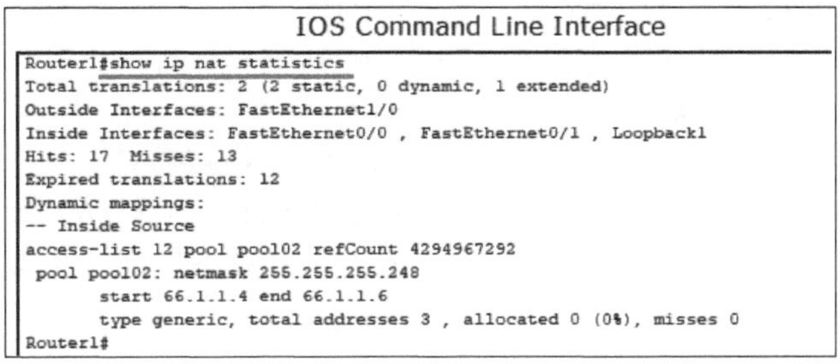

图 2-10-5 在 Router1 上查看动态、静态地址转换信息

6. NAPT2 实例

如果 ISP（Internet Service Provider，因特网服务商）只为 AS 内网提供了一个可指派的公有 IP 地址，即 AS 边界路由器与 ISP 路由器之间使用了一个掩码为/30 的公有 IP 地址子网（如 66.1.1.0/30），该子网有 4 个 IP 地址，但只有两个可指派的 IP 地址（66.1.1.1 和 66.1.1.2）。

在图 2-10-2 的基础上进行如下修改：将路由器 Router1 的 fa1/0 接口 IP 地址设置为 66.1.1.2/30，路由器 Router2 的 fa1/0 接口 IP 地址设置为 66.1.1.1/30，如图 2-10-6 所示。

为了使 AS 内网的所有私有 IP 地址主机都能访问外网主机，可以使用 NAPT2 技术。

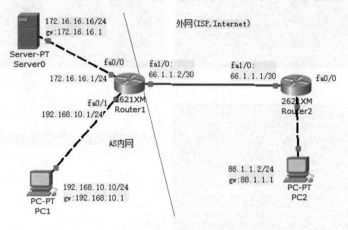

图 2-10-6　AS 内、外网 NAPT2 网络地址转换实例

Router2 仅需修改 fa1/0 接口的 IP 地址。

Router2 变更配置参数命令：

```
int fa1/0
    ip add 66.1.1.1 255.255.255.252
    no shut
```

Router1 的基础配置命令：

```
int fa0/0                                       no shut
    ip nat inside                                   ip nat outside
int fa0/1                                   int loopback 1
    ip nat inside                                   ip add 7.7.7.7 255.255.255.255
int fa1/0                                       ip nat inside
    ip add 66.1.1.2 255.255.255.252             exit         //返回全局模式
```

Router1 的 NAPT2 主要配置命令：

```
access-list 13 permit 192.168.10.0 0.0.0.255
access-list 13 permit host 7.7.7.7
ip nat inside source list 13 int fa1/0 overload
ip route 0.0.0.0 0.0.0.0 66.1.1.1
```

在 Router2、Router1 执行上述命令后，测试从 PC1 ping PC2、从 Server0 ping PC2，均通信成功，如图 2-10-7（a）、（b）所示。查看 Router1 上的动态地址转换信息，如图 2-10-7（c）所示，可以看到内网的私有 IP 地址主机在访问外网时，都被转换为同一个公有 IP 地址 66.1.1.2，但使用不同的端口号来区分各个连接。

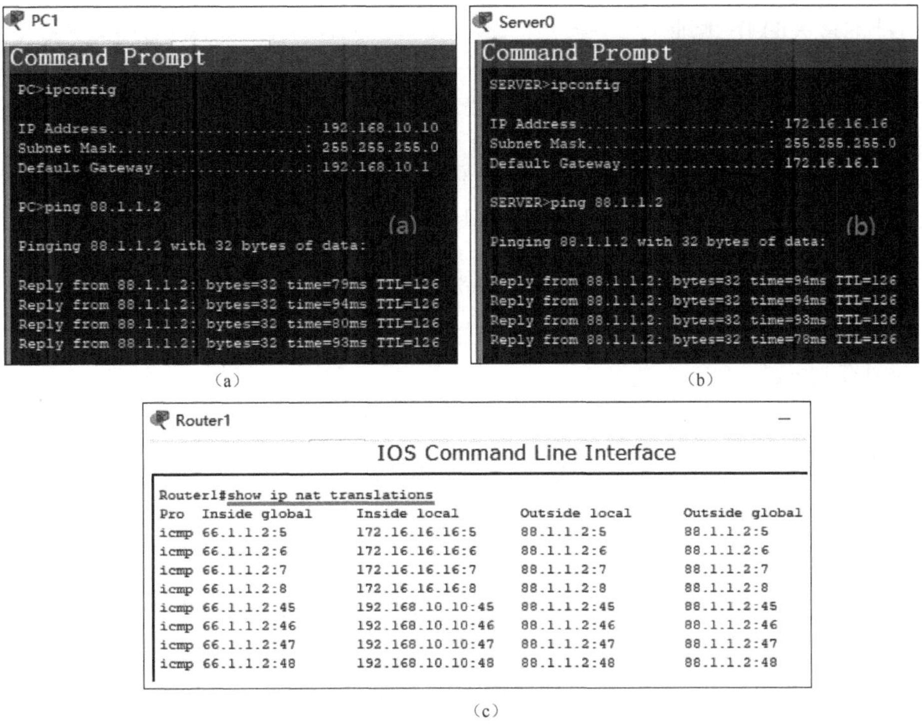

图 2-10-7　配置 NAPT2 后的通信测试情况与动态地址转换信息

2.10.3　华为网络地址转换技术

1. SAT 配置

华为 SAT 配置与思科/锐捷有所不同，无须指定内网接口和外网接口。

（1）在 AS 边界路由器的外网接口下配置 SAT

```
interface ??/?        //进入 AS 边界路由器的外网接口
nat   static global   g.g.g.g inside   x.x.x.x [netmask M]
```

参数说明：g.g.g.g 为公有 IP 地址（分配给 AS 的可指派公有 IP 地址）；x.x.x.x 为私有 IP 地址；M 为私有 IP 地址对应的掩码。

（2）建立 AS 到外网的缺省路由

```
ip   route-static 0.0.0.0   0.0.0.0   nexthop
```

如果 AS 之间已配置 BGP 等外部动态路由，则无须此命令。

（3）查看 SAT/NAT 信息

```
display   nat   session   all
```

需先进行通信测试（如 ping）再查看。

2. NAT 配置

（1）用 ACL 定义内网私有 IP 地址段（系统视图下）

```
acl number   n1           //创建 acl n1，n1 为 2000～2999
rule 1 permit source x1.x1.x1.x1   w1.w1.w1.w1   //逐个定义私有网络段
rule 2 permit source x2.x2.x2.x2   w2.w2.w2.w2
```

（2）建立公有 IP 地址池（系统视图下）

```
nat address-group n2   s.s.s.s   e.e.e.e
```

参数说明：n2 为地址池编号，取值范围为 0～7；s.s.s.s 为公有地址池最小的 IP 地址；e.e.e.e

为公有地址池最大的 IP 地址。

（3）建立内外网地址映射

interface ??/?　　　//进入 AS 边界路由器的外网接口
nat outbound n1 address-group n2 no-pat

参数说明：n1 为已定义的 ACL 编号，取值范围为 2000～2999；n2 为已定义的地址池编号，取值范围为 0～7；na-pat 表示不进行端口号映射。

（4）配置 AS 到外网的默认路由

ip　route-static 0.0.0.0　0.0.0.0　nexthop

如果 AS 之间已配置 BGP 等外部动态路由，则无须此命令。

3．NAPT1 配置

与上述 NAT 配置的第（1）、（2）、（4）条命令相同。

第（3）条命令略有相同，这里需要去掉 no-pat，即允许端口号映射。

interface ??/?　　　//进入 AS 边界路由器的外网接口
nat outbound n1 address-group n2

4．NAPT2 配置

当 AS 只有一个公有 IP 地址时，可使用 NAPT2 技术实现多对一的地址转换。

与上述 NAPT1 的第（1）、（4）条命令相同，无须第（2）条命令（因为没有公有地址池）。第（3）条命令（在 AS 边界路由器对外接口视图下进行）改为

interface ??/?　　　//进入 AS 边界路由器的外网接口
nat　outbound　n1　// n1 为已定义的 ACL 编号，取值范围为 2000～2999

5．SAT 与 NAPT1 实例

（1）AS 内外网初步构成

使用 2 台华为路由器（AR1、AR2）和 4 台主机（PC1、PC2、Server1、PC3）组成的 AS 内外网络如图 2-10-8 所示。AS 内网由 AR1、PC1、PC2 和 Server1 组成，外网由 AR2 和 PC3 组成。

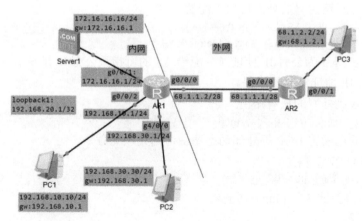

图 2-10-8　用 2 台华为路由器与 4 台主机组成的 AS 内外网络

先来分析 AS 内可使用的公有 IP 地址。AR1 的 g0/0/0 接口与 AR2 的 g0/0/0 接口连接的子网是公有 IP 地址段 68.1.1.0/28，该子网共有 16 个 IP 地址，可用 IP 地址范围为 68.1.1.0～68.1.1.15，可指派的 IP 地址范围为 68.1.1.1～68.1.1.14（其中 68.1.1.1 和 68.1.1.2 分配给 AR2 和 AR1 的接口）。

将图 2-10-8 所示网络中所有设备的 IP 地址配置完成后（包括 loopback1），测试从内网 PC1（私有 IP 地址）到外网 PC3（公有 IP 地址）的通信，结果不通，如图 2-10-9 所示。此时，内网私有 IP 地址的主机无法与外网通信，外网主机也无法访问 AS 内网的私有 IP 地址服务器。

图 2-10-9　NAPT2 配置前测试从内网到外网的通信情况

（2）AR1 的 SAT 配置

```
int g0/0/0
nat static global 68.1.1.3 inside 172.16.16.16 netmask 255.255.255.255
quit
ip route-static 0.0.0.0 0.0.0.0 68.1.1.1
```

（3）AR1 的 NAPT1 配置

```
acl number 2001
  rule 1 permit source 192.168.10.0 0.0.0.255
  rule 2 permit source 192.168.20.1 0.0.0.0
  rule 3 permit source 192.168.30.0 0.0.0.255
  quit
nat address-group 1 68.1.1.4 68.1.1.14
int g0/0/0
    nat outbound 2001 address-group 1
  q
```

说明：由于在（2）中已配置了缺省路由命令 ip route-static 0.0.0.0 0.0.0.0 68.1.1.1，故在（3）中省略该条命令。

（4）通信测试与地址转换查看

内网 PC1 访问外网 PC3：从 PC1（私有 IP 地址 192.168.10.10）ping 外网 PC3（公有 IP 地址 68.1.2.2），通信成功；在 AR1 上使用 disp nat session all 命令查看 NAPT1 的地址转换信息，如图 2-10-10 所示。

测试内网 PC2 访问外网 PC3：从 PC2（私有 IP 地址 192.168.20.1）ping 外网 PC3（公有 IP 地址 68.1.2.2），通信成功；在 AR1 上使用 disp nat session all 命令查看 NAPT1 地址转换信息，如图 2-10-11 所示。

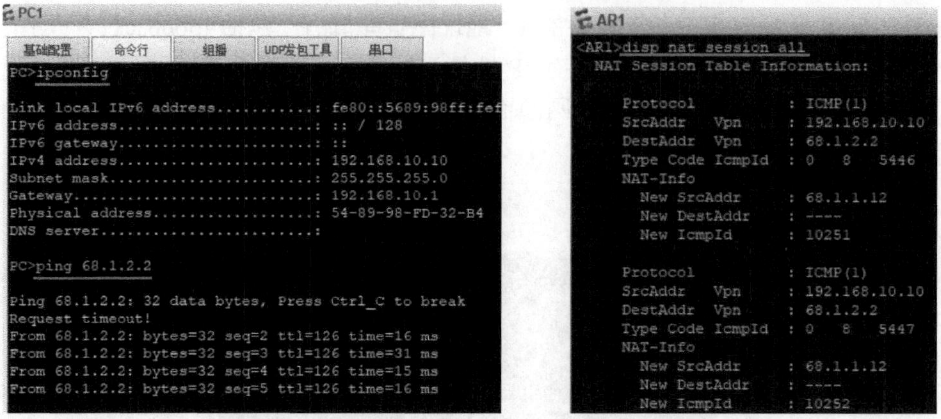

图 2-10-10 NAPT2 配置后 PC1 到 PC3 的通信

图 2-10-11 NAPT2 配置后 PC2 到 PC3 的通信

测试外网 PC3 访问内网 Server1：从 PC3（公有 IP 地址 68.1.2.2）ping 内网 Server1（映射的公有 IP 地址 68.1.1.3），通信成功；从 PC3 主动 ping 内网 PC1（私有 IP 地址 192.168.10.10），通信失败，如图 2-10-12 所示。

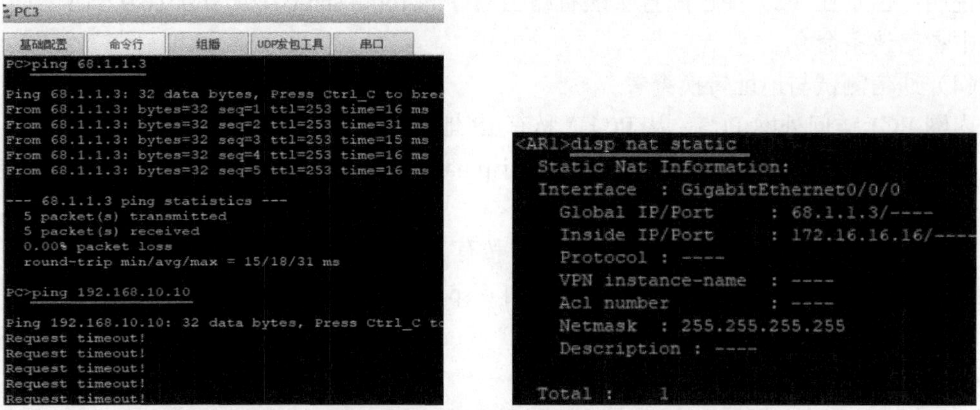

图 2-10-12 SAT 配置后从外网 PC3 到 Server1 的通信

6. NAPT2 地址转换实例

如果 ISP 给 AS 内网的公有地址中只有一个可指派的 IP 地址，且 AR1 与 AR2 相连的子网掩码为/30，那么该子网仅有两个可用的 IP 地址。例如，在图 2-10-13 所示的网络（该网络在图 2-10-8 的基础上稍加修改而成）中，AR1 的 g0/0/0 接口与 AR2 的 g0/0/0 接口所在子网为 68.1.1.0/30。

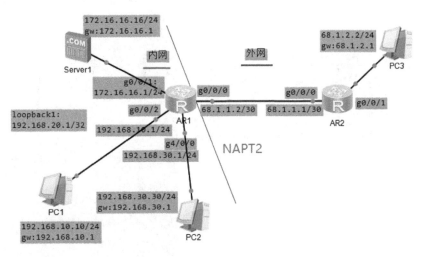

图 2-10-13　NAPT2 配置前 AS 内外网络架构

首先配置 AR1 与 AR2 的 g0/0/0 接口地址。

AR2 的接口配置命令：	AR1 的接口配置命令：
int g0/0/0 ip add 68.1.1.1 30 undo shut q	int g0/0/0 ip add 68.1.1.2 30 undo shut q

然后在 AR1 上配置 NAPT2，命令如下：

```
acl number 2002
  rule 1 permit source 192.168.10.0 0.0.0.255
  rule 2 permit source 192.168.20.1 0.0.0.0
  rule 3 permit source 192.168.30.0 0.0.0.255
  rult 4 permit source 172.16.16.0 0.0.0.255
  quit
int g0/0/0
  nat outbound 2002
  q
ip route-static 0.0.0.0 0.0.0.0 68.1.1.1
```

配置完成后，分别测试内网私有 IP 地址的主机 PC1、PC2、Server1 ping 外网 PC3（68.1.2.2）的通信情况，如图 2-10-14（a）～（c）所示。在 AR1 上查看 nat session 信息，如图 2-10-14（d）所示。

以上应用实例展示了较为简单的内网场景。当 AS 内网有多台路由器和三层交换机，或同时存在静态路由和动态路由时，情况会变得更加复杂。后续将探讨如何在这种复杂的网络环境中解决相关问题。

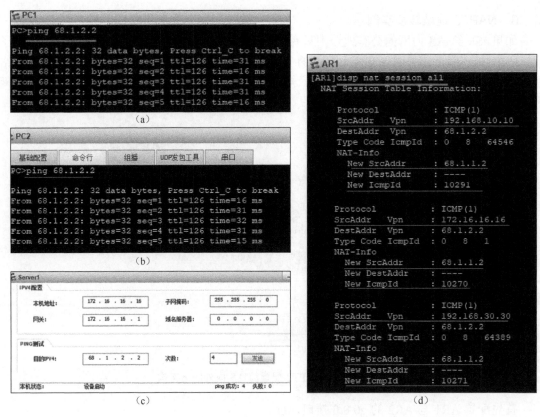

图 2-10-14 NAPT2 配置完成后测试内网私有 IP 地址主机到外网主机的通信

2.10.4 习题

1. 私有 IP 地址与公有 IP 地址的相似点和区别有哪些?

2. 网络地址转换分别有哪些类型, 各有什么功能和意义?

3. 已知 AS 内网的对外边界路由器 R1(IP 地址为 42.2.2.2/28)与外网路由器 R2 相连(IP 地址为 42.2.2.1/28), 若 R1、R2 是华为路由器, R1 的两个接口分别连接服务器 Server0(IP 地址为 192.168.20.20, 默认网关为 192.168.20.1)、PC0(IP 地址为 192.168.10.10, 默认网关为 192.168.10.1), R1 内有 2 个回环分别为 loopback1(IP 地址为 172.18.18.1/24)、loopback2(IP 地址为 172.19.19.9/24); R2 的两个接口分别连接服务器 Server1(IP 地址为 77.72.2.2, 默认网关为 77.72.2.1)、PC2(IP 地址为 88.8.2.2, 默认网关为 88.8.2.1), 如图 2-10-15 所示。设外网上有许多网络, 同时规定外网不能为私有 IP 网络段指定路由。

(1) SAT 配置。Server0 的 IP 地址是私有 IP 地址, 为了使 Server0 能够同时为内网和外网服务, 请写出内网边界路由器 R1 配置命令, 将 Server0 的私有 IP 地址转换为一个公有 IP 地址。

(2) NAPT 配置。写出 R1 的 NAPT 配置命令, 使得 PC0、loopback1、loopback2 这些私有 IP 地址的主机能够访问外网主机。

4. 已知 AS 内网的对外边界路由器 R1(IP 地址为 42.2.2.2/28)与外网路由器 R2 相连(IP 地址为 42.2.2.1/28), 若 R1、R2 是思科/锐捷路由器, R1、R2 接口参数及 4 台主机的 IP 参数与第 3 题相同。请完成(1) SAT 配置;(2) NAPT 配置。

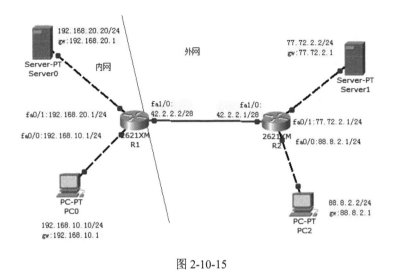

图 2-10-15

实验 11 思科、华为静态地址转换（SAT）与动态地址转换（NAPT1、NAPT2）

2.11 DHCP 协议与应用

2.11.1 DHCP 协议原理

1. DHCP 协议概述

动态主机配置协议（Dynamic Host Configuration Protocol，DHCP）是一种应用层协议，采用客户端-服务器（Client-Server，C/S）模式运行。DHCP 允许主机（客户端）通过发送一个消息获取其所需的所有配置信息。DHCP 的核心功能是为主机动态分配 IP 地址。

DHCP 协议支持 3 种 IP 地址分配方式。

① 自动分配：DHCP 为主机分配一个永久使用的 IP 地址。

② 动态分配：DHCP 为主机分配一个有使用时间限制的 IP 地址，当租期到期或主机明确释放地址时，该地址可被其他主机使用。这是目前最常用的方式。

③ 手工分配：网络管理员手动指定主机 IP 地址，DHCP 仅负责将指定的 IP 地址告知主机。动态分配方式能够有效利用 IP 地址资源，回收不再使用的 IP 地址并重新分配。

DHCP 协议具有以下特点。

① DHCP 的配置过程完全自动化，所有配置信息集中在 DHCP 服务器上统一管理。

② DHCP 采用 UDP 协议传输，客户端端口号为 68，服务器端口号为 67。

③ 最初 DHCP 协议通过广播方式在同一子网内工作，无法跨越路由器。为解决这一问

题，引入了 DHCP 中继（DHCP Relay）技术，使 DHCP 能够跨越子网工作。

④ 客户端-服务器间交互过程不复杂，DHCP 协议功能较全面，可以获取相对较多的信息。

⑤ DHCP 通常使用客户端的硬件地址（如以太网的 MAC 地址）唯一标识设备。

⑥ 通过设置 IP 地址租期，DHCP 可实现 IP 地址的分时复用，缓解 IP 地址资源短缺问题。

⑦ DHCP 是一个以客户端请求驱动的协议，服务器完全被动响应客户端请求，缺乏主动控制能力，因此在交互性和安全性上不如 PPP 协议。

2. DHCP 协议工作过程

（1）客户端在子网内广播发送 DHCP Discover 报文（包含关于网络地址和租用期选项的值），如果客户端与服务器不在同一子网内，则 DHCP 中继代理会将报文转发给服务器。

（2）收到 DHCP Discover 报文的 DHCP 服务器会广播发送 DHCP Offer 报文，提供可用的 IP 地址和其他配置信息。

（3）客户端收到一个或多个 DHCP Offer 报文后，选择一个服务器并发送 DHCP Request 报文，明确请求该服务器提供的 IP 地址。DHCP Request 报文中必须包含一个服务器标识用以指明被选中的服务器。如果客户端在超时前未收到 DHCP Offer 报文，则会重发 DHCP Discover 报文。

（4）服务器收到 DHCP Request 报文后，若能够满足请求，则发送 DHCP ACK 报文确认分配；若无法满足请求，则发送 DHCP NAK 报文拒绝。服务器在 DHCP Offer 中提供的 IP 地址在未收到客户端确认前不会被分配给其他客户端。

（5）客户端收到 DHCP ACK 报文后，检查配置参数并进行配置。如果发现错误，客户端会发送 DHCP Decline 报文并重新开始整个过程。如果客户端收到 DHCP NAK 报文，也会重新开始整个过程。

（6）客客户端可以通过发送 DHCP Release 报文主动释放 IP 地址。

DHCP 客户端与服务器之间传输的 4 种主要报文为 DHCP Discover、DHCP Offer、DHCP Request 和 DHCP ACK，如图 2-11-1 所示。

图 2-11-1　DHCP 客户端与服务器之间传输的 4 种主要报文

主机在运行 DHCP 协议时会经历以下状态：初始化、选择、请求、已绑定、更新、重绑定等，如图 2-11-2 所示。

3. DHCP 报文格式

DHCP 报文共有 7 种类型：①DHCP Discover、②DHCP Offer、③DHCP Request、④DHCP ACK、⑤DHCP NAK、⑥DHCP Decline、⑦DHCP Release。前 4 种为最基本的 DHCP 报文。

DHCP 报文的基本格式如图 2-11-3 所示，其中各个字段的含义（功能）如下。

op：报文类型，1 表示请求报文，2 表示响应报文。

htype：硬件地址类型，1 表示 10Mb/s 以太网硬件地址。

hlen：硬件地址长度，以太网中为 6。

hops：跳数，客户端设置为 0。

xxid：事务 ID，客户端生成的随机数，用于匹配请求和响应。

secs：客户端从开始获取 IP 地址或续租后经过的秒数。

flags：标志字段，最左边 1 位为 0 表示单播，为 1 表示广播。

ciaddr：客户端 IP 地址，仅在客户端处于绑定、更新、重绑定状态时填充。

yiaddr：服务器分配给客户端的 IP 地址。

siaddr：下一阶段使用的服务器 IP 地址。

giaddr：DHCP 中继服务器的 IP 地址。

chaddr：客户端硬件地址。

sname：可选的服务器主机名。

file：启动文件名。

options：可选参数域，格式为"代码+长度+数据"。

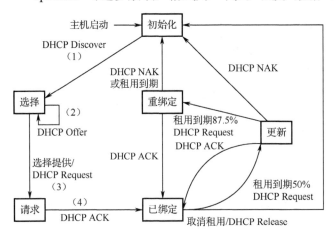

图 2-11-2　主机 DHCP 状态与各种 DHCP 报文传输流程

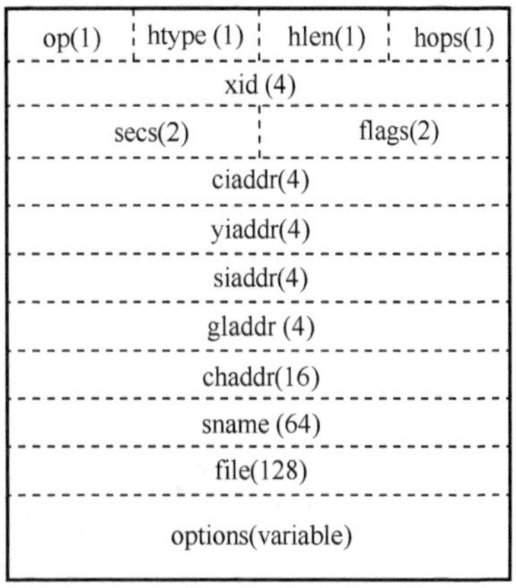

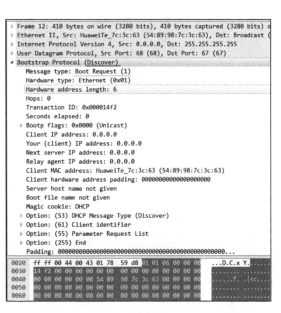

图 2-11-3　DHCP 报文基本格式

在实践中，使用 Wireshark 软件抓取的 DHCP Discover 报文如图 2-11-4 所示。可以看到：目的 IP 地址为 255.255.255. 255，表明 DHCP Discover 报文是广播发送的；DHCP 报文基于 UDP 协议，客户端端口号为 68，服务器端口号为 67。

大多数操作系统（如 Windows、Linux）自带 DHCP 客户端软件。用户只需在网卡的"Internet 协议版本 4（TCP/IP）"设置中选择"自动获得 IP 地址"即可启用 DHCP 客户端。

DHCP 服务器需要专门配置。可以在路由器、三层交换机或计算机服务器中运行 DHCP 服务器。大多数路由器和三层交换机内置 DHCP 服务器组件，但需要手动配置和启动。

图 2-11-4　使用 Wireshark 软件抓取的 DHCP Discover 报文

在实际网络中，DHCP 服务器通常部署在路由器或三层交换机中。以下内容将重点介绍如何在路由器和三层交换机中配置和运行 DHCP 服务器。如需了解在计算机操作系统（如 Windows）中配置 DHCP 服务器的方法，可参考相关文档或资料。

2.11.2　华为 DHCP 协议技术应用

1. 华为路由器/交换机 DHCP Server 配置基本命令

ip pool poolname	//创建 DHCP 地址池，poolname 为地址池名（自定义）
network x.x.x.x **mask** M	//拟分配给 DHCP 地址池的网络段
excluded-ip-address s.s.s.s e.e.e.e	//排除地址池中不分配的 IP 地址段（s.s.s.s～e.e.e.e）
gateway-list g.g.g.g	//设置默认网关 IP 地址
dns-list d.d.d.d [...]	//设置 DNS 服务器 IP 地址
[**lease** [day ?] [hour ?] [minute ?]]	//设置租期（可选项）
quit	//返回系统视图
dhcp enable	//启动 DHCP 协议
int ??/?	//进入指定接口
dhcp select global | relay	//本接口提供 DHCP global 服务或 DHCP relay 中继服务

2. 华为路由器 DHCP Server 配置与应用

使用 1 台华为路由器（AR1）、2 台二层交换机（LSW1、LSW2）、2 台服务器（Server1、Server2）和 3 台 PC（PC1、PC2、Client1）搭建一个以路由器为核心的简单 DHCP 网络系统，如图 2-11-5（a）所示。

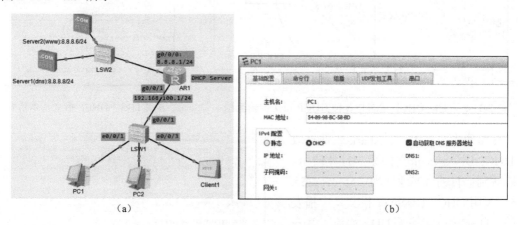

（a）　　　　　　　　　　　　　　　　　（b）

图 2-11-5　以路由器为核心的 DHCP 网络系统

将 PC1、PC2 和 Client1 配置为自动获取 IP 地址和 DNS 服务器地址，如图 2-11-5（b）所示；将 Server1 配置为 DNS 服务器，为域名 www.myweb.com 解析 IP 地址；将 Server2 配置为 HTTP 服务器（WWW 服务器），提供 Web 服务，如图 2-11-6 所示。

将 AR1 配置成 DHCP 服务器，配置命令如下：

ip pool pool2	//创建地址池 pool2，并进入地址池设置视图
network 192.168.100.0 mask 255.255.255.0	//为地址池分配网络段
excluded-ip-address 192.168.100.2 192.168.100.82	//排除不分配的 IP 地址段
gateway-list 192.168.100.1	//设置默认网关
dns-list 8.8.8.8	//设置 DNS 服务器地址
lease day 0 hour 0 minute 10	//设置租期为 10 分钟
quit	//返回系统视图
dhcp enable	//启动 DHCP 进程

int g0/0/1	//进入 g0/0/1 接口
dhcp select global	//本接口提供 DHCP 服务
quit	//返回系统视图

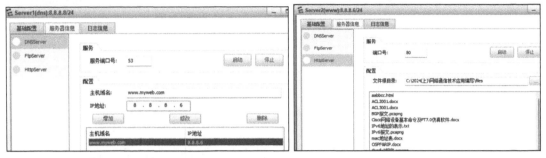

图 2-11-6　将 Server1 和 Server2 分别配置成 DNS 服务器和 HTTP 服务器

LSW1 和 LSW2 无须额外配置，仅作为二层设备转发数据。

PC1、PC2 和 Client1 自动从 DHCP 服务器获取 IP 地址、子网掩码、默认网关和 DNS 服务器地址。例如，PC1 获得的配置参数如图 2-11-7（a）所示，PC2 和 Client1 同样获得了这些配置参数。

在 PC1 上 ping www.myweb.com，DNS 服务器将域名解析为 IP 地址 8.8.8.6（WWW 服务器），PC1 与 Web 服务器通信成功，如图 2-11-7（b）所示。

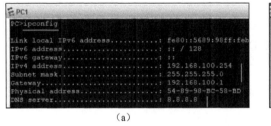

（a）　　　　　　　　　　　　　　　　　　（b）

图 2-11-7　主机 PC1 从 DHCP 服务器获得的网络参数及与 www.myweb.com 服务器的通信

Client1 为平板电脑，使用 eNSP 提供的 Web 客户端浏览器访问，在浏览器地址栏输入 www.myweb.com 或指定 HTML 文件路径，单击"获取"按钮，即可显示与 Web 服务器的连接信息及下载的文件内容，并提示用户是否保存文件，如图 2-11-8 所示。

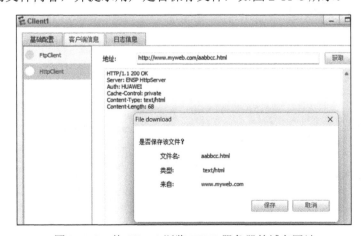

图 2-11-8　从 Client1 浏览 HTTP 服务器的域名网站

3. 华为三层交换机 DHCP Server 配置与应用

使用 1 台华为三层交换机（5700 型）、2 台二层交换机、2 台服务器和 3 台 PC 组成一个以三层交换机为主的 DHCP 网络应用系统，如图 2-11-9（a）所示。PC1、PC2 和 Client1 都选择 DHCP 自动获取 IP 地址和 DNS 服务器地址，其中 PC2 的初始配置如图 2-11-9（b）所示。

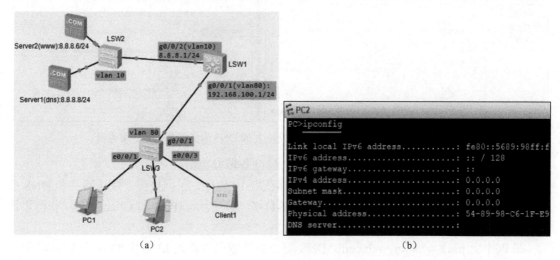

图 2-11-9　由三层交换机为主组成的 DHCP 网络及主机 PC2 的最初参数

将 Server1 配置成 DNS 服务器，将 Server2 配置成 HTTP 服务器（WWW 服务器），指定一个具体的目录，然后单击"启动"按钮，在 DNS 服务器下为 WWW 服务器设置域名为 www.web111.com，如图 2-11-10 所示。

图 2-11-10　将 Server2、Server1 分别设置成 HTTP 服务器和 DNS 服务器

给三层交换机 LSW1 配置如下参数。

（1）LSW1 的基础配置命令

```
sys                         int g0/0/1
vlan 10                       port link-type access
vlan 80                       port default vlan 80
int vlan 80                 int g0/0/2
  ip add 192.168.100.1 24     port link-type access
int vlan 10                   port default vlan 10
ip add 8.8.8.1 24             q
```

（2）LSW1 的 DHCP Server 配置命令

```
ip pool pool3
  network 192.168.100.0 mask 255.255.255.0
  excluded-ip-address 192.168.100.2 192.168.100.82
  excluded-ip-address    192.168.100.200 192.168.100.254
  gateway-list 192.168.100.1
  dns-list 8.8.8.8
  lease day 0 hour 0 minute 10         //IP 地址的租期为 10 分钟
  quit
dhcp enable
int vlan 80
  dhcp select global
quit
```

在 LSW1 上执行上述命令后，LSW1 即成为 DHCP 服务器，其中 g0/0/0 接口（vlan80）是 DHCP 服务接口。设置 LSW2 的所有接口允许 vlan10 通过，LSW3 的所有接口允许 vlan80 通过。这样，以三层交换机为主的 DHCP 网络基本配置完成，下面进行测试。

PC2 从最初默认的零配置变为自动获得 IP 地址、DNS 服务器等参数，如图 2-11-11（a）所示；Client1 也自动获得了 IP 地址、DNS 服务器等参数，如图 2-11-11（b）所示。

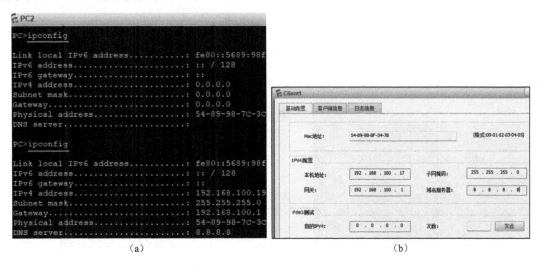

(a)   (b)

图 2-11-11　PC2 和 Client1 自动获得的 IP 地址和 DNS 服务器等参数

在 DHCP 客户端与 DHCP 服务器相互交换报文的过程中，在 LSW1 的 g0/0/1 接口开始抓包，使用 Wireshark 可以抓取 DHCP Discover、DHCP Offer、DHCP Request 和 DHCP ACK 这 4 种报文，限于篇幅，这里仅展示一个 DHCP Offer 报文，如图 2-11-12 所示。

从此 DHCP Offer 报文可看出，此 IP 报文的目的 IP 地址为 192.168.100.198，说明 DHCP Offer 报文是一个单播 DHCP 报文；DHCP 协议是基于 UDP 协议的，端口号分别为 67（服务器端）和 68（客户端），以及其他许多信息。

这样，PC1、PC2、Client1 就从 DHCP 服务器获得了 IP 地址等参数。从 PC2 ping www.web111.com，通信成功；从 Client1 的浏览器访问 www.web111.com，通信成功，结果如图 2-11-13 所示。

| 21 26.625000 | 192.168.100.1 | 192.168.100.198 | DHCP | 342 DHCP Offer | - Transaction ID 0x14f2 |

```
> Frame 21: 342 bytes on wire (2736 bits), 342 bytes captured (2736 bits) on interface 0
> Ethernet II, Src: HuaweiTe_82:02:22 (4c:1f:cc:82:02:22), Dst: HuaweiTe_7c:3c:63 (54:89:98:7c:3c:63)
> Internet Protocol Version 4, Src: 192.168.100.1, Dst: 192.168.100.198
> User Datagram Protocol, Src Port: 67 (67), Dst Port: 68 (68)
> Bootstrap Protocol (Offer)
    Message type: Boot Reply (2)
    Hardware type: Ethernet (0x01)
    Hardware address length: 6
    Hops: 0
    Transaction ID: 0x000014f2
    Seconds elapsed: 0
  > Bootp flags: 0x0000 (Unicast)
    Client IP address: 0.0.0.0
    Your (client) IP address: 192.168.100.198
    Next server IP address: 0.0.0.0
    Relay agent IP address: 0.0.0.0
    Client MAC address: HuaweiTe_7c:3c:63 (54:89:98:7c:3c:63)
    Client hardware address padding: 00000000000000000000
    Server host name not given
    Boot file name not given
    Magic cookie: DHCP
  > Option: (53) DHCP Message Type (Offer)
  > Option: (1) Subnet Mask
  > Option: (3) Router
  > Option: (6) Domain Name Server
```

```
0100  00 00 00 00 00 00 00 00 00 00 00 00 00 00 00 00   ................
0110  00 00 00 00 00 00 63 82 53 63 35 01 02 01 04 ff   ......c. Sc5.....
0120  ff ff 00 03 04 c0 a8 64 01 06 04 08 08 08 08 33   .......d .......3
0130  04 00 00 02 58 3b 04 00 00 02 0d 3a 04 00 00 01   ....X;.. ...:....
0140  2c 36 04 c0 a8 64 01 ff 00 00 00 00 00 00 00 00   ,6...d.. ........
0150  00 00 00 00 00 00                                 ......
```

图 2-11-12 使用 Wireshark 抓取的 DHCP Offer 报文

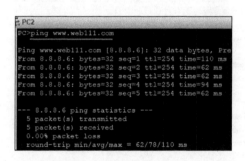

图 2-11-13 测试 PC2、Client1 与服务器的通信

2.11.3 思科/锐捷 DHCP 协议技术应用

1. 思科/锐捷路由器/交换机 DHCP Server 基本配置命令

ip dhcp pool poolname	//创建 DHCP 地址池，地址池名 poolname
network x.x.x.x m.m.m.m	//指定 DHCP 地址池网络段
dns-server d.d.d.d	//指定 DNS 服务器 IP 地址
default-router g.g.g.g	//指定该地址池网络段的默认网关
[**lease** d h m]	//设置租期（可选），d、h、m 分别表示天、小时、分钟
exit	//返回全局模式
ip dhcp excluded-address s.s.s.s e.e.e.e	//排除地址池中不分配的 IP 地址范围

2. 思科/锐捷路由器 DHCP Server 配置与应用

用 1 台思科路由器、1 台二层交换机和 2 台服务器、2 台 PC 组成一个简单的网络，如图 2-11-14（a）所示。PC1 和 PC2 已设置 DHCP 自动获取 IP 地址等参数，如图 2-11-14（b）所示。

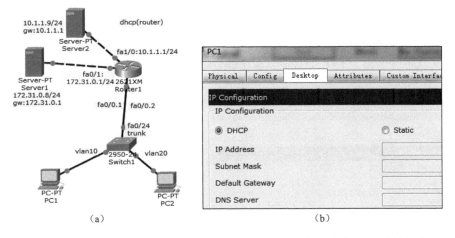

图 2-11-14　以思科路由器为主的 DHCP 服务网络及主机自动获取 IP 地址方式

为 Server1、Server2 配置 IP 地址，并将 Server1 配置成 DNS 服务器，将 Server2 配置成 HTTP 服务器；在 HTTP 服务器上编辑一个网页（index.html），并启动 HTTP 服务（选中 On）；在 DNS 服务器上为 HTTP 服务器设置域名（如 www.mywww.com），并启动 DNS 服务（选中 On），如图 2-11-15 所示。

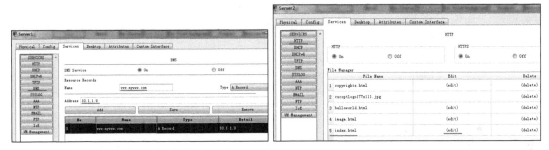

图 2-11-15　将 Server1、Server2 分别配置成 DNS 服务器和 HTTP 服务器

在交换机 Switch1 创建两个 VLAN：vlan 10 和 vlan 20。将上行接口配置为 trunk 接口（允许 vlan 10 和 vlan 20 通过）。

将 Router1 的 fa0/1 接口划分为两个子接口（fa0/1.1 和 fa0/1.2），分别绑定 dot1q 协议（IEEE 802.1q）和 VLAN ID（10、20），并为子接口配置 IP 地址。然后为每一个 VLAN 配置一个 DHCP 地址池（网络段），并指定默认网关、DNS 服务器地址等参数。

Router1 的配置命令如下：

```
en
conf t
int fa0/1
ip add 172.31.0.1 255.255.255.0
no shut
int fa1/0
ip add 10.1.1.1 255.255.255.0
no shut
int Fa0/0.1
encapsulation dot1Q 10
ip address 192.168.10.254 255.255.255.128
int Fa0/0.2
encapsulation dot1Q 20
ip address 192.168.20.254 255.255.255.128
```

```
int fa0/0
no shut
ip dhcp pool pp1
network 192.168.10.128 255.255.255.128
default-router 192.168.10.254
dns-server 172.31.0.8
exit
ip dhcp excluded-address 192.168.10.254
ip dhcp pool pp2
network 192.168.20.128 255.255.255.128
default-router 192.168.20.254
dns-server 172.31.0.8
exit
ip dhcp excluded-address 192.168.20.254
```

配置好 Router1 和 Switch1 后, PC1、PC2 可通过与 DHCP 服务器交换 DHCP 报文而获得 IP 地址等参数, 如图 2-11-16 (a) 所示。在 PC2 的浏览器地址栏输入 www.mywww.com, 单击 Go 按钮, 即可浏览 HTTP 服务器上的网页 (index.html), 可以看到此前编辑的内容, 如图 2-11-16 (b) 所示。

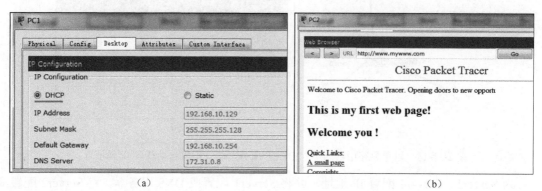

图 2-11-16　PC1 通过 DHCP 获得的 IP 地址等参数以及 PC2 通过浏览器用域名访问 HTTP 服务器

3．思科/锐捷三层交换机 DHCP Server 配置与应用

用 1 台思科三层交换机、1 台二层交换机和 2 台服务器、2 台 PC 组成一个简单的 DHCP 服务网络, 如图 2-11-17 (a) 所示。PC0 和 PC1 已配置 DHCP 自动获取 IP 地址等参数, 如图 2-11-17 (b) 所示。

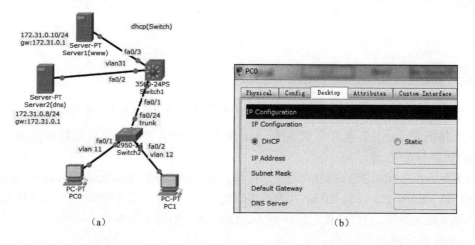

图 2-11-17　以思科三层交换机为主组成的 HDCP 服务网络及主机自动 IP 地址获取方式

将 Server1 配置成 HTTP 服务器 (WWW 服务器), 将 Server2 配置成 DNS 服务器; 在 Server1 上编辑一个网页, 在 Server2 上为 Server1 设置域名 (www.myweb1.com), 如图 2-11-18 所示。

为二层交换机 Switch2 配置两个 VLAN (vlan11、vlan12), 并将上行口配置为 trunk 接口。为三层交换机 Switch1 配置 3 个 VLAN (vlan11、vlan12、vlan31), 并为每个 VLAN 配置虚拟接口和 IP 地址。将 Switch1 的下行接口 (fa0/1) 配置为 trunk 接口 (允许 vlan11 和 vlan12 通过), 在 Switch1 上为 vlan11、vlan12 分别创建 HDCP 地址池 name1 和 name2。

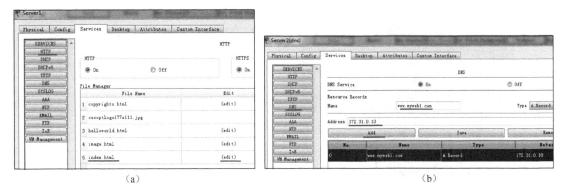

(a)   (b)

图 2-11-18   将 Server1、Server2 分别配置成 HTTP 服务器和 DNS 服务器

Switch1 的配置命令：

en	switchport trunk allowed vlan 11,12
conf t	int range Fa0/2 - 3
ip switching	switchport access vlan 31
vlan 11	exit
vlan 12	ip dhcp pool name1
vlan 31	network 192.168.11.0 255.255.255.0
exit	default-router 192.168.11.1
interface vlan 11	dns-server 172.31.0.8
ip address 192.168.11.1 255.255.255.0	ip dhcp pool name2
interface vlan 12	network 192.168.12.0 255.255.255.0
ip address 192.168.12.1 255.255.255.0	default-router 192.168.12.1
interface vlan 31	dns-server 172.31.0.8
ip address 172.31.0.1 255.255.255.0	**ip dhcp excluded-address 192.168.11.1 192.168.11.20**
int Fa0/1	
switch mode trunk	ip dhcp excluded-address 192.168.12.1

配置完成后，PC0 和 PC1 通过与 HDCP 服务器互发报文而获得 IP 地址、DNS 服务器地址等参数，如图 2-11-19 所示。

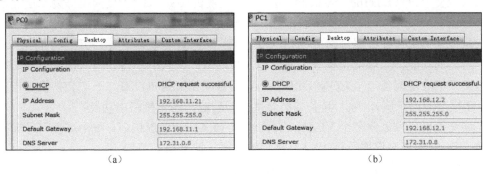

(a)   (b)

图 2-11-19   PC0、PC1 通过 DHCP 服务器获得的配置参数

在 PC0 上使用 ping www.myweb1.com 命令，经 DNS 解析得到该 HTTP 服务器的 IP 地址（172.31.0.10），通信成功；在 PC1 的浏览器地址栏输入 www.myweb1.com 成功访问 HTTP 服务器上的网页（index.html），可以看到此前编辑的内容，如图 2-11-20 所示。

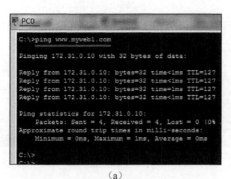

（a）　　　　　　　　　　　　　　　　　　（b）

图 2-11-20　分别在 PC0 和 PC1 上用不同方式访问网页

实验 12　华为、思科设备 DHCP 协议应用实验

2.12　路由器与交换机混合网络组建

2.12.1　二层交换机的 IP 地址与远程登录管理

1. 二层交换机的 IP 地址与默认网关

（1）交换机 VLAN 虚接口与 IP 地址

以太网交换机（Ethernet Switch）通常简称交换机（Switch）。交换机分为二层交换机和三层交换机。

二层交换机工作在数据链路层（OSI 模型的第二层），具备第一层（物理层）和第二层（数据链路层）的功能。二层交换机分为网管型（智能型）交换机和自动型（傻瓜型）交换机，网管型交换机通常配备一个 CONSOLE 接口，而自动型交换机没有。三层交换机工作在网络层（OSI 模型的第三层），除了具备二层交换机的功能，还支持路由功能。

三层交换机可以划分多个 VLAN，并为每个 VLAN 创建虚接口，每个虚接口可配置 1 个 IP 地址，该 IP 地址应该属于该 VLAN 规划的子网（地址块）范围。

网管型二层交换机也可划分多个 VLAN，并为每个 VLAN 创建虚接口，但通常只能为一个 VLAN 配置 IP 地址。这个 IP 地址主要用于远程登录和管理交换机。

（2）二层交换机 VLAN 虚接口创建与 IP 地址配置

interface　vlan　n	//创建并进入 vlan n 虚接口（全局模式或系统视图下）
ip　add　x.x.x.x　m.m.m.m	//为虚接口配置 IP 地址
ip　add　x.x.x.x　M	//仅华为设备可使用该配置命令

注意：只有将 VLAN 应用到交换机的某个实际接口后，该 IP 地址才会生效。配置 IP 地址后，可以使用 ping 命令测试与其他设备的通信。

（3）二层交换机的默认网关设置

二层交换机不具备路由功能，无法跨子网转发数据包。因此，二层交换机只能与同一子网内的设备直接通信。若需与其他子网的设备通信，必须为二层交换机配置默认网关（gw）。

思科/锐捷交换机配置命令（全局模式下）：

ip default-gateway y.y.y.y   //配置默认网关（仅用于二层交换机）

华为交换机配置命令（系统视图下）：

ip gateway y.y.y.y   //配置默认网关

说明：y.y.y.y 应为与二层交换机相连的上游三层交换机或路由器的接口 IP 地址。默认网关的 IP 地址必须与二层交换机的 IP 地址在同一子网内。

2．交换机与路由器的远程登录管理

除了通过 CONSOLE 接口对进行带外管理，还可通过网络进行带内管理（如 Telnet）。带内管理的前提：首先要能够从其他设备 ping 通交换机的 IP 地址；其次要在交换机上设置远程登录密码；最后才能在其他设备上远程登录该交换机（telnet x.x.x.x）进行管理。

交换机配置远程登录与管理的方法与路由器相同。

（1）思科交换机/路由器远程登录配置（全局模式下）

```
line  vty  0  n          //进入 VTY 线路配置模式，预设 n 条登录线路（n 为 1～4）
login                    //启用登录功能
password  [7]  ????      //设置远程登录密码（明文），7 为隐藏密码（可选）
exit                     //返回全局模式
enable password  [7]  ????  //设置特权密码（明文），7 为隐藏密码（可选）
enable secret  ????      //设置特权密码（加密）
                         //密码一般由字母和数字组成，第一个字符为字母
end                      //返回特权模式
```

（2）捷锐交换机远程登录配置

锐捷交换机的配置与思科类似，但也支持以下特有命令：

```
enable secret  level  1  0  ???   //配置远程登录密码
enable secret  level  15  0  ????  //配置特权模式密码
```

注意：二层交换机的 IP 地址不能作为其他设备的默认网关，因为二层交换机不具备路由功能。

（3）华为交换机远程登录配置（系统视图下）

```
user-interface  vty  0  4    //进入 VTY 用户接口视图，相当于思科的线路模式
set  authentication  password  simple|cipher  ####
               //设置远程登录密码，simple 为明码，cipher 为密文
quit          //返回系统视图
super  password  simple|cipher  #####  //设置超级用户密码，为可选项
```

配置超级用户密码后，交换机会新增一个超级用户视图，位于用户视图和系统视图之间。

3．二层交换机 IP 配置与远程登录实例

（1）思科/锐捷二层交换机 IP 配置与远程登录实例

使用 1 台思科二层交换机（2950 型）、1 台思科三层交换机（3650 型）和 3 台主机组成一个网络，如图 2-12-1（a）所示。将网络划分为 vlan10 和 vlan20，Switch2、PC1、PC2 和 Switch1 的 fa0/1 接口在 vlan10 内，PC3 和 Switch1 的 fa0/2 接口在 vlan20 内。按图配置主机 IP 地址。

在 Switch1（三层交换机）上创建 vlan10 和 vlan20，并配置虚接口 IP 地址；在 Switch2（二层交换机）上创建 vlan10，并配置虚接口 IP 地址及默认网关。

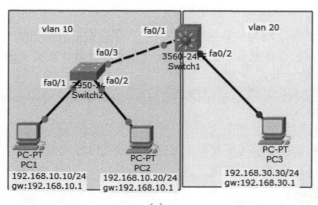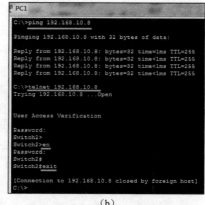

图 2-12-1 思科二层交换机远程登录配置与管理

Switch1 的初步配置命令（全局模式下）：

vlan 10	int fa0/1
vlan 20	switch acc vlan 10
int vlan 10	int fa0/2
ip add 192.168.10.1 255.255.255.0	switch acc vlan 20
int vlan 20	end
ip add 192.168.30.1 255.255.255.0	

Switch2 的初步配置命令（全局模式下）：

vlan 10	ip default-gateway 192.168.10.1
int vlan 10	int range fa0/1 - 3
ip add 192.168.10.8 255.255.255.0	switch acc vlan 10
exit	end

注意：192.168.10.8 为 vlan10 在二层交换机 Switch2 上的虚接口 IP 地址，192.168.10.1 为 vlan10 在三层交换机 Switch1 上的虚接口 IP 地址。PC1 和 PC2 的默认网关只能为 192.168.10.1，不能为 192.168.10.8。

然后，分别在 Switch1、Switch2 上增加如下远程登录配置命令（全局模式下）：

line vty 0 4	exit
login	enable secret abc888
password abc	end

配置完成后，可使用 telnet x.x.x.x 命令在任意一台主机或交换机上远程登录 Switch1 或 Switch2。远程登录某设备之前，先使用 ping 命令测试该设备的 IP 地址是否可达。例如，在 PC1 上使用 ping 192.168.10.8 命令测试与 Switch2 的通信。然后使用 telnet 192.168.10.8 命令远程登录 Switch2，输入密码 abc 进入用户模式（提示符 Switch2>），输入 en 后再输入密码 abc888 进入特权模式（提示符 Switch2#）。连续执行 2 次 exit，即可退出 Switch2。

（2）华为二层交换机 IP 配置与远程登录实例

使用 1 台华为交换机（3700 型）、1 台华为路由器（2220 型）和 3 台主机组成一个 AS 网络，如图 2-12-2（a）所示。

说明：华为仿真软件 eNSP 中交换机的最低型号为 S3700（三层交换机），本例使用 S3700 型交换机代替二层交换机。由于不能为三层交换机配置默认网关，通过配置缺省路由可达到与二层交换机默认网关相同的效果。

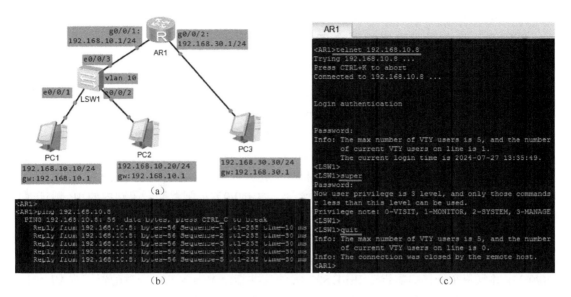

图 2-12-2　华为二层交换机远程登录配置与管理

为 AR1 配置接口 IP 地址。在 LSW1 上创建 vlan10，并配置虚接口 IP 地址。

AR1 的初步配置命令：

int g0/0/1	ip add 192.168.30.1 24
ip add 192.168.10.1 24	undo shut
undo shut	q
int g0/0/2	

LSW1 的初步配置命令：

vlan 10	int e0/0/3
int vlan 10	port link-type acc
int e0/0/1	port default vlan 10
port link-type acc	int vlan 10
port default vlan 10	ip add 192.168.10.8 24
int e0/0/2	q
port link-type acc	**ip route-static 0.0.0.0 0 192.168.10.1**
port default vlan 10	

配置完成后，所有设备均可相互 ping 通。例如，从 AR1 ping LSW1（192.168.10.8），结果如图 2-12-2（b）所示。

分别给 LSW1 和 AR1 配置如下远程登录命令（用户视图下）：

user-interface vty 0 4	
set auth password simple abc	//配置远程登录密码 abc
q	
super passord ciphy abc888	//配置超级用户密码 abc888

由于 eNSP 仿真软件里的主机缺少 telnet 命令，因此不能从主机上测试远程登录。在 AR1 上使用 ping 192.168.10.8 命令测试与 LSW1 的通信，如图 2-12-2（c）所示。再使用 telnet 192.168.10.8 命令远程登录 LSW1，输入密码 abc 进入用户视图（提示符<LSW1>），输入 super 和密码 abc888，进入超级用户视图。连续执行 2 次 q 命令，即可退回路由器 AR1。

2.12.2 路由器与交换机混合连接

1. 路由器与二层交换机连接

路由器的以太网接口与二层交换机的以太网接口连接时，一端是 DTE、另一端是 DCE，不同类型的以太网接口相连通常使用平行网线（直连线）。

如果交换机的以太网接口为 access 接口，该接口需指定一个 VLAN（如 vlan50），并为该 VLAN 的虚拟接口配置 IP 地址（如 9.1.1.1/30），如图 2-12-3 所示。由于 access 接口发出的以太网帧不包含 VLAN 标签，因此无论交换机接口允许哪个 VLAN 通过，数据帧传输至路由器时都不会引起混淆。此时，路由器的相应接口（如 fa0/0）需配置同一子网内的 IP 地址（如 9.1.1.2/30）。

如图 2-12-4 所示，若与路由器相连的交换机接口 trunk 接口，则该接口需指定允许通过的 VLAN（如 vlan10、vlan20）。路由器上的以太网接口需划分为多个逻辑子接口（如 fa0/0.1、fa0/0.2），并且每个子接口需绑定 IEEE 802.1q 协议并指定 VLAN ID，同时配置相应 VLAN 的 IP 地址，以实现单臂路由功能，支持跨 VLAN 的数据包转发。

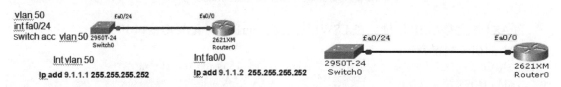

图 2-12-3　路由器与二层交换机连接（1）　　　图 2-12-4　路由器与二层交换机连接（2）

2. 三层交机与二层交换机连接

如图 2-15-5 所示，三层交换机与二层交换机连接时，两端为同类型（DCE）的以太网接口一般使用交叉线。

连接时，两交换机的接口需同为 access 接口或 trunk 接口。若为 access 接口，则两端须允许同一 VLAN ID 的帧通过；若为 trunk 接口，则一端指定允许通过的 VLAN 后，另一端须做相同配置（如华为、思科设备），或允许所有 VLAN 通过（如思科设备）。

3. 路由器与三层交换机连接

路由器与三层交换机相连的示意图如图 2-12-6 所示。

图 2-12-5　三层交换机与二层交换机连接　　　图 2-12-6　路由器与三层交换机连接

三层交换机除了具备二层交换机的全部功能，还具备以下功能：

（1）可为每个 VLAN 创建虚接口，并为其配置 IP 地址。

（2）可通过命令（如思科的 no switchport 命令）将特定以太网接口转换为路由接口，直接配置 IP 地址，但通常仍作为交换接口使用。

（3）具备路由功能，可识别直连网络路由（思科/锐捷三层交换机需要在全局模式下运行 ip routing 命令），并可配置静态路由或动态路由协议以获取非直连网络路由。

三层交换机与路由器相连接时，通常将三层交换机的以太网接口配置为 access 接口（思科默认为 access 接口），并指定允许通过的 VLAN。

4．三层交换机与三层交换机相连接

（1）VLAN 与 IP 地址设计

三层交换机之间相连接时，一般将相连的两个以太网接口均配置为 access 接口，并允许同一 VLAN 的帧通过。同时，需要为该 VLAN 的虚接口配置 IP 地址，两端的 IP 地址须位于同一子网内，如图 2-12-7（a）所示。

图 2-12-7　三层交换机与三层交换机相连接

可将两台三层交换机的多个以太网端口聚合为逻辑聚合链路，以增加带宽、实现链路冗余和负载均衡。此时，需在三层交换机上创建逻辑聚合接口，并将偶数个物理接口加入其中，如图 2-12-7（b）所示。一般将该接口配置为 access 接口，指定允许通过的 VLAN 并为 VLAN 虚接口配置 IP 地址。例如，将 Switch4 的逻辑聚合接口配置为 access 接口，允许 vlan100 通过，使用 int vlan 100 命令创建虚接口，使用 ip add 10.1.1.1/30 命令为其配置 IP 地址，并将 fa0/1～4 接口加入其中；对 Switch5 执行类似的配置，区别是为虚接口配置的 IP 地址采用同一子网内另一个可指派的 IP 地址（10.1.1.2/30）。

（2）三层交换机的路由功能

三层交换机具备部分网络层功能（主要是路由功能）。可以为每个 VLAN 创建虚接口并配置 IP 地址。与路由器类似，三层交换机也能获取直连网络路由（华为设备自动获得，思科设备需运行 ip routing 命令），通过配置静态路由或动态路由协议，可获取非直连网络的路由。

与路由器的区别在于，路由器接口可以直接配置 IP 地址，接口默认是关闭的，需要激活；三层交换机的接口默认是激活的，一般不能直接配置 IP 地址，而是将 IP 地址配置在 VLAN 虚接口中，再将 VLAN 应用于实际接口。

2.12.3　在动态路由进程中引入其他路由

在一个自治系统（AS）内，如果全部采用静态路由、RIP 动态路或 OSPF 动态路由，这样的路由方案相对简单。然而，当 AS 规模较大、设备较多，且网络分阶段建设时，路由方案可能较为复杂。例如，部分区域采用静态路由，另一部分采用 RIP 动态路由，甚至还有部分采用 OSPF 动态路由。为了实现这些不同路由区域之间的互通，需要使用路由引入技术。

当一个 AS 被划分为多个不同路由区域时，不同的路由区域必须在某台三层设备（路由器或三层交换机）上"交叉"。"交叉"是指存在一台三层设备，该三层设备的某些网络段位于第一个路由区域内，另一些网络段位于第二个路由区域内。

路由引入技术就是在两种路由"交叉"的设备上，在一种动态路由进程中引入另一种路由。例如，在 OSPF 动态路由进程中引入静态路由、直连路由或 RIP 动态路由等；或者在 RIP 动态路由进程中引入静态路由、直连路由或 OSPF 动态路由等。

1. 在 OSPF 动态路由进程中引入静态路由和直连路由

（1）思科/锐捷设备配置命令

router ospf [n]	//进入 OSPF 进程，n 为进程号（锐捷设备不需要 n）
redistribute static [subnets]	//引入本机的静态路由，subnets 为支持子网（可选）
redistribute connected [subnets]	//引入本机的直连路由

（2）华为设备配置命令

ospf n	//进入 OSPF 进程
import-route static [cost x]	//引入本机的静态路由，cost x 为开销值（取值为 0～1677721，可选）
import-route direct [cost x]	//引入本机的直连路由

2. 在 RIP 动态路由进程中引入静态或直连路由

（1）思科/锐捷设备配置命令

router rip	//进入 RIP 进程
redistribute static [metric x]	//引入本机的静态路由，metric x 为度量值（取值为 0～16，可选）
redistribute connected [metric x]	//引入本机的直连路由

（2）华为设备配置命令

rip n	//进入 RIP 进程
import-route static [cost x]	//引入本机的静态路由，cost x 为开销值（取值为 0～15，可选）
import-route direct [cost x]	//引入本机的静态路由

3. 在 OSPF 动态路由进程中引入 RIP 动态路由

（1）思科/锐捷设备配置命令

router ospf n	//进入 OSPF 进程
redistribute rip [subnets]	//引入本机的 RIP 动态路由，subnets 为支持子网（可选）

（2）华为设备配置命令

ospf n	//进入 OSPF 进程
import-route rip m [cost x]	

//引入本机的 RIP 动态路由，cost x 为开销值（取值为 0～16777214，可选）

4. 在 RIP 动态路由进程中引入 OSPF 动态路由

（1）思科/锐捷设备配置命令

router rip	//进入 RIP 进程
redistribute ospf m [metric x]	//引入本机的 OSPF 动态路由，metric x 为度量值（取值为 0～16，可选）

（2）华为设备配置命令

ospf n	//进入 OSPF 进程
import-route ospf m [cost x]	//引入本机的 OSPF 动态路由，cost x 为开销值（取值为 0～15，可选）

2.12.4 思科/锐捷路由器/交换机混合组网应用

1. 思科/锐捷混合组网 OSPF 动态路由与静态路由结合实例

采用思科路由器、三层交换机、二层交换机和主机组成的综合 AS 网络如图 2-12-8 所示。R1 的 fa1/0 和 R2 的 fa1/0 接口通过光纤连接（1FE-FX 接口板），其他接口则通过双绞线连接。整个 AS 系统分为静态（static）路由区和 OSPF 动态路由区。

路由器 R2 位于静态路由区和 OSPF 动态路由区（area 0）的交叉区，R2 的 fa1/0 接口属于静态路由区，R2 的 fa0/0 和 fa0/1 接口属于 OSPF 动态路由区（area 0）。如果将 R2 的所有接口划分到静态路由区或 OSPF 动态路由区，都是错误的。

按照图 2-12-8 所示，配置主机 PC1～PC5 的参数，配置并激活路由器 R1 和 R2 的接口 IP 地址。在此基础上，进行以下配置。

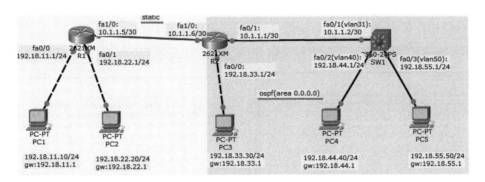

图 2-12-8　AS 混合网络（静态路由与 OSPF 动态路由）

（1）配置路由器 R1 的静态路由（默认路由）

ip route 0.0.0.0 0.0.0.0 10.1.1.6

（2）配置路由器 R2 的静态路由和 OSPF 动态路由

ip route 192.18.11.0 255.255.255.0 10.1.1.5
ip route 192.18.22.0 255.255.255.0 10.1.1.5
router ospf 2
network 192.18.33.0 0.0.0.255 area 0
network 10.1.1.0 0.0.0.3 area 0

（3）配置三层交换机 SW1 的 OSPF 动态路由

router ospf 3
network 192.18.44.0 0.0.0.255 area 0
network 192.18.55.0 0.0.0.255 area 0
network 10.1.1.0 0.0.0.3 area 0

配置完成后，R1 上只有一条静态路由（默认路由），而 R2 和 SW1 获得了 OSPF 动态路由。查看 SW1 和 R1 的路由表，如图 2-12-9 所示，可以看到 R2 获得了 2 条 OSPF 动态路由，SW1 只获得了 1 条 OSPF 动态路由，这些路由都属于 OSPF 区域内的网络段。

R2 中有 2 条静态路由（网络段：192.168.11.0/24 和 192.168.22.0/24），SW1 没有学习到这些路由，因此 PC4、PC5 不能与 PC1、PC2 通信。

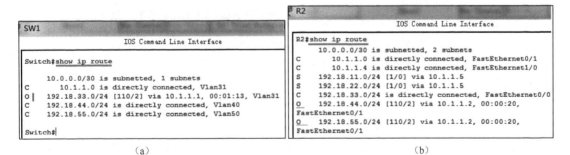

(a)　　　　　　　　　　　　　　　　　　　　(b)

图 2-12-9　未引入路由时 SW1 和 R1 的路由表

为了解决上述问题，在 R2 的 OSPF 2 动态路由进程中引入静态路由，命令如下：

router ospf 2
redistribute static subnets

查看 R2 和 SW1 的路由表，如图 2-12-10 所示。可以看到 R2 的路由表没有变化，而 SW1 的路由表中增加了 2 条 OSPF 动态路由（关于 192.168.11.0/24 和 192.168.22.0/24 网络段的路由），这些路由标记为"O E2"，表示是从外部引入 OSPF 的路由。

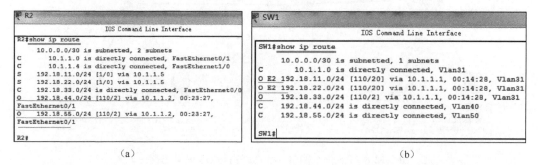

图 2-12-10　在 R2 的 OSPF 动态路由进程里引入静态路由以后 R2、SW1 的路由表

将图 2-12-10 与图 2-12-9 对比一下，可以看出：R2 的路由表没有变化；SW1 的路由表增加了 2 条 ospf 动态路由（关于 192.168.11.0/24 和 192.168.22.0/24 网络段的路由），这 2 条新增的路由前有"O E2"标注，表示这是从外部引入 OSPF 的路由。

至此，R1、R2 和 SW1 都具有了到达整个 AS 内所有网络段的路由，所有主机应该能够相互通信。测试从 PC1 到 PC3、从 PC2 到 PC4 的通信，确认通信畅通，如图 2-12-11 所示。

```
PC1
C:\>ipconfig

FastEthernet0 Connection:(default port)

   Link-local IPv6 Address.........: ::
   IP Address......................: 192.18.11.10
   Subnet Mask.....................: 255.255.255.0
   Default Gateway.................: 192.18.11.1

C:\>ping 192.18.33.30

Pinging 192.18.33.30 with 32 bytes of data:

Reply from 192.18.33.30: bytes=32 time<1ms TTL=126
Reply from 192.18.33.30: bytes=32 time<1ms TTL=126
Reply from 192.18.33.30: bytes=32 time<1ms TTL=126
Reply from 192.18.33.30: bytes=32 time<1ms TTL=126
```
(a)

```
PC2
C:\>ipconfig

FastEthernet0 Connection:(default port)

   Link-local IPv6 Address.........: ::
   IP Address......................: 192.18.22.20
   Subnet Mask.....................: 255.255.255.0
   Default Gateway.................: 192.18.22.1

C:\>ping 192.18.44.40

Pinging 192.18.44.40 with 32 bytes of data:

Reply from 192.18.44.40: bytes=32 time<1ms TTL=125
Reply from 192.18.44.40: bytes=32 time<1ms TTL=125
Reply from 192.18.44.40: bytes=32 time<1ms TTL=125
Reply from 192.18.44.40: bytes=32 time<1ms TTL=125
```
(b)

图 2-12-11　从 PC1 ping PC3、从 PC2 ping PC4 的测试结果

2．思科/锐捷混合组网 RIP 动态路由与静态路由相结合实例

在一个 AS 内，可以将网络划分为 RIP 动态路由区和静态路由区，并包含 DHCP 动态主机 IP 地址分配、路由器/交换机远程登录管理等功能。

使用 2 台思科路由器、2 台思科三层交换机、2 台思科二层交换机组成的 AS 网络如图 2-12-12 所示，该网络被划分为 RIP 动态路由区和静态路由区。

按照图 2-12-12 配置主机 Server1、PC1、PC4 和 Laptop1 的 IP 地址等参数，PC2 和 PC3 设置为 DHCP 自动获取 IP 地址，在 Router1 中设置了一个回环接口 loopback1（IP 地址为 172.16.16.1/24），在 Switch2 中也设置了一个回环接口 loopback1（IP 地址为 192.168.50.1/24）。

将 Server1 设置为 DNS 服务器，在 DNS 服务中添加一条从域名（www.myweb.com）到 IP 地址（172.16.16.1）的 A 记录，并启动 DNS 服务，如图 2-12-13 所示。

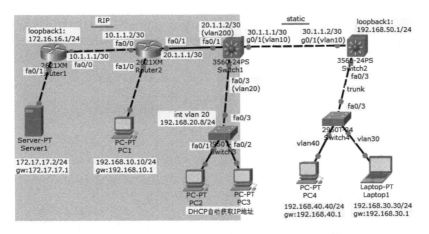

图 2-12-12　思科 RIP 与静态路由结合及远程登录管理

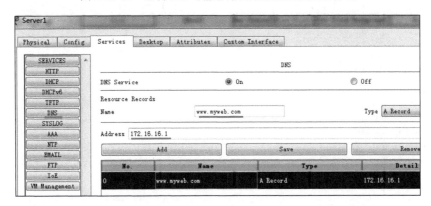

图 2-12-13　将 Server1 设置为 DNS 服务器并增加一条域名解析

下面为各路由器、交换机设计配置命令。

（1）Router1 的基础配置与 RIP 动态路由配置（全局模式下）

int fa0/0	ip add 172.16.16.1 255.255.255.0
ip add 10.1.1.1 255.255.255.252	router rip
no shut	version 2
int fa0/1	network 172.17.0.0
ip add 172.17.17.1 255.255.255.0	network 172.16.0.0
no shut	network 10.0.0.0
int loopback 1	no auto-summary

（2）Router2 的基础配置与 RIP 动态路由、远程登录配置（全局模式下）

int fa0/0	network 192.168.10.0
ip add 10.1.1.2 255.255.255.252	network 10.0.0.0
no shut	network 20.0.0.0
int fa0/1	no auto-summary
ip add 20.1.1.1 255.255.255.252	exit
no shut	line vty 0 4　//配置远程登录和 en 密码
int fa1/0	login
ip add 192.168.10.1 255.255.255.0	password abc
no shut	exit
exit	enable secret abc888
router rip	end
version 2	

（3）Switch1 的基础配置、DHCP 服务器、静态路由和 RIP 动态配置（全局模式下）

```
vlan 10                                        ip add 20.1.1.2 255.255.255.252
vlan 20                                        int fa0/1
vlan 200                                       switch acc vlan 200
int vlan 10                                    int fa0/3
ip add 30.1.1.1 255.255.255.252                switch acc vlan 20
int vlan 20                                    int g0/1
ip add 192.168.20.1 255.255.255.0              switch acc vlan 10
int vlan 200                                   exit
```

```
ip dhcp pool pool02                            //建立 DHCP 地址池
network 192.168.20.0 255.255.255.0             //设置地址池网络段
default-router 192.168.20.1                    //设置 DHCP 网络段默认网关
dns-server 172.17.17.2                         //设置 DHCP 默认 DNS 地址
exit
ip dhcp excluded-address 192.168.20.1 192.168.20.8   //排除地址池中不能分配的 IP 地址段
ip routing                                     //交换机启用路由功能
ip route 192.168.40.0 255.255.255.0 30.1.1.2   //配置静态路由
ip route 192.168.30.0 255.255.255.0 30.1.1.2
ip route 192.168.50.0 255.255.255.0 30.1.1.2
router rip                                     //配置 RIP 动态路由
   version 2
   network 20.0.0.0
   network 192.168.20.0
   redistribute static metric 4                //RIP 进程中引入静态路由
   no auto-summary
```

（4）Switch2 的基础配置与缺省路由配置（全局模式下）

```
vlan 10                                        ip add 192.168.40.1 255.255.255.0
vlan 30                                        int loopback 1
vlan 40                                        ip add 192.168.50.1 255.255.255.0
int vlan 10                                    exit
ip add 30.1.1.2 255.255.255.252                ip routing    //启用交换机路由功能
int vlan 30                                    ip route 0.0.0.0 0.0.0.0 30.1.1.1
ip add 192.168.30.1 255.255.255.0                      //配置默认路由
int vlan 40
```

（5）Switch3 的基础配置与和远程登录配置（全局模式下）

```
vlan 20                                        line vty 0 4   //配置远程登录和 en 密码
int vlan 20                                    login
ip add 192.168.20.8 255.255.255.0              password abc
int range fa0/1 - 3                            exit
switch acc vlan 20                             enable secret abc888
exit                                           end
ip defautl-gateway 192.168.20.1
        //配置默认网关
```

（6）Switch4 的基础配置（全局模式下）：

```
vlan 30                                        switch acc vlan 30
vlan 40                                        int fa0/3
int vlan 30                                    switch mode trunk
ip add 192.168.30.8 255.255.255.0              switch trunk allowed vlan 30，40
int fa0/1                                      exit
switch acc vlan 40                             ip default-gateway 192.168.30.1
int fa0/2
```

注意：

（1）Switch1 在 RIP 动态路由中引入静态路由的命令为

redistribute static metric 4

其中，metric 4 表示引入的静态路由的初始距离为 4（取值范围为 0～16），16 表示不可达。若选择 14，只能再转发一次；选择 13 则可以转发 2 次。

（2）远程登录配置命令为

line vty 0 4
login
password xxx
exit
enable secret xxxx

上述命令可应用于任何一台路由器或交换机，虽然这里为 Router2 和 Switch3 进行了配置。

配置完成后，等待路由收敛，Router1、Router2、Switch1 和 Switch2 都学习到了整个 AS 的全部网络段的路由。使用 show ip route 命令查看 Router1 和 Switch1 的路由表，如图 2-12-14 所示。

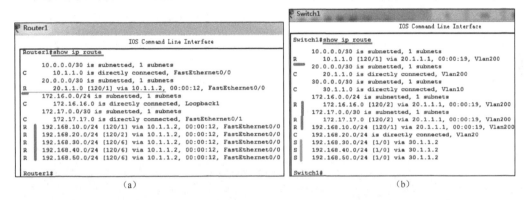

图 2-12-14　Router1 和 Switch1 的路由表

从图 2-12-14（b）可以看到，Switch1 中有 3 条 C（Connect）路由、3 条 S（Static）路由和 3 条 R（RIP）路由，共 9 条路由；从图 2-12-14（a）可以看到，Router1 中有 3 条 C（Connect）路由、6 条 R（RIP）路由，共 9 条路由，其中 3 条 R 路由是从 Switch1 引入的 S 路由，是通过 RIP 进程学习到的。

至此，整个 AS 内的所有主机都能通信了。测试从主机 PC1、PC4 到 Server1 的通信情况，如图 2-12-15 所示。

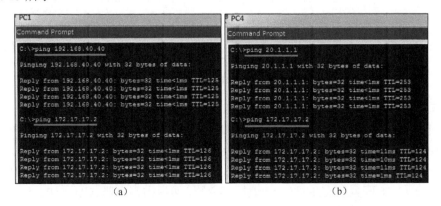

图 2-12-15　从 PC1、PC4 到 Server1（172.17.17.2）的通信情况

再测试 PC2 通过 DHCP 服务器自动获得的 IP 地址，以及从 PC2 访问域名 www.myweb.com 的情况，如图 2-12-16 所示。PC2 获得了 IP 地址（192.168.20.9/24）、默认网关（192.168.20.1）、DNS（172.17.71.2）。从 PC2 ping www.myweb.com，先通过 DNS 将域名解析为 IP 地址 172.16.16.1，测试从 PC2 到 172.16.16.1 的通信也是畅通的。

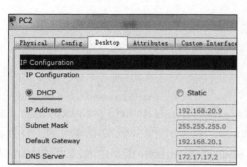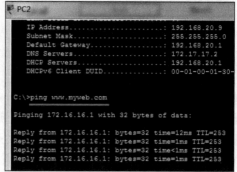

图 2-12-16　PC2 自动获得 IP 地址等参数及用域名访问 www.myweb.com 服务器的情况

最后，测试远程登录管理设备的情况。从 Laptop1 通过链路带宽远程登录交换机 Switch3（192.168.20.8）。先从 Laptop1 ping 192.168.20.8，通信成功，如图 2-12-17（a）所示；再在 Laptop1 上执行远程登录命令 telnet 192.168.20.8，输入密码 abc 后成功登录到 Switch3 的用户模式，输入 en 后再输入密码 abc888，进入特权模式，即可使用配置命令对 Switch3 进行管理操作，如图 2-12-17（b）所示。执行 exit 命令后，返回到主机 Laptop1 的 DOS 命令状态。

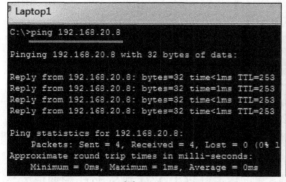

(a)　　　　　　　　　　　　　　　　(b)

图 2-12-17　测试从 Laptop1 远程登录并管理 Switch3

实际上，如果每台路由器、交换机都配置了远程登录命令，并且每台设备的 IP 地址是畅通的，那么从任意一台主机都可以通过 telnet 登录、管理 AS 内的任意一台路由器或交换机。

2.12.5　华为混合组网与动静态路由综合应用

1. 华为混合网络组建 RIP 与 OSPF 动态路由互相引入

本节介绍一个在 AS 内划分两个不同动态路由区域（RIP 和 OSPF）的华为综合应用实例。

网络由 2 台华为路由器、1 台华为三层交换机、5 台 PC 组成，AS 内部分为一个 RIP 动态路由区和一个 OSPF 动态路由区，两个路由区域在路由器 AR2 上"交叉"，如图 2-12-18 所示。

按照图 2-12-18 配置所有主机的 IP 地址等参数，然后为路由器 AR1、AR2 和交换机 LSW 进行配置。

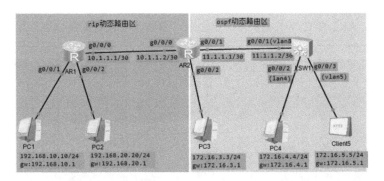

图 2-12-18　华为设备组建的 RIP、OSPF 路由区域 AS 网络

（1）AR1 的配置命令（系统视图下）

int g0/0/0	undo shut
ip add 10.1.1.1 30	q
undo shut	rip 1
int g0/0/1	version 2
ip add 192.168.10.1 24	network 192.168.10.0
undo shut	network 192.168.20.0
int g0/0/2	network 10.0.0.0
ip add 192.168.20.1 24	undo summ

（2）AR2 的配置命令（系统视图下）

int g0/0/0	network 10.0.0.0
ip add 10.1.1.2 30	import-route ospf 2　//引入 OSPF 路由
undo shut	undo summ
int g0/0/1	q
ip add 11.1.1.1 30	ospf　2　　//创建 OSPF 进程
undo shut	area 0.0.0.0　　//创建 area 0 区域
int g0/0/2	network 172.16.3.0 0.0.0.255
ip add 172.16.3.1 24	network 11.1.1.0 0.0.0.3
undo shut	q　　//退出 area 0 视图，回到 OSPF 视图
q	import-route rip 2 cost 100　　//引入 RIP 路由
rip 2　　//创建 RIP 进程	q　　//退出 OSPF 视图，返回系统视图
version 2	

在 AR2 的 RIP 进程中引入了 OSPF 路由，从而使 AR1 能通过 RIP 学习到这些路由；在 AR2 的 OSPF 进程中引入了 RIP 路由，从而使 LSW1 能通过 OSPF 学习到这些 RIP 路由。

import-route rip 2 cost 100 命令的功能是在 OSPF 进程中引入 RIP 路由，须在 OSPF 视图下执行，不能在 area 或系统视图下执行。

（3）LSW1 的配置命令（系统视图下）

vlan 4	int g0/0/2
vlan 5	port link-type acc
vlan 8	port default vlan 4
int vlan 4	int g0/0/3
ip add 172.16.4.1 24	port link-type acc
int vlan 5	port default vlan 5
ip add 172.16.5.1 24	ospf 3
int vlan 8	area 0.0.0.0
ip add 11.1.1.2 30	network 11.1.1.0 0.0.0.3
int g0/0/1	network 172.16.4.0 0.0.0.255
port link-type acc	network 172.16.5.0 0.0.0.255
port default vlan 8	q

分别在 AR1、AR2 和 LSW1 上执行上述命令。查看三台设备的路由表，如图 2-12-19 所示。

```
AR1
[AR1]disp ip routing-table
Route Flags: R - relay, D - download to fib
------------------------------------------------------------
Routing Tables: Public
         Destinations : 17      Routes : 17
      11.1.1.0/30    RIP    100   1        D   10.1.1.2      GigabitEthernet
0/0/0
     127.0.0.0/8     Direct 0     0        D   127.0.0.1     InLoopBack0
     127.0.0.1/32    Direct 0     0        D   127.0.0.1     InLoopBack0
127.255.255.255/32   Direct 0     0        D   127.0.0.1     InLoopBack0
     172.16.3.0/24   RIP    100   1        D   10.1.1.2      GigabitEthernet
0/0/0
     172.16.4.0/24   RIP    100   1        D   10.1.1.2      GigabitEthernet
0/0/0
     172.16.5.0/24   RIP    100   1        D   10.1.1.2      GigabitEthernet
   192.168.10.0/24   Direct 0     0        D   192.168.10.1  GigabitEthernet
0/0/1
```
(a)

```
AR2
<AR3>disp ip rout
Route Flags: R - relay, D - download to fib
------------------------------------------------------------
Destination/Mask    Proto   Pre  Cost      Flags NextHop       Interface
     172.16.3.0/24   Direct  0    0         D    172.16.3.1    GigabitEthernet
0/0/2
     172.16.3.1/32   Direct  0    0         D    127.0.0.1     GigabitEthernet
0/0/2
   172.16.3.255/32   Direct  0    0         D    127.0.0.1     GigabitEthernet
0/0/2
     172.16.4.0/24   OSPF    10   2         D    11.1.1.2      GigabitEthernet
0/0/1
     172.16.5.0/24   OSPF    10   2         D    11.1.1.2      GigabitEthernet
0/0/1
   192.168.10.0/24   RIP     100  1         D    10.1.1.1      GigabitEthernet
0/0/0
   192.168.20.0/24   RIP     100  1         D    10.1.1.1      GigabitEthernet
0/0/0
255.255.255.255/32   Direct  0    0         D    127.0.0.1     InLoopBack0
```
(b)

```
LSW1
[LSW1]disp ip rout
Route Flags: R - relay, D - download to fib
------------------------------------------------------------
Routing Tables: Public
         Destinations : 12      Routes : 12

Destination/Mask    Proto   Pre  Cost      Flags NextHop       Interface
      10.1.1.0/30    O_ASE   150  100       D    11.1.1.1      Vlanif8
      11.1.1.0/30    Direct  0    0         D    11.1.1.2      Vlanif8
      11.1.1.2/32    Direct  0    0         D    127.0.0.1     Vlanif8
     127.0.0.0/8     Direct  0    0         D    127.0.0.1     InLoopBack0
     127.0.0.1/32    Direct  0    0         D    127.0.0.1     InLoopBack0
     172.16.3.0/24   OSPF    10   2         D    11.1.1.1      Vlanif8
     172.16.4.0/24   Direct  0    0         D    172.16.4.1    Vlanif4
     172.16.4.1/32   Direct  0    0         D    127.0.0.1     Vlanif4
     172.16.5.0/24   Direct  0    0         D    172.16.5.1    Vlanif5
     172.16.5.1/32   Direct  0    0         D    127.0.0.1     Vlanif5
   192.168.10.0/24   O_ASE   150  100       D    11.1.1.1      Vlanif8
   192.168.20.0/24   O_ASE   150  100       D    11.1.1.1      Vlanif8
```
(c)

图 2-12-19　查看 AR1、AR2 和 LSW1 的路由表

　　然后测试主机之间的通信，以从 PC1 ping PC3 为例，通信结果如图 2-12-20 所示。前两个 ICMP 报文丢失，后两个 ICMP 报文畅通。这是因为路由器（三层交换机）中有一个路由表和一个转发表，路由信息通常存储在路由表中，而数据包的转发是基于转发表中的路由。将路由表中的路由复制到转发表需要一定的时间，一旦转发表中有了这条路由，数据包转发就会变得快速且畅通。

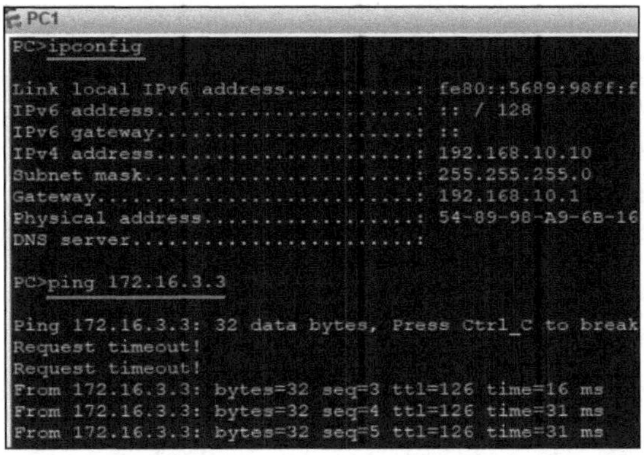

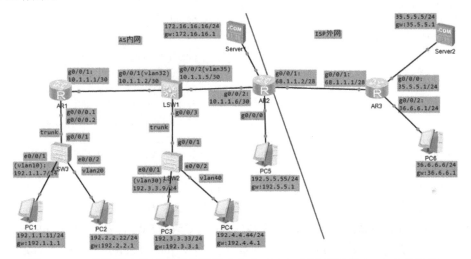

图 2-12-20　从 PC1 ping PC3 的通信结果

2. 路由器/交换机混合网络组建 OSPF、NAT、远程登录相结合

采用 3 台华为路由器、3 台华为交换机和 8 台主机组建一个更复杂的 AS 内外网系统，如图 2-12-21 所示。

图 2-12-21　华为路由器/交换机组建的 OSPF、NAT、远程登录混合 AS 内外网络

整个网络系统分为 AS 内网和 ISP 外网。AS 内网使用私有 IP 地址，ISP 外网使用公有 IP 地址，ISP 分配给 AS 的公有 IP 地址网段为 68.1.1.0/28，其中 68.1.1.1 与 68.1.1.2 已被使用。

先按照图 2-12-21 所示配置所有主机的 IP 地址等参数，然后为路由器 AR1、AR2、AR3 和交换机 LSW1、LSW2、LSW3 配置接口地址和 VLAN。内网主要采用 OSPF 动态路由技术，配置命令如下。

（1）在 AR1 上配置 OSPF 动态路由（系统视图下）

```
ospf 11
area 0.0.0.0
network 10.1.1.0 0.0.0.3
network 192.1.1.0 0.0.0.255
network 192.2.2.0 0.0.0.255
```

（2）在 LSW1 上配置 OSPF 动态路由（系统视图下）

```
ospf 21
area 0.0.0.0
```

```
network 10.1.1.0 0.0.0.3
network 10.1.1.4 0.0.0.3
network 192.3.3.0 0.0.0.255
network 192.4.4.0 0.0.0.255
```

（3）在 AR2 上配置 OSPF 动态路由（系统视图下）

```
ospf 22
area 0.0.0.0
network 10.1.1.4 0.0.0.3
network 192.5.5.0 0.0.0.255
network 172.16.16.0 0.0.0.255
```

（4）LSW2 的配置（系统视图下）

```
vlan 30                              port link-type acc
vlan 40                              port default vlan 40
int vlan 30                          int g0/0/1
ip add 192.3.3.9 24                  port link-type trunk
int e0/0/1                           port trunk allow-pass vlan 30 40
port link-type acc                   q
port default vlan 30                 ip route-static 0.0.0.0 0 192.3.3.1
int e0/0/2                           //用缺省路由代替二层交换机的默认网关设置
```

（5）LSW3 的配置（系统视图下）

```
vlan 10                              port link-type acc
vlan 20                              port default vlan 20
int vlan 10                          int g0/0/1
ip add 192.1.1.7 24                  port link-type trunk
int e0/0/1                           port trunk allow-pass vlan 10 20
port link-type acc                   q
port default vlan 10                 ip route-static 0.0.0.0 0 192.1.1.1
int e0/0/2                           //用缺省路由代替二层交换机的默认网关设置
```

配置完成后，等待路由收敛，分别查看 AR1、AR2、AR3、LSW1 的路由表，可以看到它们都已学习到了 AS 内网所有网络段的路由。此时，AS 内网所有设备之间的通信应畅通。

测试内网主机和设备之间的通信。从 PC1 ping PC5、LSW2，从 PC2 ping Server1，都是畅通的，然而，从 AS 内网到 ISP 外网的通信（如 PC2 ping Server2）不成功，如图 2-12-22 所示。这是因为 AS 内网全部采用私有 IP 地址，ISP 外网不承认私有 IP 地址。

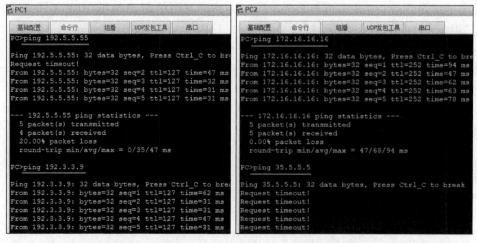

图 2-12-22 从 PC1 ping PC5、LSW2 及从 PC2 ping Server1、Server2 的通信测试

为了让 AS 内网的主机能够访问 ISP 外网，必须在 AS 边界路由器 AR2 上配置动态地址转换（NAPT）；为使外网能够访问内网的 Server1，需要为 Server1 配置静态地址转换（SAT），即用一个公有 IP 地址 68.1.1.3 与 IP 地址 172.16.16.16 建立静态映射。于是，为 AR2 增加以下配置。

（6）在 AR2 上增加配置动态和静态地址转换的命令（系统视图下）

```
acl number 2001            //进入 ACL 视图，用 ACL 将内网所有私有 IP 地址网络段组织起来
rule 1 permit source 192.1.1.0 0.0.0.255
rule 2 permit source 192.2.2.0 0.0.0.255
rule 3 permit source 192.3.3.0 0.0.0.255
rule 4 permit source 192.4.4.0 0.0.0.255
rule 5 permit source 192.5.5.0 0.0.0.255
q                                          //返回系统视图
nat address-group 0 68.1.1.4 68.1.1.14     //设置公有 IP 地址池 0
int g0/0/1                                 //进入对外接口 g0/0/1 视图
nat outbound 2001 address-group 0          //建立私有网络段与公有地址池 0 的映射关系
nat static global 68.1.1.3 inside 172.16.16.16  //为内网 Server1 建立 SAT
q                                          //返回系统视图
ip route-static 0.0.0.0 0 68.1.1.1         //设置去往 ISP 的缺省路由
```

配置上述命令后，AR2 直连网络段的主机可以访问外网，外网也可通过 SAT 访问内网的 Server1（用 68.1.1.3 访问）。然而，路由器 AR1、交换机 LSW1 并不知道 ISP 外网的 IP 路由，因此 AR1 和 LSW1 直连网络的主机仍然无法访问外网。为了让 AS 内网的所有主机都能访问外网，还需在 AR1 和 LSW1 上配置缺省路由。

（7）在 AR1、LSW1 上各增配一条缺省路由

在 AR1 上增配缺省路由命令（系统视图下）：

```
ip route-static 0.0.0.0 0 10.1.1.2
```

LSW1 增配缺省路由命令（系统视图下）：

```
ip route-static 0.0.0.0 0 10.1.1.6
```

执行完上述配置命令后，AS 内网的任意一台主机都可以主动访问 ISP 外网的主机（PC6、Server2），外网的主机也可以访问 AS 内网的 Server1（以 SAT 映射公有 IP 地址 68.1.1.3 访问）。尽管如此，ISP 外网的所有主机仍然不能主动访问 AS 内网的任意一台私有 IP 地址设备。

测试 PC1 访问外网 Server2（35.5.5.5）、PC2 访问外网 PC6（36.6.6.6），均通信成功，如图 2-12-23 所示。

图 2-12-23   从 AS 内网私有 IP 地址主机 PC1 和 PC2 访问外网主机的通信测试

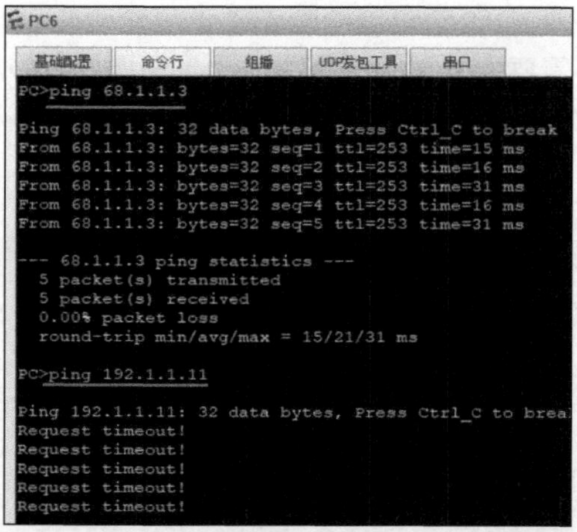

图 2-12-24　测试外网 PC6 访问内网主机的情况

再测试从外网访问 AS 内网主机的情况。测试外网 PC6 访问内网 Server1（68.1.1.3），通信成功；测试外网 PC6 访问内网 PC1（192.1.1.11），通信失败，结果如图 2-12-24 所示。这说明，虽然可以通过 SAT 让外网访问内网的某个特定主机，但也只能使用 SAT 映射的公有 IP 地址访问；外网的主机始终无法主动访问内网私有 IP 地址的设备，这也是 TCP/IP 协议族保护 AS 内网安全的一项可靠措施。

接下来配置设备的远程登录。

为了实现远程登录，需在内网每一台路由器和交换机上配置以下命令（系统视图下）：

```
user-interface vty 0 4              //进入用户接口视图
set auth password simple abc123     //设置远程登录密码
q                                   //返回系统视图
super password   cipher hwhw456     //设置 super 密码
```

运行上述命令后，即可实现对每台交换机和路由器的远程登录及带内管理。

进行远程登录测试，需要具备以下 3 个条件：

① 登录设备和被登录设备必须具有能互相通信的 IP 地址；

② 被登录设备必须已打开远程登录接口或线路，并配置好远程登录密码；

③ 登录设备必须具有实施登录的程序（如 Telnet、SSH 等）。

由于 eNSP 仿真软件中的主机缺少远程登录程序，因此无法在 eNSP 中的主机上测试远程登录。eNSP 中的路由器和交换机都支持 Telnet，因此可以从一台华为路由器（或交换机）远程登录另一台华为路由器（或交换机）。登录前，先用 ping 命令测试 IP 地址的可达性，再用 telnet x.x.x.x 命令进行远程登录。

从 LSW3 交换机上远程登录 LSW2（192.3.3.9）和 LSW1（10.1.1.2），均登录成功，如图 2-12-25 所示。

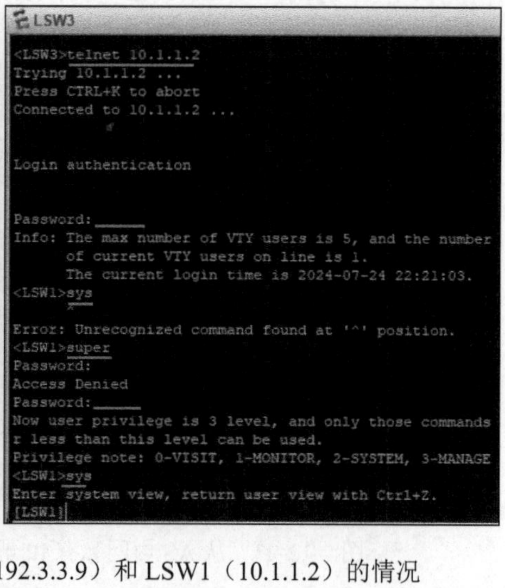

图 2-12-25　从 LSW3 交换机上远程登录 LSW2（192.3.3.9）和 LSW1（10.1.1.2）的情况

2.12.6　习题

1．写出华为路由器/交换机远程登录配置及超级用户密码配置的命令。

2．写出思科/锐捷路由器/交换机远程登录配置及特权用户密码配置的命令。

3．写出在华为动态路由进程中引入静态路由和直连路由的命令。

4．写出在思科/锐捷动态路由进程中引入静态路由和直连路由的命令。

5．华为网络技术中，在 RIP 协议进程中引入 OSPF 动态路由，以及在 OSPF 协议进程中引入 RIP 动态路由的命令分别是什么？

6．思科/锐捷网络技术中，在 RIP 协议进程中引入 OSPF 动态路由，以及在 OSPF 协议进程中引入 RIP 动态路由的命令分别是什么？

实验 13　路由器/交换机混合组网技术

2.13　访问控制列表（ACL）技术

前面的章节主要探讨了如何确保信息在网络中顺利传输到目的地。本节将讨论在网络信息传输无障碍的情况下，如何通过设置规则对流经网络的数据包进行过滤的技术。

2.13.1　数据包过滤与访问控制列表

1．数据包过滤概述

数据包过滤（Packet Filtering）是一种通过软件或硬件技术，对向网络上传或从网络下载的数据流进行选择性控制的过程。其控制方式主要是允许或拒绝数据包通过。

数据包过滤可以基于如下因素进行：

① 数据包所属的协议（如 TCP、UDP、ICMP、IP 等）；

② 数据包的源 IP 地址和目的 IP 地址；

③ 逻辑端口号（服务类型）；

④ 时间段；

⑤ 数据包的传输方向（向外传出或向内传入）；

⑥ 其他因素。

数据包过滤的核心是在通信过程中，按照预先设定的规则，允许或禁止数据包通过。进行数据包过滤的前提是网络 IP 规划、设备连接已经完成，且网络路由是畅通的。

可以进行数据包过滤的设备有路由器、三层交换机和防火墙等（网络层或以上层的设备）。

2．访问控制列表

访问控制列表（Access Control List，ACL）是一种具体的数据包过滤技术，它对经过网络设备的数据包按照一定的规则进行过滤，决定是否允许其通过。

ACL 的主要功能是对数据包中的源 IP 地址、目标 IP 地址、协议、端口号、访问时间等因素的进行合法性判断，合法的数据包允许通过，不合法的则被拒绝（丢弃）。例如，在图 2-13-1 中，路由器 Router1 按照预先设定的规则，对其左右接口流出的数据包进行过滤，合规的数据包允许通过，不合规的则被拒绝。

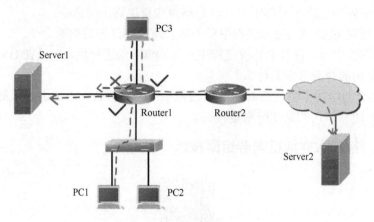

图 2-13-1　ACL 原理图

3．ACL 配置的基本步骤

ACL 的配置通常包括以下步骤：（1）定义 ACL 规则；（2）ACL 部署；（3）过滤应用。其中，（1）和（2）由人工配置，（3）由设备自动执行。

4．ACL 的类型

ACL 主要分为两种类型。

标准 ACL：标准 ACL 又分为基于编号的标准 ACL 和基于名称的标准 ACL。

扩展 ACL：扩展 ACL 又分为基于编号的扩展 ACL 和基于名称的扩展 ACL。

扩展 ACL 的编号范围在不同厂商的设备中有所不同，例如，思科/锐捷设备的编号范围为 100～199，华为设备的编号范围为 3000～3999。扩展 ACL 的命名规则与程序设计中的变量命名规则相似。

基于编号的标准（扩展）ACL 主要应用于路由器，而基于名称的标准（扩展）ACL 则主要应用于三层交换机。

2.13.2　思科/华为标准 ACL 技术

1．标准 ACL 概述

标准 ACL（又称基本 ACL）主要用于基于数据包的源 IP 地址制定访问规则，对接口流入或流出的数据包进行合法性判断，决定是否允许其通过。

标准 ACL 工作流程如下。

（1）ACL 规则定义。根据源 IP 地址定义访问控制列表，可使用数字编号或名称标识，每个 ACL 可包含多条规则。

（2）ACL 部署。将定义好的 ACL 应用到指定接口（入向或出向）。

（3）ACL 过滤。数据包经过时，路由器/交换机会根据 ACL 规则进行过滤，允许（permit）合法数据包通过，拒绝（deny）非法数据包。

2．思科/锐捷基于编号的标准 ACL

思科/锐捷基于编号的标准 ACL 用于路由器上。

（1）定义标准 ACL 的命令（全局模式下）

access-list n {**permit** | **deny**} source-IP　wild-mask

参数说明：n 为标准 ACL 编号，取值范围为 1～99；source-IP 为源 IP 地址（网络地址）；wild-mask 为反掩码（当源 IP 地址为主机 IP 地址时，可用 host source-IP 取代，其余用 any 取代）。

同一个 access-list n（n 相同）可包含多条规则（自定义顺序）。

（2）将 ACL 应用到接口（接口模式下）

标准 ACL 一般应用于距目标较近的接口。命令如下：

ip　access-group　n　{in | out}

参数说明：n 为标准 ACL 编号，取值范围为 1～99；In 为入向过滤；out 为出向过滤。

（3）通信时包过滤自动执行

为图 2-13-2 所示网络编写一个基于编号的标准 ACL（access-list 18），规则与命令如下。

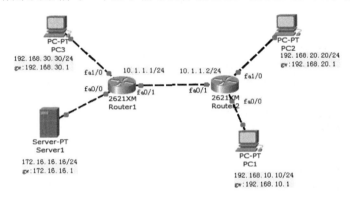

图 2-13-2　思科/锐捷标准 ACL 应用一

① 允许 192.168.20.0/24 网络的通信流量通过。命令如下：

access-list 18 permit 192.168.20.0　　0.0.0.255

② 禁止地址为 192.168.10.10 的主机的通信流量。命令如下：

access-list 18 deny 192.168.10.10　　0.0.0.0 或

access-list 18 deny　host 192.168.10.10

③ 拒绝来自 192.168.30.0/24 网络的通信流量。命令如下：

access-list 18 deny 192.168.30.0 0.0.0.255

④ 允许所有通信流量通过。命令如下：

access-list 18 permit　any

将编号 18 的标准 ACL 应用于路由器 Router1 的接口 fa0/0，对流出方向的数据包进行过滤，命令如下：

int fa0/0

ip　access-group 18 out

ACL 通常是一组具有相同编号的规则的有序集合，由一系列 ACL 语句构成。语句处理顺序：自上而下，逐条比较，相符则执行，不符则处理下一条。

如图 2-13-3 所示，基于编号的标准 ACL 应用，设计标准 ACL 规则，使路由器 Router0 的 fa0/1 接口上的 Server1（IP:172.16.9.1）拒绝来自主机 192.168.20.12 的数据包，拒绝来自 199.3.3.0/24 网段的数据包，允许其他所有数据包通过。

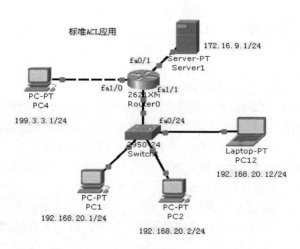

图 2-13-3 思科/锐捷标准 ACL 应用二

参考配置命令如下：

```
access-li 10   deny   192.168.20.12   0.0.0.0
access-li 10   deny   199.3.3.0   0.0.0.255
access-li 10   permit   any
                           //192.168.20.12   0.0.0.0 可以改为 host   192.168.20.12
inter   fa0/1            //进入接口
ip access-group 10 out   //在接口的流出方向部署 ACL10
```

2. 思科/锐捷基于名称的标准 ACL

（1）思科/锐捷基于名称的标准 ACL 定义命令

```
ip  access-list  standard  aclname    //定义一个标准 ACL，名为 aclname
  {permit | deny}    sourceIP   wild-mask | host   sourceIP | any
  {permit | deny}    sourceIP   wild-mask | host   sourceIP | any
```

（2）应用于三层交换机的 VLAN 虚接口

```
int   vlan   n
ip  access-group   aclname   {in | out}
```
在如图 2-13-4 所示的交换机网络中，VLAN 和 IP 地址已配置好，网络畅通。

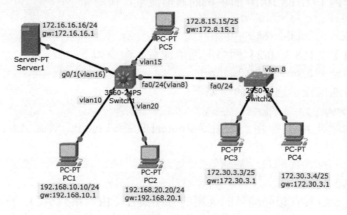

图 2-13-4 思科/锐捷基于名称的标准 ACL 应用

建立如下 ACL 规则：

① 拒绝主机 172.30.3.3 访问 Server1；

② 拒绝网络 192.168.10.0/24 访问 Server1；

③ 拒绝网络 172.8.15.0/25 访问 Server1；

④ 允许所有网络段访问。

在 Switch1 上建立基于名称的标准 ACL（全局模式下）：

```
ip  access-list  standard  myacl001
    deny    172.30.3.3    0.0.0.0
    deny    192.168.10.0  0.0.0.255
    deny    172.8.15.0    0.0.0.127
    permit  any
exit
```

将 myacl001 部署在交换机 Switch1 的虚接口 int vlan 16 的流出方向：

```
int  vlan  16
 ip  access-group  myacl001  out
```

将 myacl001 部署到 Swtich1 的 vlan16 虚接口后，PC1、PC3、PC5 不能访问 Server1 了，PC2、PC4 仍然可以访问 Server1，如图 2-13-5 所示。

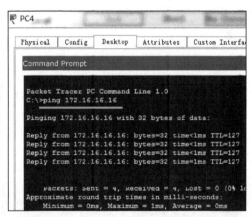

图 2-13-5　基于名称的 myacl001 在 Switch1 上部署前后 PC3、PC4 访问 Server1 的情况

4．华为基于编号的标准 ACL

华为基于编号的标准 ACL 可用于路由器和三层交换机。

（1）定义基于编号的标准 ACL 命令（系统视图下）

```
acl  number  n
    rule  a {permit | deny} source  x.x.x.x    w.w.w.w
                [time-range  tname]
    rule  b  ……
```

参数说明：n 为标准 ACL 编号，取值范围为 2000～2999；a、b 为正整数；x.x.x.x 为源 IP 地址（网络地址），w.w.w.w 为反掩码（当源 IP 地址为主机 IP 地址时，可用 x.x.x.x 0 取代；为其余任意 IP 地址时，可用 any 取代）；time-range tname 为时间范围（可选项），tname 为已定义好的时间常量。

（2）将标准 ACL 应用于接口

将基于编号的标准 ACL 应用于路由器（或三层交换机）接口的命令（接口视图下）：

traffic-filter {inbound | outbound} **acl** n // inbound 为入向过滤；outbound 为出向过滤

（3）通信时自动进行包过滤

如图 2-13-6 所示，AS 网络已配置好路由，所有主机都能相互通信。

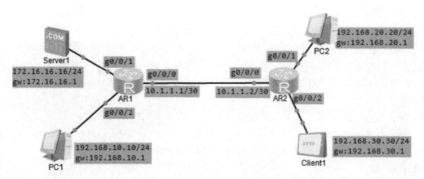

图 2-13-6　华为路由器与主机组成的 AS 网络

建立如下 ACL 规则：

① 允许网络段 192.168.10.0/24 访问服务器 Server1；

② 允许网络段 192.168.30.0/24 访问服务器 Server1；

③ 禁止本接口、该方向上其他网络段访问 Server1。

在 AR1 上定义 ACL2002（系统视图下）：

```
acl number 2002
    rule 1 permit source 192.168.10.0    0.0.0.255
    rule 2 permit source 192.168.30.0    0.0.0.255
    rule 3 deny source any
```

在部署 ACL2002 之前，先测试各主机对 Server1（172.16.16.16）的访问情况，如图 2-13-7 所示，PC2、PC1 都能正常访问 Server1。

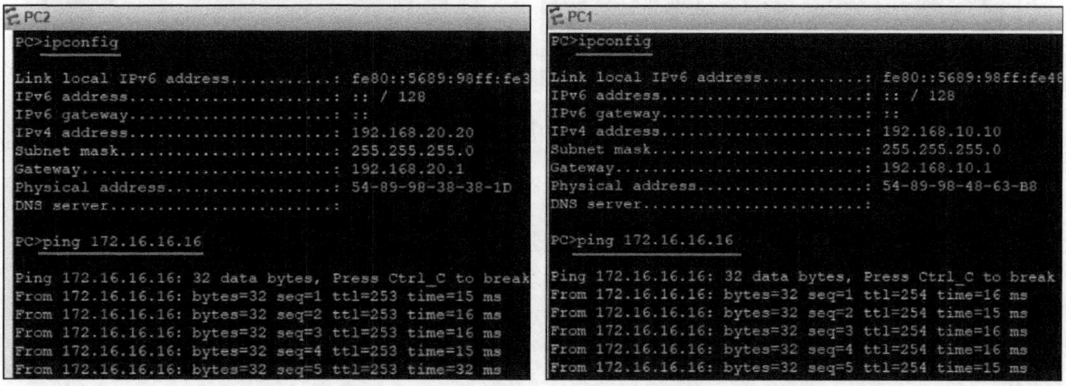

図 2-13-7　部署 ACL2002 之前 PC2、PC1 能正常访问 Server1

然后，在 AR1 的 g0/0/1 接口流出方向部署 ACL2002：

```
int g0/0/1
    traffic-filter   outbound   acl   2002
```

当有数据包从 AR1 的 g0/0/1 接口流出时，自动按照 ACL 规则进行过滤。

再测试从 PC2、PC1 访问服务器的情况，结果如图 2-13-8 所示。

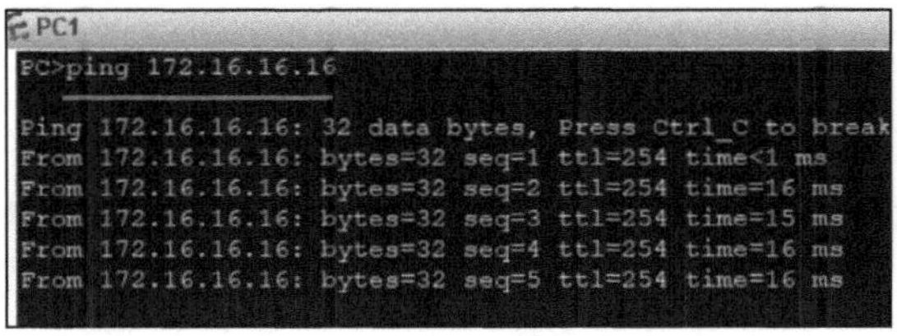

（a） 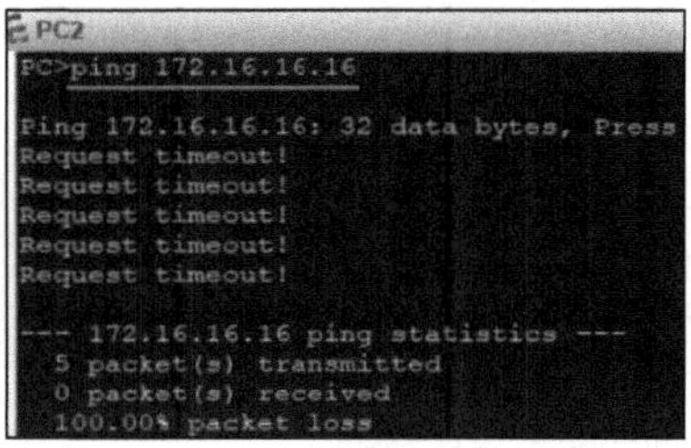　　　　　　　　　　　　　　　　　　（b）

图 2-13-8　部署 ACL2002 之后 PC1、PC2 访问 Server1 的情况

从图 2-13-8 可以看出，在 AR1 的 g0/0/1 接口部署 ACL2002 后，PC1 仍然能正常访问 Server1，PC2 则不能访问 Server1 了。

（4）time-range 的定义与调用（系统视图下）

华为标准 ACL 支持为每条规则添加时间限定字段。通过在规则后添加时间范围选项 [time-range tname]，可以实现基于时间段的访问控制。tname 是一个预定义的时间范围名称（相当于时间常量）。

时间段分为绝对时间段、周期性时间段两种。时间段常量也分为绝对时间常量、周期性时间常量两种。华为设备显示当前时间和已定义的时间段命令如下：

disp　time-range all

① 绝对时间段的定义：

time-range　xname **from** hh:mm yyyy/mm/dd　**to**　hh:mm yyyy/mm/dd

参数说明：xname 为时间范围名称，用户自定义；hh:mm yyyy/mm/dd 为起始和终止时刻（时：分年/月/日）。

示例：

time-range time01 from 8:10 2025/5/4 to 20:30 2025/5/4
time-range time02 from 0:0 2025/5/5 to 6:59 2025/5/10

② 周期性时间段的定义：

time-range　tname hh:mm to hh:mm　period_day

tname：时间范围名称，用户自定义。

hh:mm：起始、终止时刻（时：分）。

period_day：周期类型。

daily：每天。

off-day：周末（星期六和星期日）。

working-day：工作日（从星期一到星期五）。

period_day 使用"数字|缩写"的形式表示具体星期，即

0 | sun：星期日（Sunday）　　　　　　1 | mon：星期一（Monday）

2 | tue：星期二（Tuesday）　　　　　　3 | wed：星期三（Wednesday）

4 | thu：星期四（Thursday）　　　　　　5 | fri：星期五（Friday）

6 | sat：星期六（Saturday）

示例：

time-range time03 0:00 to 6:30 daily　　　　　　　　　　　//每天 0:00 到 6:30
time-range time04 8:00 to 17:30 working-day　　　　　　　//工作日 8:00 到 17:30
time-range name05 from 16:28 2025/6/4 to 17:15 2025/6/4　//从今天（2025/6/4）16:28 到 17:15
time-range time06 8:00 to 12:00 fri　　　　　　　　　　　//每星期五 8:00 到 12:00

```
time-range time07 18:00 to 23:59 off-day      //周末 18:00 到 23:59
```

③ 周期性时间段的使用：

定义好的时间范围可以应用于 ACL 规则中，以实现基于时间段的访问控制。

```
acl number n
    rule a {permit | deny} source x.x.x.x w.w.w.w time-range tname // tname 为已定义的时间范围名称
```

示例：

```
acl number 2003
    rule 1 deny source 192.168.10.0 0.0.0.255 time-range time03
```

4．华为基于名称的标准 ACL

华为基于名称的标准 ACL 可用于三层交换机上。

（1）华为基于名称的标准 ACL 规则定义（系统视图下）

```
acl   name   xname   basic
    rule   a {permit | deny} source sourceIP   wild-mask | hostIP   0.0.0.0   | any     [time-range tname]
           // hostIP 为单个主机的 IP
    rule   b
```

（2）应用于三层交换机的接口（物理接口）

```
traffic-filter   {inbound | outbound}   acl   name   xname
```

若将图 2-13-6 中的路由器 AR1 换成三层交换机 Switch1（接口名称不变），采用基于名称的 ACL 定义命令如下：

```
acl   name   nam002   basic
    rule 1
```

在华为三层交换机 Switch1 部署基于名称的 ACL 的命令如下：

```
int g0/0/1
    traffic-filter outbound acl name name002
```

注意：（1）华为与思科基于名称的 ACL 部署接口要求不同。思科/锐捷将基于名称的 ACL 部署在三层交换机的 VLAN 虚接口下；华为则将基于名称的 ACL 直接部署在三层交换机的物理接口下。（2）ACL 应用范围不同。思科基于编号的 ACL 仅用于路由器，基于名称的 ACL 仅用于三层交换机；华为基于编号的 ACL 既可用于路由器，也可用于三层交换机，基于名称的 ACL 仅用于三层交换机。（3）华为的 ACL 规则可分时段进行控制；锐捷同样支持基于时间段的 ACL 控制；华为在实际设备中支持时间控制功能，但在 Packet Tracer 仿真环境中无法配置时间段控制。

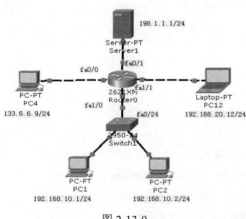

图 2-13-9

5．课堂练习

如图 2-13-9 所示，为保护服务器（198.1.1.1/24），在路由器上设计一个标准 ACL，除了允许 192.168.10.0/24 网段的数据包访问服务器 Server1，拒绝其他所有 IP 地址访问 Server1。并将该标准 ACL 部署在 Router0 的适当接口上。

2.13.3　思科/华为扩展 ACL 技术

1．扩展 ACL 概述

与标准 ACL 主要考虑源 IP 地址不同，扩展 ACL 考虑的因素较多，包括源 IP 地址、目的 IP 地址、源端口、目的端口和协议等。这使得扩展 ACL 能够提供更精细的流量控制。

扩展 ACL 的部署位置选择：

（1）当网络中有具体的保护对象时，ACL 应部署在靠近保护对象的端口。

（2）当网络有具体的被控制对象时，ACL 应部署在靠近被控制对象的端口。

部署方向：

（1）入栈应用（in/inbound）：对流入接口的数据包进行过滤。

（2）出栈应用（out/outbound）：对流出接口的数据包进行过滤。

部署完成后，路由器或三层交换机自动对经过的数据进行过滤，ACL 的工作流程如图 2-13-10 所示。

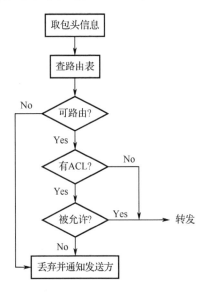

图 2-13-10　ACL 工作流程

2．思科/锐捷基于编号的扩展 ACL

（1）基于编号的扩展 ACL 基本格式

access-list n {permit|deny} protocol sourceIP wild-mask [operand port] destIP wild-mask [operand port]　[time-range tname　（ruijie）]

参数说明：

n 为编号，取值范围为 100～199；

protocol 为协议，如 TCP、UDP、IP、ICMP 等；

operand 可选 eq（等于）、gt（大于）、lt（小于）或 neq（不等于）；

port 为应用层协议在传输层对应的端口号（或典型应用名）；

sourceIP wild-mask、destIP wild-mask 分别为源 IP 地址与反掩码、目的 IP 地址与反掩码（若为台主机，用 host x.x.x.x 或 x.x.x.x 0.0.0.0）；

time-range tname 表示在 tname 规定的时间段内生效（仅锐捷支持）。

规则示例：

access-list 103 deny tcp any host 172.16.16.16 eq www time-range tname

该规则的功能是：在 tname 规定的时间内，拒绝一切主机访问目的主机 172.16.16.16 的 WWW 服务（该服务基于 TCP 协议，端口号为 80，命令中的 www 可更换为 80）。

（2）时间段的定义（锐捷）

time-range tname
absolute start hh:mm yyyy-mm-dd end hh:mm yyyy-mm-dd　　　　　　//绝对时间段
periodic　daily [weekdays|weekend|Monday|...] hh:mm to hh:mm　　//周期性时间段

周期性时间段更为常用。例如：

time-range time001
　　periodic weekdays 23:00 to 6:30
　　periodic weekend 00:00 to 6:00

（3）源端口号和目的端口号

源端口号和目的端口号分别对应报文发送方和接收方的应用层协议（应用程序）。常用应用层协议与端口号对应关系如表 2-13-1 所示（思科/锐捷与华为相同）。

表 2-13-1　常用应用层协议与端口号

应 用 协 议	传输层协议	端口号（代用字）
FTP	TCP	21（ftp）
Telnet	TCP	23（telnet）
HTTP	TCP	80（www）
HTTPS	TCP	443
DNS	UDP	53（domain）
SMTP	TCP	25（smtp）
POP	TCP	110（pop3）
RIP	UDP	520
RIPng	UDP	521
BGP	TCP	179（bgp）
QQ、微信	UDP	4000，8000

还可以在建立扩展 ACL 规则时，用"？"查询常用端口号，如图 2-13-11 所示。

```
Router(config)#access-list 108 deny tcp any any eq ?
  <0-65535>   Port number
  ftp         File Transfer Protocol (21)
  pop3        Post Office Protocol v3 (110)
  smtp        Simple Mail Transport Protocol (25)
  telnet      Telnet (23)
  www         World Wide Web (HTTP, 80)
```

```
[Huawei-acl-adv-3002]rule 1 permit tcp source any destination any destination-po
rt eq ?
  <0-65535>   Port number
  CHARgen     Character generator (19)
  bgp         Border Gateway Protocol (179)
  cmd         Remote commands (rcmd, 514)
  daytime     Daytime (13)
  discard     Discard (9)
  domain      Domain Name Service (53)
  echo        Echo (7)
  exec        Exec (rsh, 512)
  finger      Finger (79)
  ftp         File Transfer Protocol (21)
  ftp-data    FTP data connections (20)
  gopher      Gopher (70)
  hostname    NIC hostname server (101)
  irc         Internet Relay Chat (194)
  klogin      Kerberos login (543)
  kshell      Kerberos shell (544)
  login       Login (rlogin, 513)
  lpd         Printer service (515)
  nntp        Network News Transport Protocol (119)
  pop2        Post Office Protocol v2 (109)
  pop3        Post Office Protocol v3 (110)
  smtp        Simple Mail Transport Protocol (25)
  sunrpc      Sun Remote Procedure Call (111)
```

图 2-13-11　扩展 ACL 中端口号的查询

例如，某个扩展 ACL102 有如下规则定义。

① 允许主机 198.11.1.18 接收来自任何网络的电子邮件报文。

access-list 102 permit tcp any host 198.11.1.18 eq smtp

② 允许主机 198.11.2.12 接收来自任何网络的 Web 访问请求。

access-list 102 permit tcp any host 198.11.2.12 eq www

③ 禁止从 172.77.8.0 网段内的主机，建立与 202.68.11.0 网段内的主机的端口号大于 128 的 UDP 连接。

access-list 102 deny udp 172.77.8.0　0.0.0.255　202.68.11.0　0.0.0.255　gt 128

定义规则时，每条规则的 ACL 号均为 102。

部署命令（接口模式下）：

ip access-group 102 in|out。

（4）思科/锐捷扩展 ACL 应用实例

由 2 台思科/锐捷路由器、2 台服务器、3 台 PC 组成的 AS 网络如图 2-13-12 所示。其中，Server1 为 WWW 服务器，Server2 为 DNS 服务器，PC1～PC3 代表多个用户网络段。在该网络中，设置以下数据包过滤规则：

① 禁止 192.168.10.0/24 访问 Server2 的 DNS 服务；

② 禁止 192.168.20.0/24 ping 服务器网络段 172.16.16.0/24；

③ 禁止 192.168.30.0/24 访问 Server1 的 WWW 服务；

④ 允许其他访问行为。

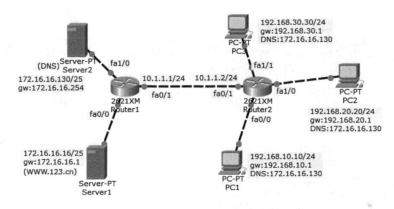

图 2-13-12　应用扩展 ACL 的思科/锐捷 AS 网络

首先按照图 2-13-12 配置路由器 Router1、Router2 的 IP 地址，以及所有主机的参数（如 IP 地址、子网掩码、默认网关、DNS 服务器地址等）。

在 Server1 的 HTTP Services 中的编辑网页 index.html，并启动 HTTP 服务（WWW 服务）。在 Server2 中启动 DNS 服务，在 DNS Services 中为 Server1 添加一条 A 记录，将域名（www.123.cn）解析为 Server1 的 IP 地址（172.16.16.16），如图 2-13-13 所示。

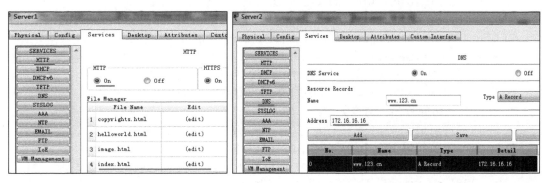

图 2-13-13　将 Router1 设置成 WWW 服务器，Router2 设置成 DNS 服务器

接下来为 Router1、Router2 配置静态路由。

Router1 静态路由配置命令：

ip route 192.168.10.0　255.255.255.0　10.1.1.2
ip route 192.168.20.0　255.255.255.0　10.1.1.2
ip route 192.168.30.0　255.255.255.0　10.1.1.2

Router2 静态路由配配置命令：

ip route 172.16.16.0　255.255.255.0　10.1.1.1

配置完成后，测试网络的通信情况。通过从 PC ping WWW 服务器域名可以全面测试 IP 地址、DNS 域名解析。分别在 PC1、PC2、PC3 上运行 DOS 命令 ping www.123.cn，测试结果如图 2-13-14（a）～（c）所示。可以看到，PC1、PC2、PC3 与 Server1 通信畅通，PC1、PC2、PC3 与 Server2 通信畅通，而且 Server2 将域名 www.123.cn 正确地解析为 IP 地址 172.16.16.16。为了测试 Server1 的 HTTP 服务是否能够正常访问，在 PC3 的浏览器地址栏输入 www.123.cn，再按 Go 按钮，立即显示 WWW 网站首页 index.html 的内容，如图 2-13-14（d）所示。

图 2-13-14　先全面测试 AS 网络通信的情况

下面来设计扩展 ACL 规则命令。将 4 条规则设计成扩展 ACL103。

① 禁止 192.168.10.0/24 访问 Server2 的 DNS 服务。命令如下：

access-list 103 deny udp 192.168.10.0 0.0.0.255 host 172.16.16.130　eq domain

② 禁止 192.168.20.0/24 ping 服务器网络段 172.16.16.0/24。命令如下：

access-list 103 deny icmp 192.168.20.0 0.0.0.255 172.16.16.0 0.0.0.255

③ 禁止 192.168.30.0/24 访问 Server1 的 WWW 服务。命令如下：

access-list 103 deny tcp 192.168.30.0 0.0.0.255 172.16.16.16 0.0.0.0 eq www

④ 允许其他访问行为。命令如下：

access-list 103 permit ip any any

在 Router1 上执行以下命令创建 ACL103（全局模式下）：

access-list 103 deny udp 192.168.10.0 0.0.0.255 host 172.16.16.130　eq domain
access-list 103 deny icmp 192.168.20.0 0.0.0.255 172.16.16.0 0.0.0.255
access-list 103 deny tcp 192.168.30.0 0.0.0.255 172.16.16.16 0.0.0.0 eq www

access-list 103 permit ip any any

然后，在 Router1 的 fa0/1 接口流入方向部署 ACL103：

int fa0/1
　　ip access-group 103 in

部署完成后，测试扩展 ACL103 的效果。

先在 PC1 的浏览器地址栏输入 www.123.cn，单击 Go 按钮，等待一段时间后显示"Host Name Unresolved"（不认识域名）；再在 PC1 的浏览器地址栏输入 172.16.16.16，单击 Go 按钮，立刻显示 WWW 服务器的首页，如图 2-13-15（a）、（b）所示。这说明，PC1（属于 192.168.10.0/24 网络段）可以访问 WWW 服务器（Server1）的 HTTP 服务，但不能访问 DNS 服务器（Server2）的域名解析（domain）服务。体现了"① 禁止 192.168.10.0/24 访问 Server2 的 DNS 服务"和"④ 允许其他访问行为"规则。

图 2-13-15　部署好扩展 ACL103 后的通信测试 1

打开 PC3（192.168.30.0/24 网络段的主机）的 DOS 命令行界面，运行 ping www.123.cn，通信正常；再打开 PC3 的浏览器，在地址栏输入 www.123.cn，单击 Go 按钮，过一段时间后出现"Request Timeout"（超时），也就是从 PC3 不能访问 WWW 服务器（HTTP 服务）的网页。如图 2-13-15（c）、（d）所示。体现了"③ 禁止 192.168.30.0/24 访问 Server1 的 WWW 服务"和"④ 允许其他访问行为"规则。

接下来测试 PC2（192.168.20.0/24 网络段的主机）访问 Server1、Server2 的情况。在 PC2 上运行 ping www.123.cn，不通，而域名 www.123.cn 被解析为 IP 地址 172.16.16.16；再运行 ping 172.16.16.16，仍然不通。然后，在 PC2 浏览器地址栏输入 www.123.cn，单击 Go 按钮，可以正常浏览 WWW 服务器（Server1）首页，如图 2-13-16 所示，即实现了规则③和④。

由此可见，ping 不通时并不一定表示网络不通，有可能网络信息传输是畅通的，只是不允许 ICMP 报文通过而已。

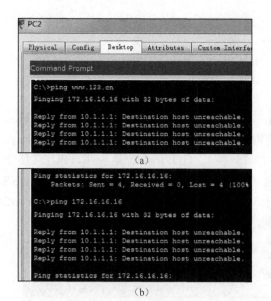

图 2-13-16　部署好扩展 ACL103 后的通信测试 2

3. 思科/锐捷基于名称的扩展 ACL

思科/锐捷基于名称的扩展 ACL 定义命令如下：

ip access-list extended　aclname
　　permit|deny　　protocol　　……　　　……　[eq |gt|lt|neq port][time-range timename]
　　permit|deny　　……

部署时，将 aclname 应用于三层交换机的逻辑接口（VLAN 虚接口）：

ip　access-group　aclname　in|out

在思科/锐捷设备中，只有锐捷路由器（三层交换机）支持配置 time-range timename 参数；Packet Tracer 中的思科路由器和三层交换机不支持 time-range timename 选项。

例如，将图 2-13-2 所示网络中的 Router1 换成三层交换机 Switch1，即可采用基于名称的扩展 ACL 技术。将上述基于编号的扩展 ACL103 变成 name005，按如下定义部署即可：

```
ip access-list extended name005      // Switch1 上定义 name005
    deny ……
    deny ……
    deny ……
    permit ……
int vlan ??    //进入 Switch1 的 vlan ??虚接口
  ip  access-group  name005  in
```

运行结果与基于编号的 ACL 相同。

4. 华为基于编号的扩展 ACL

（1）华为基于编号的扩展 ACL 规则定义基本格式

acl　number　n
　　rule a {permit|deny} protocol source s.s.s.s w.w.w.w [source-port operand port] destination d.d.d.d
w.w.w.w [destination-port operand port]　[time-range tname]
　　rule b　……

n：编号，取值范围为 3000～3999；a、b 取正整数；

protocol：可以是传输层、网络层协议（如 TCP、UDP、IP、ICMP、OSPF 等），不能是应用层协议；

operand：可选 eq（等于）、gt（大于）、lt（小于）、range p1 p2；

port：应用层协议在传输层对应的端口号（或典型应用名，见表 2-13-1）；

time-range tname：指定生效的时间段 tname。

（2）华为基于编号的扩展 ACL 的部署命令（接口视图下）

```
interface   ??/?          //进入物理接口
   traffic-filter inbound | outbound   acl   n
```

（3）华为基于编号的扩展 ACL 应用实例

使用 2 台华为路由器、4 台主机（Server1、PC1、Client1 和 Client2）组建扩展 ACL 网络测试自治系统如图 2-13-17 所示。（eNSP 环境只有 Client 有浏览器，Client 可测试 WWW 功能。）

设定数据包过滤规则如下：

① 定义一个规定的时间段常量（每天零时 1 分至 6 时 59 分）；

② 在规定时间内，禁止 192.168.20.0/24 网段 ping 172.16.16.0/24 网段；

③ 在规定时间内，禁止 192.168.30.0/24 网段访问 172.16.16.0/24 网段内的 WWW 服务；

④ 允许其他所有 IP 报文通过。

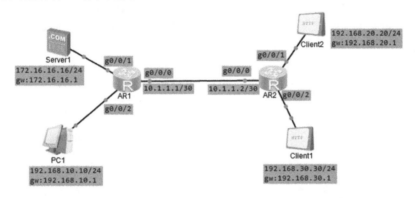

图 2-13-17　用华为路由器/服务器和 PC、Client 组建的扩展 ACL 测试网络

按照图 2-13-17 所示配置所有主机的 IP 地址等参数，以及 2 台路由器的 6 个接口的 IP 地址，并为 Server1 启动 HTTP 服务（指定 HTTP 网站所对应的实际目录）。然后在路由器 AR1、AR2 上配置全部的静态路由（省略）。

配置完成后，测试网络通信情况。分别在 Client1 和 Client2 上 ping Server1（172.16.16.16），均通信成功，如图 2-13-18（a）、（b）所示；再分别在 Client1 和 Client2 的浏览器中浏览 172.16.16.16 网站文件，单击"获取"按钮，均可正常下载并打开网站文件（aabbcc.html 是 HTTP 网站对应物理目录下的一个网页文件），如图 2-13-18（c）、（d）所示。

接下来为路由器 AR1 设置时间常量、定义并部署扩展 ACL。

定义时间常量 time01（系统视图下）：

```
time-range time01 00:01 to 06：59 working-day   //定义规则①的时间段
```

定义扩展 ACL3001 的规则（系统视图下）：

```
acl number 3001   //进入 ACL 视图
 rule 1 deny icmp source 192.168.20.0 0.0.0.255 destination 172.16.16.0 0.0.0.255 time-range time01
// 实现过滤规则②
    rule 2 deny tcp source 192.168.30.0 0.0.0.255 destination 172.16.16.0 0.0.0.255 destination-port eq www
time-range time01         //实现过滤规则③
    rule 3 permit ip       //实现过滤规则④
```

quit   //返回系统视图

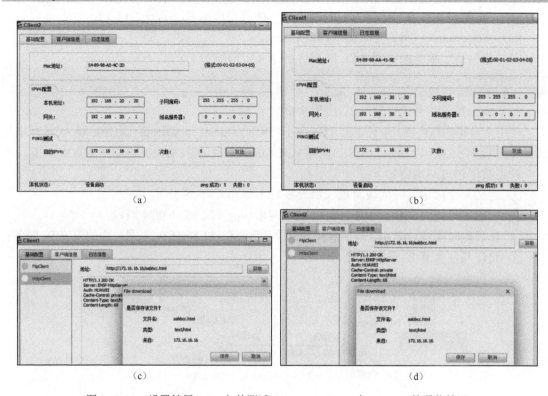

图 2-13-18 设置扩展 ACL 之前测试 Client1、Client2 与 Server1 的通信情况

在 AR1 上部署 ACL3001 命令如下：

```
int g0/0/1                              //进入 g0/0/1 接口视图
traffic-filter outbound acl 3001        //部署 ACL3001，流出方向
```

在 AR1 的 g0/0/1 接口部署 ACL3001 后，再测试网络通信情况。先用 ping 命令测试。Client1（192.168.30.30/24）可以 ping 通 AR1 直连的主机（192.168.10.10），Client2（192.168.20.20/24）不能 ping 通 AR1 直连的主机（172.16.16.16），如图 2-13-19（a）、（b）所示。

再用 Client 浏览器测试。如图 2-13-19（c）所示，在 Client1 的浏览器地址栏输入 172.16.16.16/aabbcc.html，单击"获取"按钮，显示"connect server failure"；在 Client2 的浏览器地址栏输入 172.16.16.16/ aabbcc.html，单击"获取"按钮，显示浏览、获取成功，如图 2-13-19（d）所示。

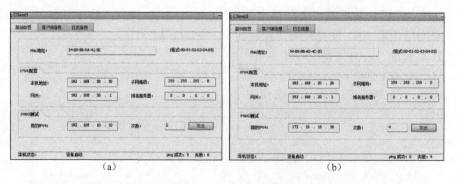

图 2-13-19 部署完 ACL3001 以后从 Client1 和 Client2 测试与 Server1 的通信

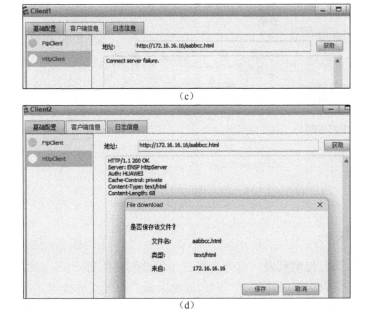

（c）

（d）

图 2-13-19　部署完 ACL3001 以后从 Client1 和 Client2 测试与 Server1 的通信（续）

可见，测试结果完全实现了预设的 4 条规则的功能。

5．华为基于名称的扩展 ACL

（1）基于名称的扩展 ACL 定义命令（系统视图下）

acl　**name** aclname **advance**
　　rule a permit|deny　protocol **source** x.x.x.x w.w.w.w [source-port　operand port]　**destination** x.x.x.x
w.w.w.w [destination-port　operand port] [time-range tname]
　　rule b permit|deny……

注意：华为基于命名的扩展 ACL 只能应用于三层交换机上。在三层交换机接口上部署的命令如下（接口视图下）：

interface ??/?
　　traffic-filter　inbound | outbound **acl**　**name**　aclname

（2）基于名称的扩展 ACL 应用

将图 2-13-17 所示网络中的路由器 AR1 换成三层交换机 Switch1；定义 ACL 规则时，将acl number 3001 变为 acl name aclname003 advance；部署 ACL 时，将 traffic-filter outbound acl 3001 变换为 traffic-filter outbound acl name aclname003。

实验效果相同。

6．课堂小实验

某 AS 系统具有 2 台服务器 Server1（172.30.8.1/24）和 Server2（172.30.11.1/24），有 2个内部网段 192.168.11.0/24 和 172.11.0.0/16，如图 2-13-20 所示。

请设计扩展 ACL 命令，满足以下规则：

① 允许 192.168.11.0/24 访问 Server1 的 WWW 服务；

② 允许 172.11.0.0/16 访问 Server2 的 FTP 服务；

③ 允许所有网段 ping 服务器；

④ 禁止其他访问行为。

应部署在哪一台路由器上？应如何部署？

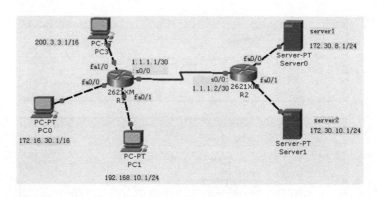

图 2-13-20

2.13.4 习题

1. 应用 ACL 访问控制列表，可分为哪三步？分别说明每一步。

2. 标准 ACL 是针对 IP 数据报中源 IP 地址因素进行过滤的技术。

在华为、思科网络技术中，分别如何定义标准 ACL？如何部署 ACL？（命令格式）

3. 扩展 ACL 是针对 IP 数据报中多种因素进行过滤的技术。在华为网络技术中，如何定义基于编号的扩展 ACL？如何部署扩展 ACL？（命令格式）

4. 在思科、华为网络技术中，分别如何定义基于编号的扩展 ACL？如何部署扩展 ACL？（命令格式）

5. 思科设备的标准 ACL 配置。路由器 R1 和 R2 互连，分别与 Server0、PC1、PC2、PC3 相连组成 AS 网络，IP 地址如图 2-13-21 所示。路由（静态或动态）已经配置好。

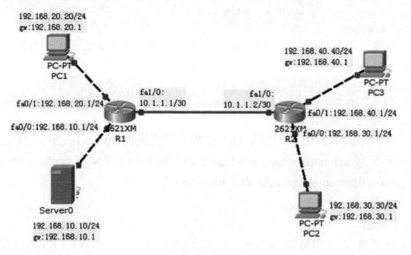

图 2-13-21

（1）为限制对服务器 Server0 的访问，试设计一个 ACL，包含以下规则：

① 允许来自 192.168.30.0/24 网络的主机的访问；

② 允许 192.168.40.40 这一台主机访问；

③ 禁止来自其他任何的访问。

试写出标准 ACL 的配置命令。

（2）将上述 ACL 部署到 R1 或 R2 的适当接口（注意过滤流入数据包还是流出数据包）。写出命令。

6. 将题 5 中的思科设备换成华为设备，完成相同的任务。

实验 14 标准 ACL 技术

*实验 15 扩展 ACL 技术

2.14 BGP 动态路由协议

前面章节主要关注的是自治系统（AS）内部的路由协议，这些协议统称为内部网关协议（IGP）。当多个 AS 相连时，AS 之间的路由既可以采用静态路由，也可以采用动态路由技术，即外部网关协议（EGP），边界网关协议（BGP）是最常用的 EGP 之一。

2.14.1 BGP 动态路由协议基础

1. BGP 协议基本原理

BGP（Border Gateway Protocol，边界网关协议）是一种最常用的 EGP。BGP 的发展经历了从 BGP1 到 BGP4 的演进，目前主要使用的是 BGP4。BGP 协议不用于 AS 内部，而是用于 ISP（因特网提供）之间的路由。如果从事广域网工程，掌握 BGP 的原理和应用是必不可少的。

BGP 是一种增强的距离向量路由协议，其算法与 RIP 协议类似。BGP 基于传输层的 TCP 协议，使用端口号 179。BGP 主要用于解决跨 AS 的路由问题。尽管大多数路由器和三层交换机都内置了 BGP 协议程序（有人认为 BGP 是网络层协议），但从 OSI 模型或 TCP/IP 模型的角度来看，BGP 位于传输层协议（TCP）之上，并且有特定的端口号 179，因此 BGP 应被视为应用层协议。

BGP 协议用于计算 AS 之间路由的动态协议，通常部署在 AS 边界路由器上。每个 AS 边界路由器也称为 BGP 发言人。BGP 发言人通过与相邻的 BGP 发言人相互交换 BGP 报文，从而获取其他 AS 的路由信息。但是，因特网协会的规定 BGP 发言人只能获取其他 AS 内公有 IP 地址网络段的路由信息，私有 IP 地址的路由信息不能在 BGP 发言人之间传播。

BGP 邻居分为 IBGP 邻居和 EBGP 邻居两类。当同一个 AS 内部有多个 BGP 发言人时，这些发言人互为 IBGP 邻居；当一个 AS 的 BGP 发言人与另一个 AS 的 BGP 发言人相连时，它们互为 EBGP 邻居。

2．BGP 协议报文

BGP 协议支持 CIDR（子网划分、路由聚合），运行 BGP 的边界路由器（BGP 发言人）过交换 BGP 报文来传递信息。BGP 报文主要有 4 种类型：open（初始化）报文、update（更新）报文、notification（通知）报文、keepalive（测试连通性）报文。

图 2-14-1 展示了一个在 BGP 实验中抓取的 keepalive（测试连通性）报文。

从 keepalive 报文可以看出：BGP 报文嵌入在 TCP 报文中，而 TCP 报文又嵌入在 IP 数据报中，IP 报文的目的地址是 51.1.1.1，表明 BGP 报文是通过单播方式传输的（与 RIP 和 OSPF 的组播方式不同）；BGP 报文基于 TCP 协议，端口号为 179。

当 BGP 发言人获取的公有 IP 网络路由信息过多时，可以在 BGP 发言人处进行路由聚合，以减少路由条数。

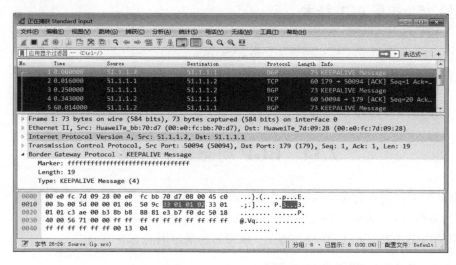

图 2-14-1　用 Wireshark 抓取的 keepalive 报文

2.14.2　思科/锐捷 BGP 动态路由技术

1．思科/锐捷 BPG 路由基本配置命令

（1）启动 BGP 进程（全局模式下）

router bgp n	//创建 BGP 进程，n 为进程号，即边界路由器所在的 AS ID
[bgp router-id ?.?.?.?]	//指定本路由器的 BGP Router ID（可选）

示例：router bgp　100

（2）在 BGP 进程内指定 EBGP 发言人

neighbor　x.x.x.x　**remote-as**　m
//x.x.x.x 为发言人所连接的 EBGP 路由器的 IP 地址，m 为 EBGP 所在的 AS ID

示例：neighbor 50.1.1.2 remote-as 200

（3）在 BGP 进程内逐段发布本路由器的路由子网段

network　x.x.x.x mask m.m.m.m

示例：network　20.20.10.0　mask　255.255.255.0

（4）在 BGP 进程内引入静态路由

redistribute　static

（5）BGP 路由聚合

aggregate-address x.x.x.x m.m.m.m summary-only [as-set]
//可以不聚合，as-set 为可选项（可防止路由环路）

示例：aggregate-address 10.30.0.0 255.0.0.0 summary-only as-set

（6）查看 BGP 信息

Show ip bgp
Show ip bgp neighbors
Show ip route bgp

2. 思科/锐捷 BGP 协议基础配置应用一

将 1 台思科/锐捷路由器和 1 台思科/锐捷三层交换机、2 台主机连接起来，组成 2 个 AS（AS100、AS200）互联的广域网。按照图 2-14-1 设计 IP 地址，并将主机 IP 配置好。

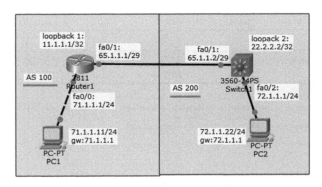

图 2-14-2　由思科/锐捷设备和主机组成的 2 个 AS 互联的广域网

（1）路由器和三层交换机的基础配置

Router1 的基础配置：

int fa0/0	no shut
ip add 71.1.1.1 255.255.255.0	int loopback 1　　//创建回环虚接口 1
no shut	ip add 11.1.1.1 255.255.255.255
int fa0/1	exit
ip add 65.1.1.1 255.255.255.248	

Switch1 的基础配置：

ip routing　　//启用三层交换机路由	int loopback 2 //创建回环虚接口 2
vlan 65	ip add 22.2.2.2 255.255.255.255
vlan 72	int fa0/1
int vlan 65	switch acc vlan 65
ip add 65.1.1.2 255.255.255.248	int fa0/2
int vlan 72	switch acc vlan 72
ip add 72.1.1.1 255.255.255.0	

（2）路由器和三层交换机的 BGP 动态路由配置

Router1 的 BGP 配置：

router bgp 100	network 65.1.1.0 mask 255.255.255.248
bgp router-id 1.1.1.1　　//可选项	network 71.1.1.0 mask 255.255.255.0
neighbor 65.1.1.2 remote-as 200	network 11.1.1.1 mask 255.255.255.255

Switch1 的 BGP 配置：

router bgp 200	network 65.1.1.0 mask 255.255.255.248
bgp router-id 2.2.2.2　　　　//可选项	network 72.1.1.0 mask 255.255.255.0
neighbor 65.1.1.1 remote-as 100	network 22.2.2.2 mask 255.255.255.255

（3）路由器和三层交换机 BGP 路由信息查看

分别在 Router1、Switch1 上执行完上述第（1）、（2）命令后，用 show ip bgp 或 show ip route 命令查看 BGP 动态路由，如图 2-14-3 所示。

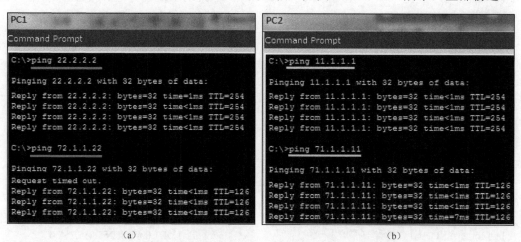

```
Router1

                          IOS Command Line Interface

Router1#show ip bgp
BGP table version is 7, local router ID is 1.1.1.1
Status codes: s suppressed, d damped, h history, * valid, > best, i - internal,
              r RIB-failure, S Stale
Origin codes: i - IGP, e - EGP, ? - incomplete

   Network          Next Hop          Metric LocPrf Weight Path
*> 11.1.1.1/32      0.0.0.0                0          32768 i
*> 22.2.2.2/32      65.1.1.2               0              0 200 i
*> 65.1.1.0/29      0.0.0.0                0          32768 i
*                   65.1.1.2               0              0 200 i
*> 71.1.1.0/24      0.0.0.0                0          32768 i
*> 72.1.1.0/24      65.1.1.2               0              0 200 i
```

（a）

```
Switch1

                          IOS Command Line Interface

Swtich1#show ip bgp
BGP table version is 7, local router ID is 2.2.2.2
Status codes: s suppressed, d damped, h history, * valid, > best, i - internal,
              r RIB-failure, S Stale
Origin codes: i - IGP, e - EGP, ? - incomplete

   Network          Next Hop          Metric LocPrf Weight Path
*> 11.1.1.1/32      65.1.1.1               0              0 100 i
*> 22.2.2.2/32      0.0.0.0                0          32768 i
*> 65.1.1.0/29      0.0.0.0                0          32768 i
*                   65.1.1.1               0              0 100 i
*> 71.1.1.0/24      65.1.1.1               0              0 100 i
*> 72.1.1.0/24      0.0.0.0                0          32768 i
```

（b）

图 2-14-3　配置好 BGP 动态路由后 Router1、Switch1 获得的 BGP 路由

然后，测试从 PC1 到 Swith1 的回环虚接口 2 和 PC2 的通信，如图 2-14-4（a）所示。测试从 PC2 到 Router1 的回环虚接口 1 和 PC1 的通信，如图 2-14-4（b）所示，全部畅通。

```
PC1
Command Prompt

C:\>ping 22.2.2.2

Pinging 22.2.2.2 with 32 bytes of data:

Reply from 22.2.2.2: bytes=32 time=1ms TTL=254
Reply from 22.2.2.2: bytes=32 time<1ms TTL=254
Reply from 22.2.2.2: bytes=32 time<1ms TTL=254
Reply from 22.2.2.2: bytes=32 time<1ms TTL=254

C:\>ping 72.1.1.22

Pinging 72.1.1.22 with 32 bytes of data:
Request timed out.
Reply from 72.1.1.22: bytes=32 time<1ms TTL=126
Reply from 72.1.1.22: bytes=32 time<1ms TTL=126
Reply from 72.1.1.22: bytes=32 time<1ms TTL=126
```

```
PC2
Command Prompt

C:\>ping 11.1.1.1

Pinging 11.1.1.1 with 32 bytes of data:

Reply from 11.1.1.1: bytes=32 time<1ms TTL=254
Reply from 11.1.1.1: bytes=32 time<1ms TTL=254
Reply from 11.1.1.1: bytes=32 time<1ms TTL=254
Reply from 11.1.1.1: bytes=32 time<1ms TTL=254

C:\>ping 71.1.1.11

Pinging 71.1.1.11 with 32 bytes of data:

Reply from 71.1.1.11: bytes=32 time<1ms TTL=126
Reply from 71.1.1.11: bytes=32 time<1ms TTL=126
Reply from 71.1.1.11: bytes=32 time<1ms TTL=126
Reply from 71.1.1.11: bytes=32 time=7ms TTL=126
```

（a）　　　　　　　　　　　　　　　　（b）

图 2-14-4　测试 AS100、AS200 内所有 IP 设备的通信情况

这是一个简单的 BGP 实例，仅设计了 2 个 AS。由于 IP 协议和因特网协会规定 AS 之间不能转发私有 IP 的路由信息，因此本实例全部采用公有 IP 地址。

3. 思科/锐捷 BGP 协议配置应用二

用 6 台思科/锐捷路由器和若干主机设计、组建一个含有 3 个 AS（AS100、AS200、AS300）的广域网，如图 2-14-5 所示。每个 AS 内既有公有 IP 地址网段，又有私有 IP 地址网段。

将 6 台路由器的接口 IP 地址、6 台主机的 IP 地址等按照图 2-14-5 所示的参数配置好。

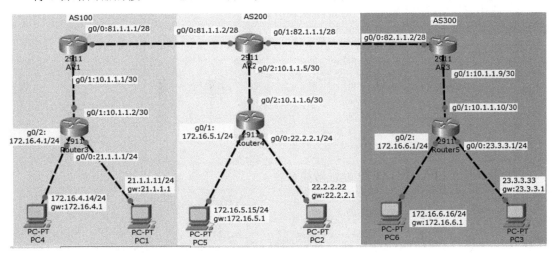

图 2-14-5　由思科路由器、主机组成的含有 3 个 AS 的广域网

（1）AS 内部的路由配置

① AS100 内部静态路由配置。

AR1 内部静态路由令：

```
ip route 21.1.1.0 255.255.255.0 10.1.1.2
ip route 172.16.4.0 255.255.255.0 10.1.1.2
```

Router3 默认路由命令：

```
ip route 0.0.0.0 0.0.0.0 10.1.1.1
```

② AS200 内部静态路由配置

AR2 内部静态路由命令：

```
ip route 22.2.2.0 255.255.255.0 10.1.1.6
ip route 172.16.5.0 255.255.255.0 10.1.1.6
```

Router4 默认路由命令：

```
ip route 0.0.0.0 0.0.0.0 10.1.1.5
```

③ AS300 内部静态路由配置

AR3 内部静态路由命令：

```
ip route 23.3.3.0 255.255.255.0 10.1.1.10
ip route 172.16.6.0 255.255.255.0 10.1.1.10
```

Router5 默认路由命令：

```
ip route 0.0.0.0 0.0.0.0 10.1.1.9
```

完成 AS 内部路由配置后，各 AS 内部的主机和路由器能够互通，但 AS 之间仍无法通信。

（2）AS 边界路由器的 NAPT 地址转换配置

因特网不允许私有 IP 路由信息跨 AS 传播，需为每个 AS 的边界路由器配置 NAPT。

① 路由器 AR1 配置 NAPT1 地址转换命令：

```
access-list 11 permit 172.16.4.0 0.0.0.255          //建立私有 IP 队列
ip nat pool pool01 81.1.1.3 81.1.1.6 netmask 255.255.255.248   //建立公有地址池
```

```
ip nat inside source list 11 pool pool01 overload          //建立公、私地址池映射
int g0/1                                                   //指定内网接口
ip nat inside
int g0/0                                                   //指定外网接口
ip nat outside
```

② 路由器 AR2 配置 NAPT1 地址转换命令：

```
access-list 22 permit 172.16.5.0 0.0.0.255
ip nat pool pool02 82.1.1.3 82.1.1.6 netmask 255.255.255.248
ip nat inside source list 22 pool pool02 overload
int g0/0
ip nat outside
int g0/1
ip nat outside
int g0/2
ip nat inside
```

③ 路由器 AR3 配置 NAPT2 地址转换命令：

```
access-list 33 permit 172.16.6.0 0.0.0.255
ip nat inside source list 33 int g0/0 over
int g0/1
ip nat inside
int g0/0
ip nat outside
```

完成上述配置后，AS100、AS200、AS300 内的主机能够 ping 通各自 AS 内部的所有设备和主机，但无法 ping 通其他 AS 内的主机。测试结果如图 2-14-6 所示。

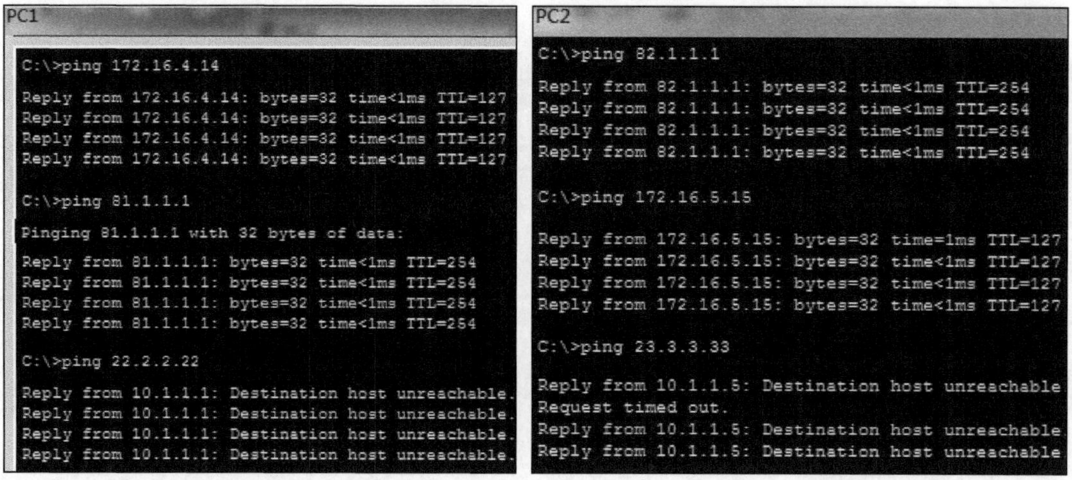

（a）　　　　　　　　　　　　　　　　　（b）

图 2-14-6　配置完 AS 内部路由及地址转换后测试 AS 内及 AS 之间主机的通信情况

（3）为 3 个 AS 配置 BGP 动态路由

① AS100 发言人 AR1 的 BGP 配置命令：

```
router bgp 100
neighbor 81.1.1.2 remote-as 200
network 81.1.1.0 mask 255.255.255.240
network 21.1.1.0 mask 255.255.255.0
```

② AS200 发言人 AR2 的 BGP 配置命令：

```
router bgp 200
neighbor 81.1.1.1 remote-as 100
neighbor 82.1.1.2 remote-as 300
network 81.1.1.0 mask 255.255.255.240
network 82.1.1.0 mask 255.255.255.240
network 22.2.2.0 mask 255.255.255.0
```

③ AS300 发言人 AR3 的 BGP 配置命令：

```
router bgp 300
neighbor 82.1.1.1 remote-as 200
network 82.1.1.0 mask 255.255.255.240
network 23.3.3.0 mask 255.255.255.0
```

完成 BGP 配置后，分别在 AR1、AR2 和 AR3 上使用 show ip route bgp 命令查看 BGP 路由信息，如图 2-14-7 所示。可以看到，AR1、AR2 和 AR3 通过 BGP 协议获取的路由全部是公有 IP 网段的路由。

接下来，从 AS100 内的公有 IP 主机 PC1（11.1.1.11）ping AS200 内的 PC2（22.2.2.22）和 AS300 内的 PC3（23.3.3.33），通信成功，如图 2-14-8 所示。初次通信时可能会出现丢包现象，如图 2-14-8（a）、（c）所示，这是由于路由器需要将路由信息从路由表复制到转发表中，此过程需要一定时间。一旦转发表中有了路由信息，后续通信将不再丢包，如图 2-14-8（b）、（d）所示。

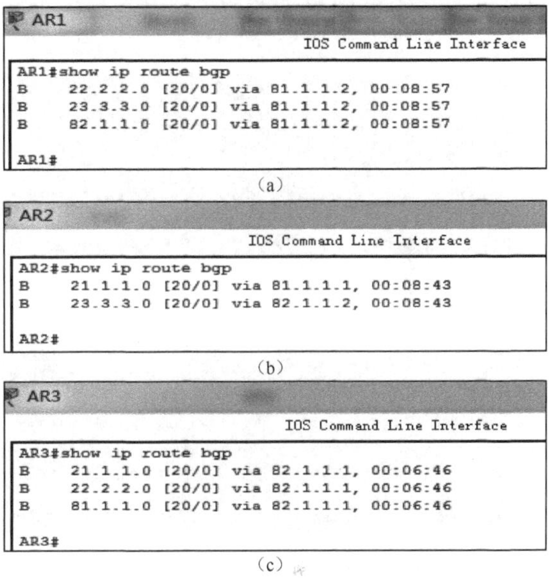

```
AR1                                    IOS Command Line Interface
AR1#show ip route bgp
B    22.2.2.0 [20/0] via 81.1.1.2, 00:08:57
B    23.3.3.0 [20/0] via 81.1.1.2, 00:08:57
B    82.1.1.0 [20/0] via 81.1.1.2, 00:08:57
AR1#
```
(a)

```
AR2                                    IOS Command Line Interface
AR2#show ip route bgp
B    21.1.1.0 [20/0] via 81.1.1.1, 00:08:43
B    23.3.3.0 [20/0] via 82.1.1.2, 00:08:43
AR2#
```
(b)

```
AR3                                    IOS Command Line Interface
AR3#show ip route bgp
B    21.1.1.0 [20/0] via 82.1.1.1, 00:06:46
B    22.2.2.0 [20/0] via 82.1.1.1, 00:06:46
B    81.1.1.0 [20/0] via 82.1.1.1, 00:06:46
AR3#
```
(c)

图 2-14-7 查看 AR1、AR2、AR3 获取的 BGP 路由

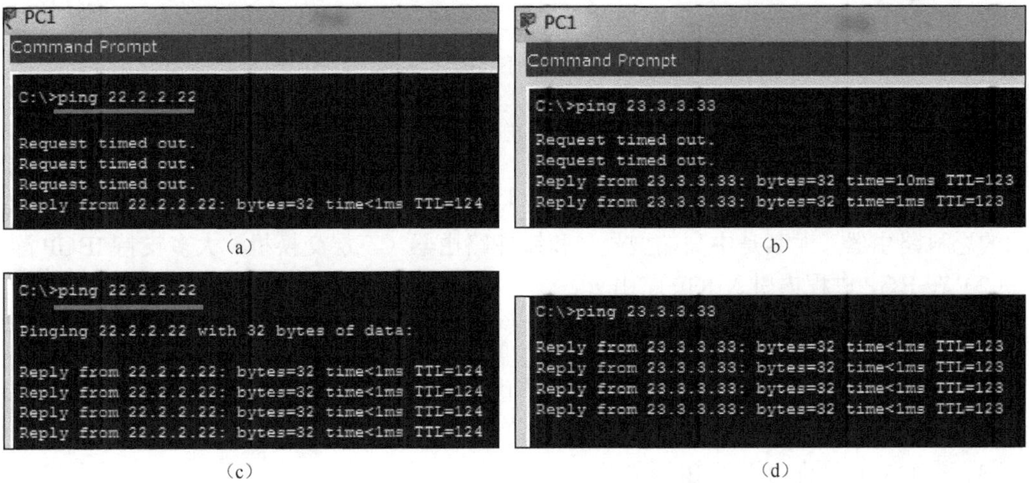

```
PC1
Command Prompt

C:\>ping 22.2.2.22

Request timed out.
Request timed out.
Request timed out.
Reply from 22.2.2.22: bytes=32 time<1ms TTL=124
```
(a)

```
PC1
Command Prompt

C:\>ping 23.3.3.33

Request timed out.
Request timed out.
Reply from 23.3.3.33: bytes=32 time=10ms TTL=123
Reply from 23.3.3.33: bytes=32 time=1ms TTL=123
```
(b)

```
C:\>ping 22.2.2.22

Pinging 22.2.2.22 with 32 bytes of data:

Reply from 22.2.2.22: bytes=32 time<1ms TTL=124
Reply from 22.2.2.22: bytes=32 time<1ms TTL=124
Reply from 22.2.2.22: bytes=32 time<1ms TTL=124
Reply from 22.2.2.22: bytes=32 time<1ms TTL=124
```
(c)

```
C:\>ping 23.3.3.33

Reply from 23.3.3.33: bytes=32 time<1ms TTL=123
Reply from 23.3.3.33: bytes=32 time<1ms TTL=123
Reply from 23.3.3.33: bytes=32 time<1ms TTL=123
Reply from 23.3.3.33: bytes=32 time<1ms TTL=123
```
(d)

图 2-14-8 跨 AS 的公有 IP 主机通信测试

接下来测试私有 IP 主机跨 AS 的通信。

从 AS100 内的私有 IP 主机 PC4（172.16.4.14）ping AS200 内的公有 IP 主机 PC2（22.2.2.22）和 AS300 内的公有 IP 主机 PC3（23.3.3.33），通信成功，如图 2-14-9（a）所示。尽管 AR1、AR2、AR3 获取的 BGP 路由只有公有 IP 网段的路由，由于 3 台路由器均设置了 NAPT，因此每个 AS 内的每台私有 IP 主机均可以主动访问 AS 外的公有 IP 主机。

再从 PC4 ping AS300 内的私有 IP 主机 PC6（172.16.6.16），通信失败，如图 2-14-9（b）所示；从 AS200 内的公有 IP 主机 PC2（22.2.2.22）ping AS300 内的私有 IP 主机 PC6（172.16.6.16），通信也失败，如图 2-14-9（c）所示。这表明，广域网上任何一个 AS 内的主机（无论是公有 IP 还是私有 IP）都无法主动访问 AS 内的私有 IP 主机。因此，AS 内的私有 IP 地址具有信息保护作用。

图 2-14-9　跨 AS 的私有 IP 主机的通信

4. 思科/锐捷 BGP 增强路由配置

（1）在 BGP 进程内指定本自治系统内的 IBGP 邻居

> **router bgp**　m
> **neighbor**　x.x.x.x　**remote-as**　m　　//x.x.x.x 是同一个 AS 内 IBGP 发言人的 IP 地址
> **neighbor**　x.x.x.x　**next-hop-self**

说明：思科的仿真软件 Packet Tracer 不支持 IBGP 配置，但 BOSON、GNS3 支持 IBGP；实际的思科路由器（尤其是中高端型号）和锐捷路由器（三层交换机）大多支持 IBGP 配置。

（2）在 BGP 进程内引入 IGP 路由

> **router bgp** m
> 　redistribute {connected|static|ospf n|eigrp}

在特殊场景下，可以将直连路由、静态路由、OSPF 路由或 EIGRP 路由引入 BGP 进程，以便在 BGP 中传播这些路由信息。

（3）在 OSPF 进程内引入 BGP 路由

> **router**　**OSPF**　n
> 　**redistribute**　**bgp**　m

如图 2-14-10 所示的广域网由 AS100、AS200、AS300 组成，但是 AS200 内有 2 个 BGP

发言人（Router2、Router3），这就需要用到 IBGP 配置。

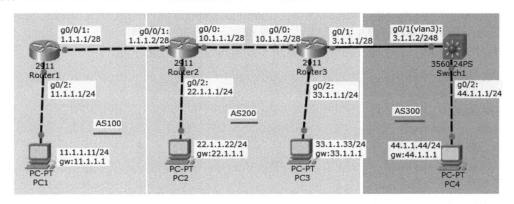

图 2-14-10　具有 IBGP 发言人的 3 个 AS 组成的广域网

Router2 和 Router3 的参考配置如下。

Router2 的 BGP 配置命令：

router bgp 200
neighbor 1.1.1.1 remote-as 100
neighbor 10.1.1.2 remote-as 200
neighbor 10.1.1.2 next-hop-self
network 22.1.1.0 mask 255.255.255.0
network 1.1.1.0 mask 255.255.255.240

Router3 的 BGP 配置命令：

router bgp 200
neighbor 3.1.1.2 remote-as 300
neighbor 10.1.1.1 remote-as 200
neighbor 10.1.1.1 next-hop-self
network 22.1.1.0 mask 255.255.255.0
network 1.1.1.0 mask 255.255.255.240

注意：在 Packet Tracer 中执行 neighbor 10.1.1.2 remote-as 200 命令时，会提示以下错误：

%Packet Tracer does not support internal BGP in this version. Only external neighbors are supported.

这表明 Packet Tracer 不支持 IBGP。

2.14.3　华为 BGP 动态路由技术

1．华为 BGP 路由基本配置命令

（1）设置路由器 ID（系统视图下）

router　id　x.x.x.x　　// 指定路由器 IDM，x.x.x.x 为 32 位点分十进制形式

（2）创建并启动 BGP 进程

bgp　n　//创建 BGP 进程，n 为本路由器所在的 AS ID

示例：router id　2.2.2.2

　　　bgp　200

（3）在 BGP 进程内指定 EBGP 发言人邻居

peer　x.x.x.x　**as-number**　m2　//x.x.x.x 为 EBGP 邻居路由器的 IP 地址，m2 为 EBGP 邻居所在的 AS ID

示例：peer 3.1.1.2　as-number 300

（4）在 BGP 进程内逐段发布本 AS 内所有共有 IP 地址的网络段

network x.x.x.x m.m.m.m|M

示例：network 20.20.10.0 255.255.255.0 或 network 20.20.10.0 24

network 30.30.30.1 255.255.255.255 或 network 30.30.30.1 32

（5）BGP 路由聚合

自动路由聚合命令（可以不指定）：

ipv4-family unicast
summary automatic

取消自动路由聚合命令：

undo summary automatic

手动路由聚合命令：

aggregate x.x.x.x m.m.m.m **detail-suppressed**

（6）查看 BGP 信息

display bgp routing-table 或 disp bgp rout
display bgp peer
display bgp network
display bgp paths

2. 华为 BGP 动态路由基础应用实例一

用 1 台华为路由器、1 台华为三层交换机、2 台主机组建一个包含 2 个 AS（AS10、AS20）的广域网，如图 2-14-11 所示。按照图中所示配置主机 PC1 和 PC2 的 IP 参数。

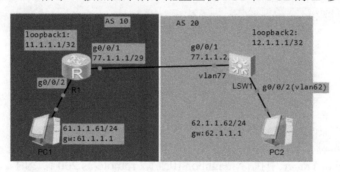

图 2-14-11　具有 2 个 AS（AS10、AS20）的简单广域网

（1）路由器 R1 和三层交换机 LSW1 的基础配置

R1 的基础配置命令：

int g0/0/1	ip add 61.1.1.1 24
ip add 77.1.1.1 29	undo shut
undo shut	int loopback 1
int g0/0/2	ip add 11.1.1.1 32

LSW1 的基础配置命令：

vlan 62	q
vlan 77	int g0/0/1
int vlan 62	port link-type acc
ip add 62.1.1.1 24	port default vlan 77
int vlan 77	int g0/0/2
ip add 77.1.1.2 29	port link-type acc
int loopback 2	port defualt vlan 62
ip add 12.1.1.1 32	q

（2）R1 和 LSW1 的 BGP 配置

R1 的 BGP 配置命令：

router id 1.1.1.1	network 61.1.1.0 24
bgp 10	network 11.1.1.1 32
peer 77.1.1.2 as-number 20	q
network 77.1.1.0 29	

LSW1 的 BGP 配置命令：

router id 2.2.2.2	network 62.1.1.0 24
bgp 20	network 12.1.1.1 32
peer 77.1.1.1 as-number 10	q
network 77.1.1.0 29	

（3）查看 R1 和 LSW1 的 BGP 路由

使用 disp bgp routing-table（或 disp bgp rout）命令分别查看 R1 和 LSW1 的 BGP 路由，如图 2-14-12 所示。

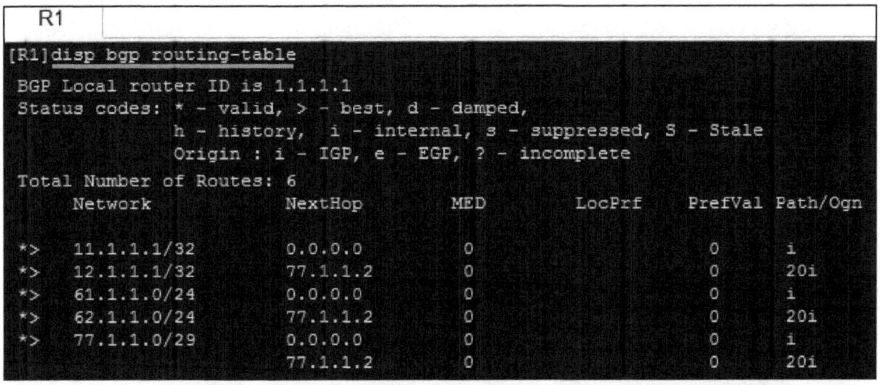

```
R1

[R1]disp bgp routing-table
BGP Local router ID is 1.1.1.1
Status codes: * - valid, > - best, d - damped,
              h - history, i - internal, s - suppressed, S - Stale
              Origin : i - IGP, e - EGP, ? - incomplete
Total Number of Routes: 6
     Network          NextHop         MED        LocPrf      PrefVal Path/Ogn

*>   11.1.1.1/32      0.0.0.0         0                        0     i
*>   12.1.1.1/32      77.1.1.2        0                        0     20i
*>   61.1.1.0/24      0.0.0.0         0                        0     i
*>   62.1.1.0/24      77.1.1.2        0                        0     20i
*>   77.1.1.0/29      0.0.0.0         0                        0     i
                      77.1.1.2        0                        0     20i
```

（a）

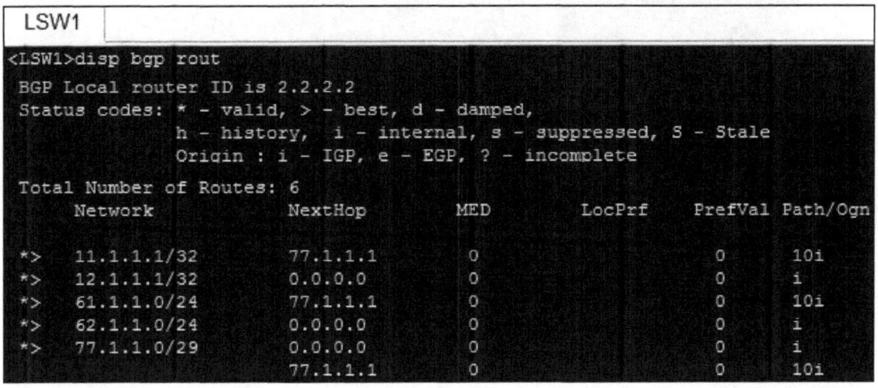

```
LSW1

<LSW1>disp bgp rout
BGP Local router ID is 2.2.2.2
Status codes: * - valid, > - best, d - damped,
              h - history, i - internal, s - suppressed, S - Stale
              Origin : i - IGP, e - EGP, ? - incomplete
Total Number of Routes: 6
     Network          NextHop         MED        LocPrf      PrefVal Path/Ogn

*>   11.1.1.1/32      77.1.1.1        0                        0     10i
*>   12.1.1.1/32      0.0.0.0         0                        0     i
*>   61.1.1.0/24      77.1.1.1        0                        0     10i
*>   62.1.1.0/24      0.0.0.0         0                        0     i
*>   77.1.1.0/29      0.0.0.0         0                        0     i
                      77.1.1.1        0                        0     10i
```

（b）

图 2-14-12　查看 R1 和 LSW1 的 BGP 动态路由

（4）跨 AS 的通信测试

测试从 AS10 内的主机 PC1 到 AS20 内的主机 PC2（62.1.1.62）、loopback2（12.1.1.1）的通信；测试从 AS20 内的主机 PC2 到 AS10 内的主机 PC1（61.1.1.61）、loopback1（11.1.1.1）的通信，均通信成功，如图 2-14-13 所示。

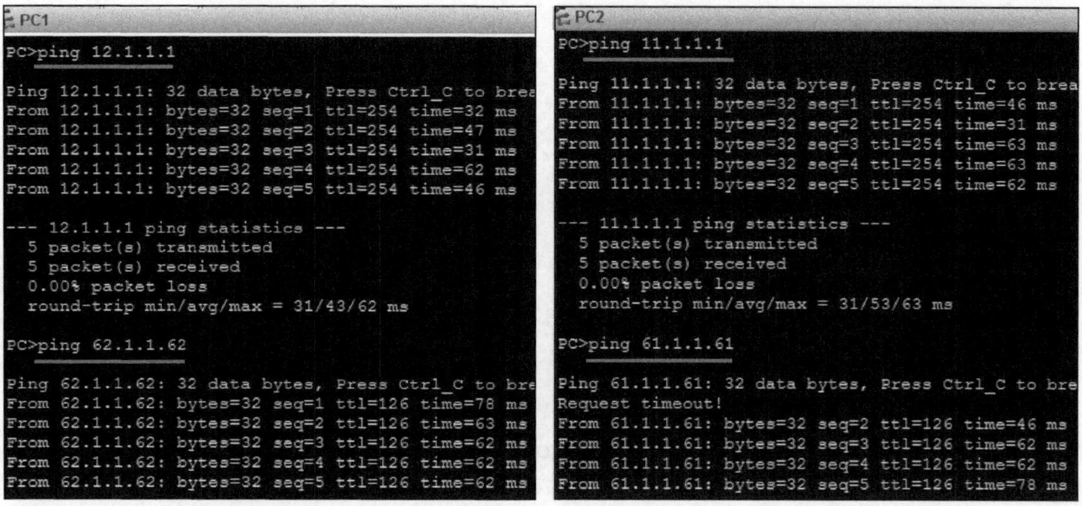

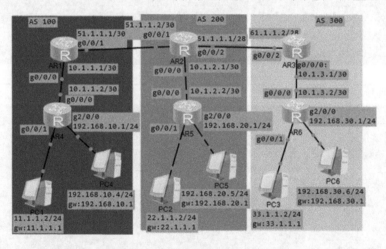

图 2-14-13　跨 AS（AS10、AS20）主机之间的通信测试

3. 华为 BGP 动态路由基础应用实例二

使用 6 台华为路由器、6 台主机组建一个包含 3 个 AS（AS100、AS200、AS300）的广域网，如图 2-14-14 所示。可以看到，每个 AS 内既有公有 IP 主机，也有私有 IP 主机。按照图中所示配置主机 PC1 和 PC2 的 IP 参数，并为 6 台路由器的每个接口配置 IP 地址。

图 2-14-14　用华为路由器、主机组建的包含 3 个 AS 的广域网

（1）3 个 AS 内部路由和地址转换配置

① AS100 内部路由与地址转换配置。

AR1 静态路由及对外公私 IP 地址转换（NAPT1）配置命令（系统视图下）：

```
ip route-static 11.1.1.0 255.255.255.0 10.1.1.2
ip route-static 192.168.10.0 255.255.255.0 10.1.1.2
acl number 2000
  rule 1 permit source 192.168.10.0 0.0.0.255
  q
    int g0/0/1
nat outbound 2000
```

AR4 的缺省路由配置命令（系统视图下）：

```
ip route-static 0.0.0.0 0 10.1.1.1
```

② AS200 内部路由与地址转换配置。

AR2 内部静态路由及对外公私 IP 地址转换（NAPT1、NAPT2）配置命令（系统视图下）：

```
ip route-static 22.1.1.0 255.255.255.0 10.1.2.2
ip route-static 192.168.20.0 255.255.255.0 10.1.2.2
nat address-group 2 61.1.1.3 61.1.1.9
acl number 2000
 rule 1 permit source 192.168.20.0 0.0.0.255
q
     int g0/0/2
  nat outbound 2000 address-group 2
  int g0/0/1
 nat outbound 2000
```

AR5 的缺省路由配置命令（系统视图下）：

```
ip route-static 0.0.0.0 0 10.1.2.1
```

③ AS300 内部路由与地址转换配置。

AR3 内部静态路由及对外公私 IP 地址转换（NAPT2）配置命令（系统视图下）：

```
    ip route-static 33.1.1.0 255.255.255.0 10.1.3.2
    ip route-static 192.168.30.0 255.255.255.0 10.1.3.2
   acl number 2000
     rule 1 permit source 192.168.30.0 0.0.0.255
    q
  int g0/0/2
     nat outbound 2000
    q
```

AR6 的缺省路由配置命令（系统视图下）：

```
ip route-static 0.0.0.0 0 10.1.3.1
```

（2）3 个 AS 发言人路由器的 BGP 配置

AR1 的 BGP 配置命令（系统视图下）：

```
bgp 100
    peer 51.1.1.2 as-number 200
    network 11.1.1.0 255.255.255.0
    network 51.1.1.0 255.255.255.252
```

AR2 的 BGP 配置命令（系统视图下）：

```
   bgp 200
      peer 51.1.1.1 as-number 100
      peer 61.1.1.2 as-number 300
      network 22.1.1.0 255.255.255.0
      network 51.1.1.0 255.255.255.252
   network 61.1.1.0 255.255.255.240
```

AR3 的 BGP 配置命令（系统视图下）：

```
bgp 300
   peer 61.1.1.1 as-number 200
   network 33.1.1.0 255.255.255.0
   network 61.1.1.0 255.255.255.240
   peer 61.1.1.1 enable
```

（3）查看 BGP 路由

先使用 disp ip rout 命令查看 AR1 的路由，再使用 disp bgp routing-table 命令分别查看 AR1、AR2、AR3 的路由，如图 2-14-15 所示。

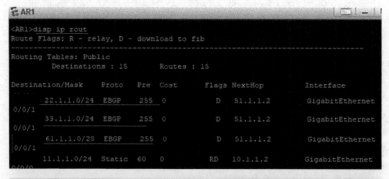

图 2-14-15 在 AR1、AR2、AR3 上查看 BGP 路由

在使用 disp ip rout 命令查看到的 AR1 所有路由中，BGP 路由都标记为 EBGP，表示通过 EGBP 邻居学到的，BGP 路由的优先级为 255（Static 路由的优先级为 60）。使用 disp bgp rout 命令查看到的为纯 BGP 路由。

接下来进行通信测试。从 AS100 公有 IP 的 PC1（11.1.1.2）ping AS200 公有 IP 的 PC2（22.1.1.2）、AS300 公有 IP 的 PC3（33.1.1.2），均通信成功，如图 2-14-16（a）所示。

从 AS200 私有 IP 的 PC5（192.168.5.20）ping AS100 公有 IP 的 PC1（11.1.1.2）、AS300 公有 IP 的 PC3（33.1.1.2），均通信成功，如图 2-14-16（b）所示；再从 AS200 私有 IP 的 PC5（192.168.5.20）ping AS100 私有 IP 的 PC4（192.168.4.10），通信不成功，如图 2-14-16（c）所示。可见，一个 AS 内的主机无法主动与另一个 AS 内的私有 IP 主机通信。

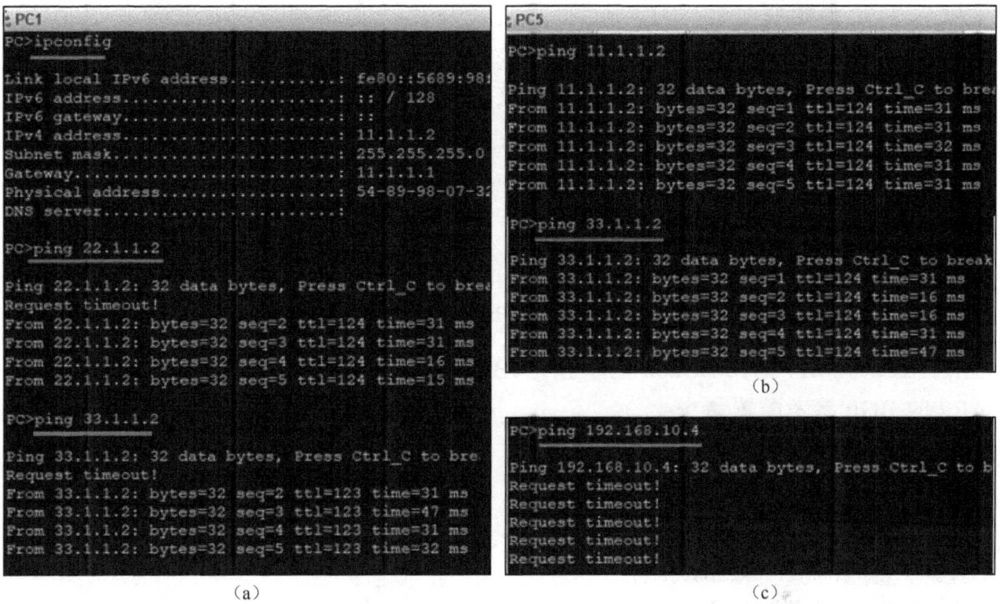

图 2-14-16　从 PC1 ping PC2、PC3 及从 PC5 ping PC1、Pc3、PC4 的通信情况

4. 华为 BGP 增强路由配置命令

（1）在 BGP 进程内指定 IBGP 发言人邻居（peer）

bgp n
　Peer x.x.x.x　**as-number**　n
　Peer x.x.x.x　connect-interface　loopback ?

说明：IBGP 邻居是本 AS 的另一位发言人（边界路由器），x.x.x.x 是 IBGP 发言人中回环接口地址数值较大的一个 IP。

示例：bgp 200

　　　peer　2.1.1.3　as-number 200

　　　peer　2.1.1.3　connect-interface loopback 1

（2）将 BGP 路由引入 OSPF、RIP 进程

　ospf　m（或 **rip**　m）
　　Import-route bgp n

示例：ospf 4

　　　import bgp 200

（3）特殊情况下也可以在 BGP 进程内引入 OSPF、RIP、静态或直连路由

bgp　n
　　import-route　ospf　m |rip　x | static | direct

示例：bgp 100
　　　import　ospf　8

5. 华为 BGP 增强路由应用

使用华为路由器和主机组建如图 2-14-17 所示的 BGP 增强路由多 AS 广域网，其中 AR2 和 AR4 是同一个 AS200 内的 BGP 发言人，二者互为 IBGP 邻居。

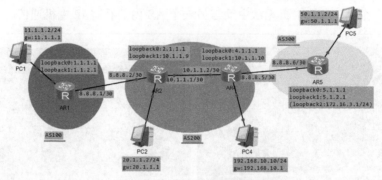

图 2-14-17　含有 IBGP 的多 AS 广域网

图中 AR2 与 AR4 都在 AS200 内，互为 IBGP 邻居，其 BGP 参考配置如下。

AR2 的 BGP 参考配置命令：

router id 2.2.2.2	network 2.1.1.1　　32
bgp 200	network 10.1.1.9　　32
peer 8.8.8.1 as-number 100	network 8.8.8.0　　30
peer 10.1.1.10 as-number 200	network 20.1.1.0　　24
peer 10.1.1.10 connect-inter loopback 1	

AR4 的 BGP 参考配置命令：

router id 4.4.4.4	network 10.1.1.10　　32
bgp 200	network 4.1.1.1　　32
peer 8.8.8.6 as-number 300	network 8.8.8.4　　30
peer 10.1.1.9 as-number 200	network 40.1.1.0　　24
peer 10.1.1.9 connect-inter loopback 1	

实验 16　广域网 BGP 动态路由配置技术

*ADSL 微型局域网组建技术